"十四五"职业教育国家规划教材

高等职业教育教学改革系列精品教材

无线传感器网络技术与应用
（第 2 版）

薛　君　主　编

杨　俊　副主编

黄艳华　主　审

電子工業出版社

Publishing House of Electronics Industry

北京 • BEIJING

内 容 简 介

本书全面、系统地阐述了无线传感器网络技术的基本原理、关键设备和技术应用。全书共 8 个项目，每个项目均以任务为导向，对目前实际应用中几种典型的短距离无线通信技术进行分析与设计，包括认识无线传感器网络、搭建无线传感器网络开发环境、基础射频无线通信技术应用设计、Z-Stack 无线通信技术应用设计、蓝牙无线通信技术应用设计、WiFi 无线通信技术应用设计、GPRS 无线通信技术应用设计、NB-IoT 无线通信技术应用设计。

在内容的衔接上，8 个项目的教学内容由浅入深，由简到繁，按“基础—应用—综合—拓展”的层次递进。本书按照无线传感器网络技术体系结构，充分考虑高职高专院校学生的特点，结合无线传感器网络应用实际情况，将每个项目与实体的物联网设备相结合。在结构安排上，通过明确的任务目标与要求、任务相应的知识点、任务实训步骤、技能拓展等方面来组织内容，体现理论够用、实践为主的“工学结合”的特点。

本书可作为高职高专院校电子、通信技术及物联网相关专业的教材，也可作为相关工程技术人员的参考用书。

图书在版编目（CIP）数据

无线传感器网络技术与应用 / 薛君主编. —2 版. —北京：电子工业出版社，2024.2
ISBN 978-7-121-46862-9

Ⅰ. ①无… Ⅱ. ①薛… Ⅲ. ①无线电通信－传感器－高等职业教育－教材 Ⅳ. ①TP212

中国国家版本馆 CIP 数据核字（2023）第 244035 号

责任编辑：王艳萍
印　　刷：三河市双峰印刷装订有限公司
装　　订：三河市双峰印刷装订有限公司
出版发行：电子工业出版社
　　　　　北京市海淀区万寿路 173 信箱　邮编 100036
开　　本：787×1 092　1/16　印张：13.5　字数：345.6 千字
版　　次：2019 年 6 月第 1 版
　　　　　2024 年 2 月第 2 版
印　　次：2024 年 8 月第 3 次印刷
定　　价：45.00 元

凡所购买电子工业出版社图书有缺损问题，请向购买书店调换。若书店售缺，请与本社发行部联系，联系及邮购电话：（010）88254888，88258888。

质量投诉请发邮件至 zlts@phei.com.cn，盗版侵权举报请发邮件至 dbqq@phei.com.cn。

本书咨询联系方式：wangyp@phei.com.cn，（010）88254574。

第2版前言

党的二十大报告指出："要积极推动信息技术与实体经济深度融合，加快新一代信息技术在经济社会各领域的广泛应用，推动数字中国建设，加快建设网络强国。"作为信息技术领域的重要分支之一，无线传感器网络技术的发展正是数字中国建设的重要组成部分，无线传感器网络技术将会在我国经济、社会、科技等多个领域发挥重要作用，成为我国实现高质量发展的重要支撑。随着物联网、云计算等新兴技术的不断发展，无线传感器网络技术的应用范围也日益扩大，广泛应用于环境监测、智能交通、医疗健康等领域。

本书旨在系统介绍无线传感器网络技术的基础理论、应用场景及其在各个领域中的应用案例，帮助读者深入了解该领域的最新发展动态，提高无线传感器网络技术的应用能力和创新能力。

自2019年本书第1版出版以来，无线传感器网络技术和应用领域出现了许多变化和进展。编者对这些变化进行了深入的研究和分析，并融合了最新的职业教育教学改革要求和实践经验，将最新的技术进展和教学改革修订、整合到了第2版教材中。本次修订充分考虑了高等职业教育特点、岗位需求、生源情况等，着眼于新形态一体化升级，加强配套的数字化教学资源，介绍新技术，增强实用性。本次修订主要特点如下。

（1）内容紧跟无线传感器网络新技术。对书中知识点和任务案例进行了重新梳理和补充，更加全面、系统和实用。同时，结合最新的行业发展趋势和热点问题，增加了新的章节和项目任务，以满足读者的需求。

（2）将思政元素巧妙融入实训任务中。对版面进行了优化和改进，使得文字、图片和表格等元素更加清晰、美观和易于理解。同时，在每个项目的后面分别增加了【强国实训拓展】，在培养学生创新能力的同时，培养学生的家国情怀和责任意识。

（3）数字化资源更加丰富。提供了配套数字化资源，包括大量的"形象教学"插图、讲课用的PPT课件、操作视频等，组成立体化教学资源包，供教学选用，呈现教材的"新形态"。

武汉职业技术学院薛君担任本书主编，负责对本书的编写思路与大纲进行总体策划，并对全书统稿；杨俊担任副主编；黄艳华担任主审。在本书的升级和改进的过程中，有幸邀请到威盛电子股份有限公司软件工程师杨益和北京新大陆时代教育科技有限公司技术专家邓立参与合作、研讨，在编写实训项目过程中，他们提供了项目内容指导及实训设备，在此表示衷心感谢。

本书配有免费的电子教学课件，请有需要的教师登录华信教育资源网（www.hxedu.com.cn）免费注册后下载。

最后，感谢您对于本教材的关注和支持，我们将不断努力，为广大读者提供更好的教育资源和服务。由于编者水平所限，书中疏漏和不妥之处在所难免，敬请广大读者批评指正。

编　者

第 1 版前言

无线传感器网络（Wireless Sensor Network，WSN）是集传感器技术、微电机技术、现代网络和无线通信技术于一体的综合信息处理平台，具有广泛的应用前景，是电子信息领域最活跃的研究热点之一。作为一种短距离、低功耗的无线网络技术，无线传感器网络技术在科研、工业、国防、国民经济各个领域的应用越来越广泛和深入。

“无线传感器网络技术与应用”是高等职业教育电类专业理论性较深、实践性较强的专业核心课程。它是一门以“教、学、做”一体化为教学模式、学生团队自主学习为主的实践技能课程，通过设计与搭建物联网应用实例平台，提高学生在物联网应用技术方面的创新设计能力和实际操作水平，并在实践中掌握无线传感器网络的体系结构和网络管理技术，加深对无线传感器网络的理解，为从事无线传感器网络应用开发和工程实践工作提供良好的基础和参考。本书内容包括：认识无线传感器网络、搭建无线传感器网络开发环境、基础射频无线通信技术应用设计、Z-Stack 无线通信技术应用设计、蓝牙无线通信技术应用设计、WiFi 无线通信技术应用设计、GPRS 无线通信技术应用设计、NB-IoT 无线通信技术应用设计，共 8 个项目。此外，本书以“知识点”的方式，将项目实施过程中所需的无线网络技术、传感器技术等知识点穿插到不同的项目中，这样既保证了项目的系统性，也保证了知识结构的相对完整。

武汉职业技术学院薛君老师担任本书主编，负责对本书的编写思路与大纲进行总体策划，并对全书统稿。在编写实训项目过程中，北京新大陆时代教育科技有限公司给予了支持与帮助，提供了本书中涉及的实训设备及项目内容指导，在此表示衷心的感谢。

本书配有免费的电子教学课件和习题答案，请有需要的教师登录华信教育资源网（www.hxedu.com.cn）免费注册后下载。

需要指出的是，对无线传感器网络的研究尚处于起步阶段，许多技术还不成熟，其硬件平台也千差万别，因此要编写一本全面完善的教材非常困难。由于水平有限，书中不可避免地存在疏漏之处，希望广大读者不吝赐教，将建议、意见或疑问及时反馈给我们（联系方式：xue_j1024@163. com），我们将进行持续的修改和完善。

编　者

目　　录

项目一　认识无线传感器网络

任务 1.1　无线传感器网络概述

物联网是新一代信息技术的重要组成部分，而物联网工程技术主要有三大支撑，即无线传感器网络（Wireless Sensor Network，WSN）、RFID 和云计算。其中，无线传感器网络作为物联网领域的关键技术之一，担任物联网神经末梢的角色，其重要性日益凸显，被认为是 21 世纪最重要的技术之一。随着无线通信、传感器、嵌入式及微电机技术的飞速发展和相互融合，具有感知能力、计算能力和通信能力的微型传感器开始在各领域得到应用，这些微型传感器所构建的无线传感器网络可以通过各类高度集成化的微型传感器密切协作，实时监测、感知和采集各种环境或检测对象的信息，以无线方式传送，并以自组织多跳的网络方式传送到用户终端，从而实现物理世界、计算机世界及人类社会的连通。

无线传感器网络是当前在国际上备受关注、涉及多学科高度交叉、知识高度集成的前沿热点研究领域。传感器、通信及无线网络等技术的快速进步，为无线传感器网络的发展铺平了道路。传感器通过捕获和揭示现实世界的物理现象，将其转换成一种可以处理、存储和执行的形式，将物理世界与数字世界连接起来。传感器已经集成到众多设备、机器和环境中，产生了巨大的经济效益。无线传感器网络可以把虚拟（计算）世界与现实世界以前所未有的规模结合起来，并开发出大量实用型的应用，包括民用基础设施保护、精准农业、有毒气体检测、供应链管理、医疗保健、智能建筑与家居等诸多方面。

无线传感器网络是由部署在监测区域内的大量廉价微型传感器通过无线通信方式形成的一个多跳的自组织的网络系统，其目的是协作地感知、采集和处理网络覆盖区域中被感知对象的信息，并经过无线网络发送给观察者。传感器、感知对象和观察者构成了无线传感器网络的三个要素。

无线传感器网络系统通常包括传感器节点、汇聚节点和管理节点，如图 1-1 所示。大量传感器节点随机部署在监测区域内部或附近，能够通过自组织方式构成网络。传感器节点监测的数据沿着其他传感器节点逐跳地进行传输，在传输过程中监测数据可能被多个传感器节点处理，经过多跳路由到汇聚节点，最后通过无线或有线网络到达管理节点。用户通过管理节点对传感器网络进行配置和管理，发布监测任务及收集监测数据。

传感器节点的组成如下。

（1）传感模块：由传感器和模/数转换功能模块组成，传感器负责对监测区域内感知对象的信息进行采集和数据转换。

（2）处理模块：由嵌入式系统构成，包括 CPU、存储器、嵌入式操作系统等。处理模块负责控制整个节点的操作，存储和处理自身采集的数据及其他传感器节点发来的数据。

（3）通信模块：负责实现传感器节点之间及传感器节点与管理节点之间的通信，交互控制消息和收/发业务数据。

（4）能量供应模块：为传感器节点提供运行所需的能量，通常采用微型电池。

除以上 4 部分外，可以选择的其他功能单元包括定位系统、运动系统及电源自供电系统等。

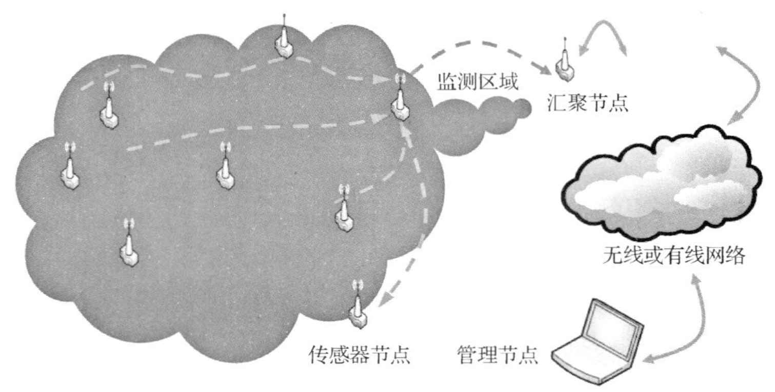

图 1-1　无线传感器网络系统

任务 1.2　无线传感器网络技术发展历程

1.2.1　国外发展历程

无线传感器网络技术的初期应用是在军事领域。1978 年，美国国防部高级研究计划局（DARPA）举办了分布式传感器网络研讨会，会议重点关注了传感器网络研究面临的挑战，包括网络技术、信号处理技术及分布式算法等，对无线传感器网络的基本研究思路进行了探讨。此后 DARPA 开始资助卡耐基梅隆大学进行分布式传感器网络的研究，该分布式传感器网络被看成无线传感器网络的雏形。1980 年，DARPA 启动了分布式传感器网络研究计划，后来又启动了传感器信息技术 SensIT 项目。20 世纪 80～90 年代，对无线传感器网络的研究主要集中在军事领域，并成为网络战的关键技术。

从 20 世纪 90 年代中期开始，美国和欧洲等国家和地区先后开始了大量的关于无线传感器网络的研究工作。1993 年，美国加州大学洛杉矶分校与罗克韦尔科学中心（Rockwell Science Center）合作开始了无线集成网络传感器（Wireless Integrated Network Sensors，WINS）项目，其目的是将嵌入在设备、设施和环境中的传感器、控制器和处理器建成分布式网络，并能够通过 Internet 进行访问，这种传感器网络已多次在美军的实战环境中进行了试验。1996 年发明的低功率无线集成微型传感器（LWIM）是 WINS 项目的成果之一。

2001 年，美军提出了“灵巧传感器网络通信”计划，其基本思想是在整个作战空间中放置大量的传感器节点来收集敌方的数据，然后将数据汇集到数据控制中心融合成一张立体的战场图片。稍后美军又提出了“无人值守地面传感器群”项目，其主要目标是使基层部队人员具备在他们希望部署传感器的任何地方进行部署的灵活性。部署的方式依赖于需要执行的任务，指挥员可以将多种传感器进行最适宜的组合来满足任务需求。该计划的一部分就是研究哪种组合最优，可以最有效地部署，并满足任务需求。

在信息领域，1995 年美国交通部提出了“国家智能交通系统项目规划”，该规划试图有效地集成先进的信息技术、数据通信技术、传感器技术、控制技术、计算机处理技术，并应用于地面交通管理，建立一个大范围、全方位、实时高效的综合交通运输管理系统。该系统使用传感器网络进行有效的交通管理，对车道车距进行控制，还能提供道路通行状况信息、

最佳行驶路线，发生交通事故时可以自动联系事故抢救中心。

随着对无线传感器网络研究的不断深入，其应用领域也越来越广泛。2002 年 5 月美国能源部与美国 Sandia 国家实验室合作，共同研究用于地铁、车站等场所的防范恐怖袭击的对策系统。该系统集检测有毒、奇特物品的化学传感器和网络技术于一体，化学传感器一旦检测到某种有害物质，就会自动向管理中心通报，并自动采取急救措施。2002 年 10 月，英特尔公司公布了“基于微型传感器网络的新型计算发展规划”，该规划显示英特尔公司将致力于微型传感器网络在预防医学、环境监测、森林防火乃至海底板块调查、行星探查等领域的广泛研究。美国国家自然科学基金委员会（ANSFC）于 2003 年制订了传感器网络研究计划，投资 3400 万美元，在加州大学成立了传感器网络研究中心，并联合加州大学伯克利分校和南加州大学等院校进行相关基础理论的研究。

总的来说，对传感器的应用程度能够大体反映一个国家的科技、经济实力。目前，从全球总体情况来看，美国、日本等少数经济发达国家占据了传感器市场 70%以上份额，发展中国家所占份额相对较少。其中，市场规模最大的 3 个国家分别是美国、日本、德国，分别占据了传感器市场整体份额的 29.0%、19.50%、11.3%。未来，随着发展中国家经济的持续增长，对传感器的研究与应用的需求也将大幅增加。

1.2.2　国内发展现状

中国物联网校企联盟认为，传感器网络的发展分为三个阶段：传感器、无线传感器、无线传感器网络。

无线传感器网络在国际上被认为是继互联网之后的第二大网络，2003 年美国《技术评论》杂志评出对人类未来生活产生深远影响的十大新兴技术，传感器网络被列为第一名。

在现代意义上的无线传感器网络研究及其应用方面，我国与发达国家几乎同步启动，已经成为我国在信息领域位居世界前列的方向之一。2006 年我国发布的《国家中长期科学与技术发展规划纲要（2006—2020）》，为信息技术确定了三个前沿方向，其中就有两项与传感器网络直接相关，这就是智能感知和自组网技术。

近年来，中国科学院、清华大学、南京大学、北京邮电大学等一批高校和科研院所对无线传感器网络展开了相关的研究，并且取得了一定的研究成果。无线传感器技术智能化研究与应用水平不断提升，逐步接近世界水平。

任务 1.3　无线传感器网络的特点

从系统的角度讲，无线传感器网络是由大量无处不在、具有无线通信和计算能力的微小传感器节点构成的自组织分布式网络系统，是能根据环境自主完成指定任务的“智能”系统，具有群体智能自主自治系统的实现和控制能力，能协作地感知、采集和处理网络覆盖的地理区域中感知对象的信息，并发送给观测者。因此无线传感器网络设置灵活，设备位置可以随时更改，还可以与 Internet 进行有线或无线方式的连接。

从网络技术角度讲，无线传感器网络系统通常包括传感器节点、汇聚节点和管理节点。大量的传感器节点随机部署在检测区域内部或附近，这些传感器节点不需要人员值守。节点之间通过自组织方式构成无线网络，以协作的方式感知、采集和处理网络覆盖区域中特定的信息，可以实现对任意地点的信息在任意时间进行采集、处理和分析。监测的数据沿着其他传感器节点通过多跳中继方式传回汇聚节点，最后借助汇聚链路将整个区域内的数据传送到远程控制中心进行集中处理。用户通过管理节点对传感器网络进行配置和管理，发布监测任务及收集监测数据。

无线传感器网络与其他传统的网络相比，具有如下特点。

（1）网络规模大。为获取精确信息，在监测区域内通常部署大量传感器节点，传感器节点的数量可以成千上万，甚至更多。传感器网络的规模大主要是指传感器节点分布在很广阔的地理区域内且传感器节点部署很密集。

（2）无中心和自组织网络。在无线传感器网络中，所有节点的地位都是平等的，没有预先指定的中心，各节点通过分布式算法来相互协调，可以在不需要人工干预和任何其他预置的网络设施的情况下，节点自动组织成网络。由于无线传感器网络没有中心，所以网络不会因为单个节点的损坏而损毁，这使得网络具有较好的健壮性和抗毁性。

（3）网络动态性强。传感器网络的拓扑结构可能因为电能耗尽、环境条件变化等因素而改变，网络具有可重构和自调整性。

（4）以数据为中心的网络。对于观察者来说，传感器网络的核心是感知数据而不是网络硬件。用户在使用传感器网络询问事件时，直接将所关心的事件“告知”网络，网络在获得指定事件的信息后“汇报”给用户。

（5）通信半径小，带宽窄。无线传感器网络利用“多跳”来实现低功耗的数据传输，因此其通信覆盖范围只有几十米。和传统的无线网络不同，传感器网络中传输的数据大部分是经过节点处理的，因此流量较小，传输数据所需的带宽很窄。

（6）传感器节点体积小，电源能量有限，传感器节点各部分集成度很高。由于传感器节点数量多、分布范围广、所处环境复杂，有些节点位置甚至人员都不能到达，传感器节点的能量补充有困难，所以在考虑传感器网络体系结构及各层协议设计时，节能是要考虑的重要内容之一。

（7）应用相关的网络。不同的应用背景对传感器网络的要求不同，其硬件平台、软件系统和网络协议必然有很大差异。在开发传感器网络应用的过程中，更需要关心的是传感器网络的差异。

任务 1.4　无线传感器网络关键技术与应用

1.4.1　几种典型的短距离无线通信网络技术

（1）蓝牙技术

蓝牙是一种支持设备短距离通信的低功耗、低成本的无线电技术，工作在 2.4GHz 频段，其通信距离一般在 10m 内。作为一种新型数据和语音通信标准，蓝牙技术在当今人们的生活、工作中可谓无处不在，移动电话、无线耳机、笔记本电脑等众多设备都可以用作蓝牙系统的通信终端，利用蓝牙技术进行无线信息交换。蓝牙技术利用无线链路取代传统有线电缆，不但可以免去设备之间进行物理连接的麻烦，而且便于人们进行移动操作，因此具有广泛的应用前景，已受到全球各界的广泛关注。可以说蓝牙技术已从萌芽期进入了成熟期，但由于蓝牙最多只能配置 7 个活跃节点，从而制约了其在大型传感器网络中的应用，而在无线通信、消费类电子和汽车电子及工业控制领域有着广泛的应用。

（2）GPRS 技术

GPRS（General Packet Radio Service）是通用分组无线服务技术的简称。它是 GSM 移动

电话用户可用的一种移动数据业务，属于第二代移动通信中的数据传输技术。通俗说 GPRS 就是上网功能，用于手机上网。GPRS 通信模块采用高性能工业级无线模块及嵌入式处理器，以实时操作系统作为软件支撑平台，内嵌 TCP/IP 协议，为用户提供高速、稳定可靠、永远在线的透明数据传输通道。

（3）WiFi 技术

WiFi（Wireless Fidelity）是一种可以将个人计算机、手持设备（如掌上电脑、手机）等终端以无线方式互相连接的技术，它改善了基于 IEEE 802.11 标准的无线网络产品之间的互通性，因此把使用 IEEE 802.11 系列协议的局域网称为 WiFi。作为目前无线局域网（Wireless Local Area Networks，WLAN）的主要技术标准，WiFi 的功能是提供无线局域网的接入，可实现几兆位每秒到几千兆位每秒的无线接入。IEEE 802.11 流行的几个版本包括：802.11a，在 5.8GHz 频段最高传输速率为 54Mbit/s；802.11b，在 2.4GHz 频段传输速率为 1～11Mbit/s；802.11n，在 2.4GHz 频段与 802.11b 兼容，最高传输速率亦可达到 600Mbit/s。由于 WiFi 优异的带宽能力是以较高的功耗为代价的，因此大多数便携 WiFi 装置都需要较高的电能储备，这限制了它在工业场合的推广和应用。

（4）ZigBee 技术

ZigBee 与蓝牙类似，是一种新兴的短距离无线通信技术，用于传感控制应用，由 IEEE 802.15 工作组提出。ZigBee 主要用于近距离无线连接，它有自己的无线电标准，在数千个微小的传感器之间相互协调实现通信。这些传感器只需要很少的能量，以接力的方式通过无线电波将数据从一个传感器传到另一个传感器，所以它们之间的通信效率非常高。这些数据最后可以进入计算机用于分析或被另一种无线技术收集。

ZigBee 是一组基于 IEEE 802.15.4 无线标准研制开发的有关组网、安全和应用软件方面的通信技术，主要用于距离短、功耗低且传输速率不高的各种电子设备，可进行数据及典型的周期性数据、间歇性数据和低反应时间数据传输方面的应用。ZigBee 技术可应用在 2.4GHz（全球通用）、915MHz（美国流行）和 868MHz（欧洲流行）三个频段，分别具有最高 250kbit/s、40kbit/s、20kbit/s 的传输速率，其传输距离为 10～75m，但可以继续增加。ZigBee 被业界认为是最有可能应用在工业监控、传感器网络、家庭监控、安全系统等领域的无线技术。

1.4.2　无线传感器网络的应用领域

近年来，世界各国对无线传感器网络的研究不断深入，无线传感器网络得到了极大的发展，也产生了越来越多的实际应用。随着人们对信息获取需求的不断增加，由传统传感器网络所获取的简单数据越来越无法满足人们对信息获取的全面需求，使得人们已经开始研究功能更强的无线多媒体传感器节点。使用无线多媒体传感器节点能够获取图像、音频、视频等多媒体信息，从而使人们能获取监测区域中更加详细的信息。例如，微型无线传感器网络可将家用电器、个人计算机和其他日常用品与 Internet 相连，实现远距离跟踪；家庭可使用无线传感器网络进行安全调控、节电等。

目前而言，无线传感器网络有着极其广阔的应用领域，大到卫星定位，小到购物防盗码。

（1）农业

无线传感器网络的一个重要应用领域是农业。农业生产的特点是面积大，植物生长环境因素多变，情况复杂。无线传感器网络可以监控农业生产中的土壤、农作物、气候的变化，提供一个配套的管理支持系统，精确监测每一块土地并提供重要的农业资源，使农业生产过程更加精细化和自动化。

大量的传感器节点被散布到要监测的区域内并构成监控网络，通过各种传感器采集信息，以帮助农民及时发现问题，并且准确地确定发生问题的位置。这样，农业将有可能逐渐从以人力为中心、依赖于孤立机械的生产模式转向以信息和软件为中心的生产模式，从而大量使用各种自动化、智能化、远程控制的生产设备。

在加拿大布奥克那根谷的一个葡萄园里，某个管理区域中部署了一个无线传感器网络，采用65个节点，布置成网格状，用来监控和获取温度的重大变化（热量总和与冻结温度周期）。部署该网络主要是为了获取在生长季节里当地温度超过10℃的时间，即使管理者外出也能随时收到相关信息，加强和方便田间管理，提高了作物的质量和产量。

（2）医疗

无线传感器网络在医疗卫生和健康护理等方面具有广阔的应用前景，其功能包括对人体生理数据的无线检测、对医院医护人员和患者进行追踪和监测、医院的药品管理和贵重医疗设备放置场所的监测等，被看护对象也可以通过随身装置向医护人员发出求救信号。无线传感器网络的远程医疗管理功能使得医生可以对在家养病的病人或在病房外活动的病人进行定位、跟踪，及时获取其生理参数，减少了病人就医带来的奔波劳累，也提高了医院病房的利用率。无线传感器网络为未来更发达的远程医疗提供了更加方便、快捷的技术手段。

（3）建筑工程与建筑物

目前，建筑结构往往呈现复杂化和大型化的特点，因此大型建筑结构的安全问题一直为人们所重视，科研人员考虑利用无线传感器网络进行大型建筑物的结构安全监测。美国纽约新建的世贸中心充分运用了无线传感器网络技术对建筑物进行全方位监测，有综合布线部分，也有一个看不见的无线传感器网络保护着这座大厦的安全运行。

我国正处在基础设施建设期，各类大型工程的安全施工及监控是建筑设计单位需长期关注的问题。采用无线传感器网络，可以让高楼、桥梁和其他建筑物能够“有自身感觉”，使得安装了传感器网络的智能建筑自动告诉管理部门它们的状态信息，从而可以让管理部门按照优先级进行定期的维修。例如，压电传感器、加速度传感器、超声传感器、湿度传感器等可以有效地构建一个三维立体的防护检测网络，该网络可用于监测桥梁、高架桥、高速公路等道路环境。

又如，可利用多种智能传感器（如光纤光栅传感器、纤维增强聚合物、光纤光栅筋及其应变传感器、压电薄膜传感器、形状记忆合金传感器、疲劳寿命丝传感器、加速度传感器等）进行建筑结构的监测。许多老旧的桥梁、桥墩长期受到水流的冲刷，可以将传感器放置在桥墩底部，用来感测桥墩结构；也可以放置在桥梁两侧或底部，搜集桥梁的温度、湿度、振动幅度、桥墩腐蚀程度等信息，能减少断桥所造成的生命和财产损失。

（4）智能建筑与市政建设管理

由于无线传感器网络具有灵活性、移动性和可扩展性且数据采集面广、不需要布线等优点，因此可以在建筑物内灵活、方便地布置各种无线传感器，依靠分布式传感器组成的无线网络，获取室内诸多的环境参数，以实施控制，协调并优化各建筑子系统。

在消防与安保控制系统中，无线传感器网络也有广泛的应用前景。采用无线传感器网络，将消防与安保控制系统中各种报警与探测传感器进行组合，构建一个具有无线传感器网络功能的新型安保系统，将大大促进智能建筑的消防控制子系统与安保控制子系统的网络化、数字化、智能化进程。

无线传感器网络也可用于公共照明控制子系统、给排水设备控制子系统中的各种参数的测量与控制。另外，无线传感器网络在智能家居中有着广阔的应用前景。智能家居系统的设

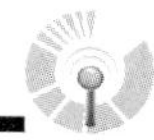

计目标是将住宅中各种家居设备联系起来，使它们能够自动运行、相互协作，为居住者提供尽可能多的便利和舒适，而无线传感器网络可以提供一个完美的解决方案。

【知识点小结】

1. 无线传感器网络是由部署在监测区域内的大量廉价微型传感器通过无线通信方式形成的一个多跳的自组织的网络系统，其目的是协作地感知、采集和处理网络覆盖区域中被感知对象的信息，并经过无线网络发送给观察者。

2. 典型的短距离无线通信网络技术主要包括蓝牙技术、WiFi 技术、ZigBee 技术、GPRS 技术等。

【拓展与思考】

1. 简述无线传感器网络的概念。
2. 无线传感器网络的特点有哪些？
3. 典型的短距离无线通信网络技术有哪几种？分别简述各自的优缺点。
4. 试想象无线传感器网络可以在我们实际生活中得到哪些应用。

【强国实训拓展】

网络强国是我国重大发展战略之一。要推进网络强国建设，推动我国网信事业发展，才能让互联网更好地造福国家和人民。试讨论在推进网络强国建设的过程中，哪些网络技术的创新和发展发挥着重要引领作用。请列出无线网络技术的类别，并简述其在各自领域的典型应用案例。

项目二　搭建无线传感器网络开发环境

【项目背景】

小张作为电子信息技术专业物联网方向的即将毕业的大学生，根据自己所学知识，决定和班上几位同学组成团队创立一个智能物联网工作室，为智能物联网应用项目提供解决方案并进行工程实施。物联网技术发展势不可当，虽然研究物联网理论的很多，但当前市场上仍存在着大量的物联网技术应用的空白区域，小到智能家居、智能商超，大到智能农场、智能医疗、智慧城市，这些领域如果想要实现智能化，都需要进行大量的从传统模式到物联网模式的改造。小张的工作室成立后，还需要招募几名擅长无线传感器网络技术的合伙人，你想加入这个充满无限商机和未来的创业团队吗？快从无线传感器网络技术应用的第一步——搭建无线传感器网络开发环境开始吧！

【知识目标】

1．认识 NEWLab 实训平台及相关设备模块；
2．了解 IAR 软件的菜单功能；
3．了解 SmartRF Flash Programmer 软件的菜单功能；
4．掌握使用 IAR 软件新建工程、配置工程的步骤。

【技能目标】

1．会使用 NEWLab 实训平台和相关设备模块；
2．能熟练使用 IAR 软件新建与配置工程；
3．能在线下载并调试程序；
4．能使用 SmartRF Flash Programmer 软件烧录程序。

【任务分解】

任务 2.1：认识 NEWLab 实训平台
任务 2.2：安装相关软件
任务 2.3：建立 ZigBee 开发环境——以点亮一盏 LED 灯为例

任务 2.1　认识 NEWLab 实训平台

【任务描述】

要学习一门技术，完成一个项目，首先要对自己应用的设备了如指掌，下面先介绍无线传感器网络技术的设备平台。

2.1.1　NEWLab 实训平台各类接口

NEWLab 是北京新大陆时代教育科技有限公司（以下简称“新大陆”）研制的面向物联网专业的教学实验实训平台，集硬件设备、软件平台和教学资源库三部分于一体，组成了完整的实验设备平台。此平台集成了通信、供电、测量等功能，同时内置了一块标准尺寸的面包板及独立电源，可用于电路搭建实验。此外，该实训平台具有 8 个通用实训模块插槽，支持

单个实训模块实验或最多 8 个实训模块联动实验。利用 NEWLab 平台可以完成“无线通信技术”“传感器技术”“无线传感器网络”等课程的实训。该平台各类接口分布如图 2-1、图 2-2 所示。

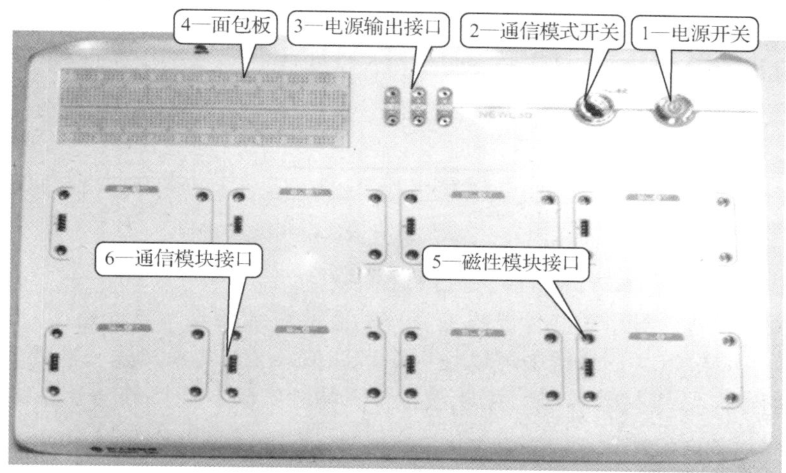

图 2-1　NEWLab 平台接口分布 1

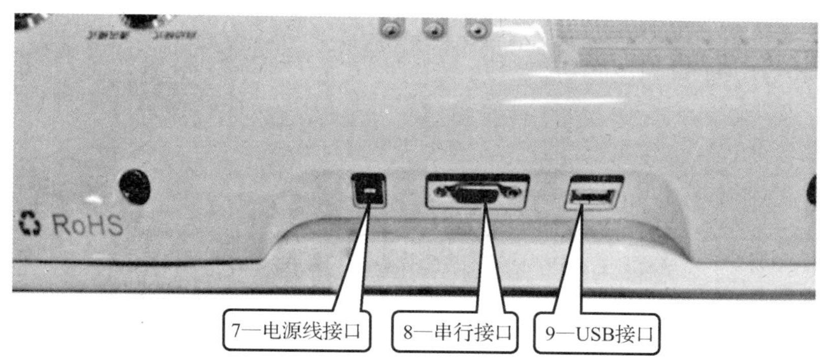

图 2-2　NEWLab 平台接口分布 2

（1）电源开关：自带电源指示灯，当其接通时电源指示灯会点亮。

（2）通信模式开关：支持自动模式和通信模式两种，需要使用串口传输数据时使用通信模式，其他的可使用自动模式。在一般情况下，传感器的实验使用自动模式（即使用 485 通信）。

（3）电源输出接口：能提供 3 个电压等级的独立电源，可以为外部设备供电，分别为 DC 3.3V 1000mA、DC 5V 1000mA、DC 12V 1000mA。

（4）面包板：为电子电路的无焊接实验而设计。各种电子元器件可根据需要随意插入或拔出，免去了焊接过程，节省了电路组装时间，而且元器件可以重复使用，适用于电子电路的组装、调试和训练。

（5）磁性模块接口：底板与模块的连接采用磁性吸合方式，拆装方便。

（6）通信模块接口：为各类实训模块提供串口通信通道，同时提供 3.3V 的电源，该接口的原理图如图 2-3 所示。

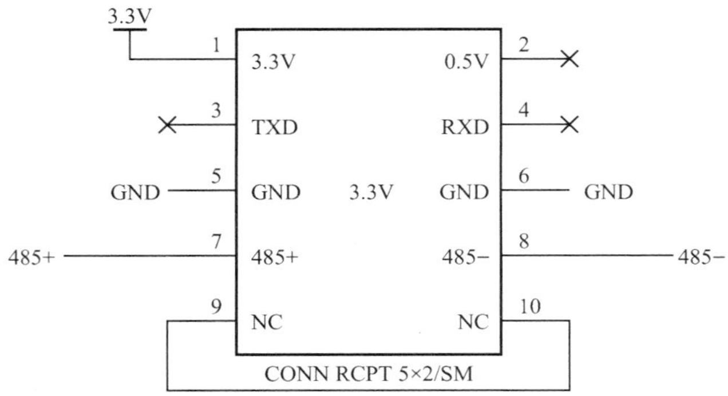

图 2-3　通信模块接口原理图

（7）电源线接口：接 DC 12V 的电源适配器。

（8）串行接口：通过串口线与计算机或者移动互联终端相连，或者通过 USB 转串口线与计算机的 USB 接口相连。下载程序可以使用串口线或 USB 转串口线（需要安装 CH340 或 FT232R 的驱动程序）。连接计算机，可以进行 PC 端的实验；连接移动互联终端，可以进行 Android 端的实验。

（9）USB 接口：可以连接 USB 转串口线，以拓展 NEWLab 平台外接多个串口的需求。

2.1.2　传感器模块与无线通信模块

与 NEWLab 平台配套的传感器模块共有 8 种，分别为温度/光照传感模块、声音传感模块、气体传感模块、红外传感模块、湿度传感模块、压电传感模块、霍尔传感模块、称重传感模块，具体如表 2-1 所示。

表 2-1　传感器模块

传感器模块名称	波特率/bps	工 作 模 式
温度/光照传感模块	9600	自动
声音传感模块	9600	自动
气体传感模块	9600	自动
红外传感模块	9600	自动
湿度传感模块	9600	自动
压电传感模块	9600	自动
霍尔传感模块	9600	自动
称重传感模块	9600	自动

用于无线通信的模块有 4 种，分别是 ZigBee 模块、蓝牙 4.0 模块、WiFi 模块、GPRS 通信模块，每种模块的类别、名称在模块底板正上方有文字注明，每种通信模块在使用过程中均需配备外置天线。

2.1.3　仿真器模块

仿真器集程序仿真、代码下载于一体，广泛应用于产品开发与生产当中，性能稳定，是 CC 系列单片机开发中不可或缺的工具。在 PC 端，调试开发平台支持 TI 公司 SmartRF Flash Programmer、SmartRF Studio、SmartRF Packet_Sniffer 和 IAR 公司的集成开发环境 IAR

Embedded Workbench for C8051 等。

一套完整的仿真器由 CC Debugger 主机、USB 线、排线组成，现在大部分 TI 芯片仿真器（如 SmartRF04EB、CC Debugger 等）都支持在 IAR 环境中进行程序下载和调试，同时，也支持与 SmartRF Flash Programmer 软件配合使用进行程序的烧录，两种方法均可实现程序向设备的下载功能。仿真器的外观如图 2-4 所示。

图 2-4　仿真器的外观

任务 2.2　安装相关软件

【任务描述】

硬件设备准备好后，要让设备按照技术人员的意志去实现功能，依靠的是软件，而无线传感器网络技术的开发需要用到的软件涉及编写程序工具、烧录程序工具，下面将安装这些工具。

2.2.1　安装 IAR 8.10 软件

IAR for 8051 软件是开发 TI Z-Stack 协议栈应用程序的必备软件，所有程序的编译、仿真调试均需使用该软件，本书使用的 Z-Stack 协议版本为 ZStack-CC2530-2.5.1a，配套 IAR 版本 8.10。

安装该软件时，首先找到安装包，双击运行安装文件“autorun.exe”，出现如图 2-5 所示的安装开始界面，选择“Install IAR Embedded Workbench”后，根据提示单击“Next”按钮，其余部分推荐使用默认安装路径及选项，直到软件安装完成。

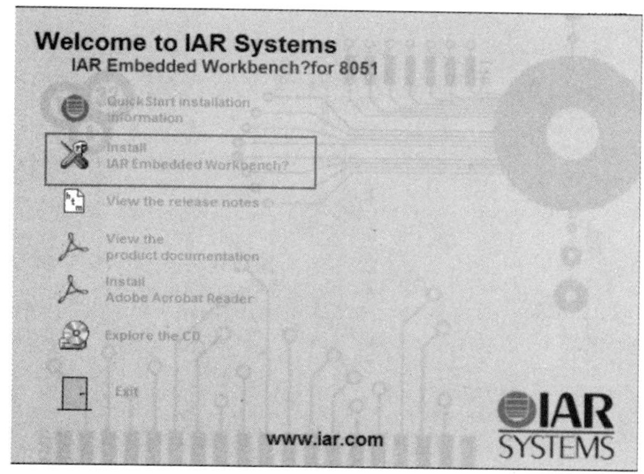

图 2-5　安装开始界面

安装结束后在“开始”菜单或桌面的快捷方式中找到 IAR 软件图标，默认安装位置如图 2-6 所示。

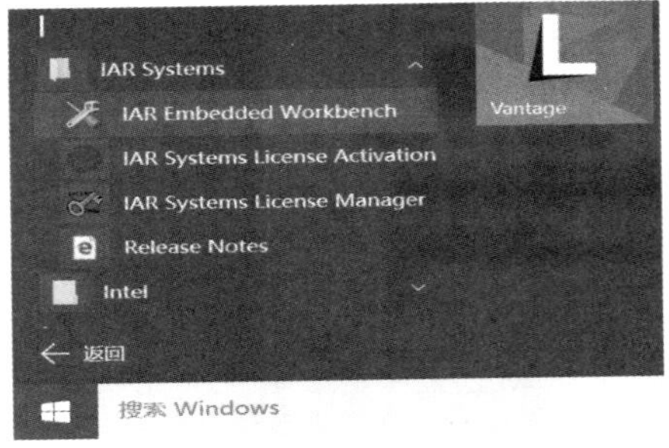

图 2-6　默认安装位置

双击打开安装好的 IAR 软件，运行界面如图 2-7 所示。

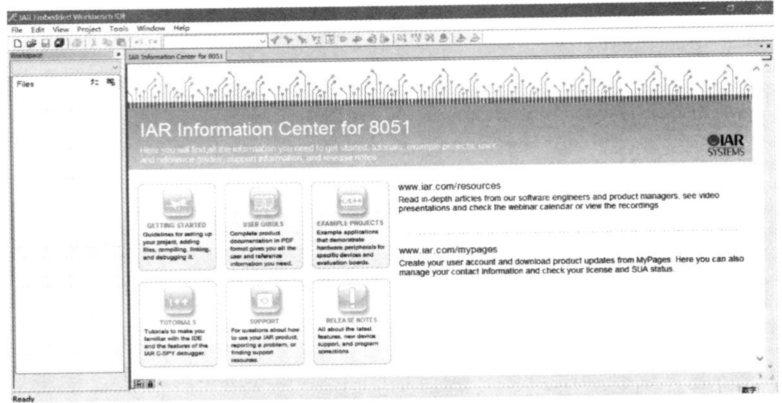

图 2-7　运行界面

2.2.2　安装 SmartRF04EB 驱动

将仿真器按照如图 2-8 所示进行连接。

将 USB 端口与 PC 端任意 USB 接口连接，会弹出安装向导界面，用户可以根据自身情况选择“自动安装软件（推荐）”或“从列表或指定位置安装（高级）”。本书以安装在“D:\Program Files\IAR Systems\Embedded Workbench 5.4\8051\drivers\Texas Instruments”文件夹中为例进行介绍。

根据安装界面提示单击“下一步”按钮，直到安装完成。出现如图 2-9 所示的界面则表示已经安装完成。

图 2-8　仿真器连接图

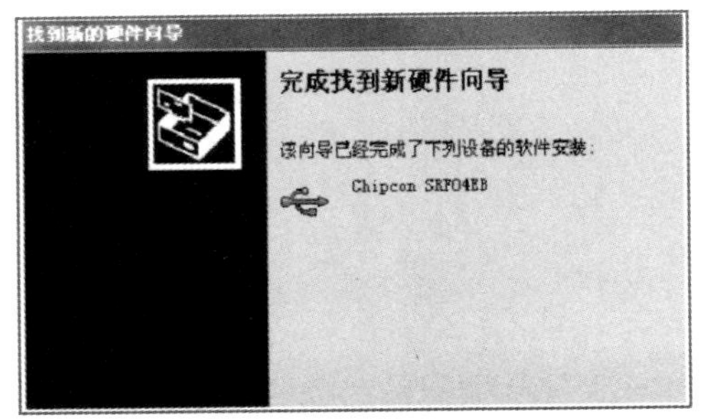

图 2-9　仿真器驱动安装完成界面

2.2.3　安装 SmartRF Flash Programmer 软件

第 1 步，搜索“SmartRF Flash Programmer”安装包，进入官网下载最新的软件版本，如图 2-10 所示。

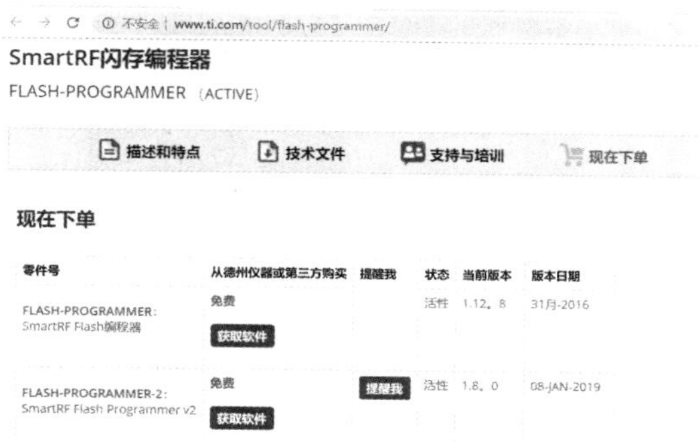

图 2-10　“SmartRF Flash Programmer”安装包下载界面

第 2 步，下载完成后，双击安装包，弹出安装向导界面，如图 2-11 所示，单击“Next”按钮执行下一步操作。

第 3 步，设置安装路径，如图 2-12 所示，如果不选择的话，采用默认安装路径，单击“Next”按钮进行后面的操作。

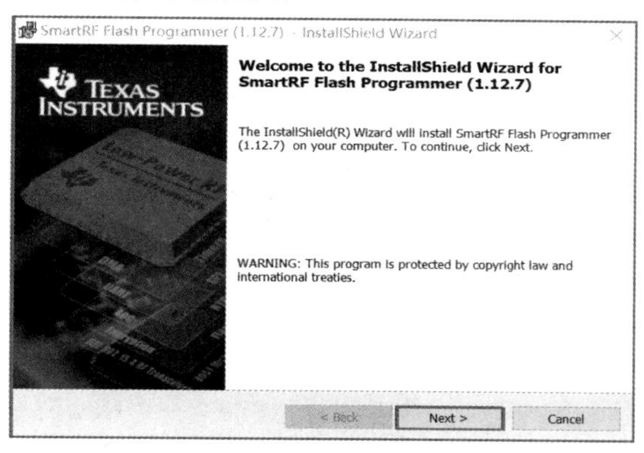

图 2-11　安装向导界面

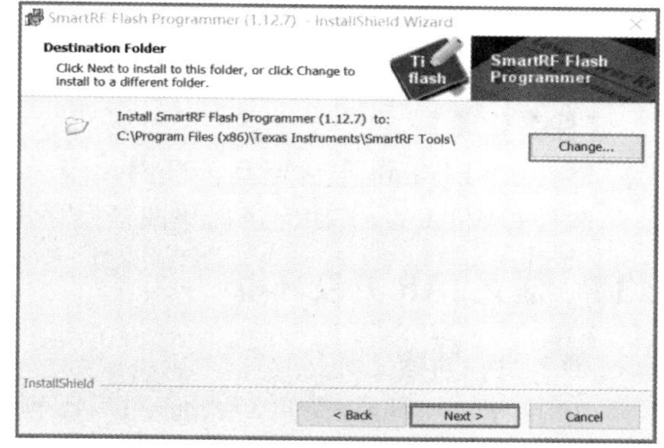

图 2-12　设置安装路径

第 4 步，如图 2-13 所示，在这里有两个选项，一个是“Complete”全部安装，功能比较齐全。一个是“Custom”典型安装。本书采用默认“Complete”选项，单击“Next”按钮继续安装。

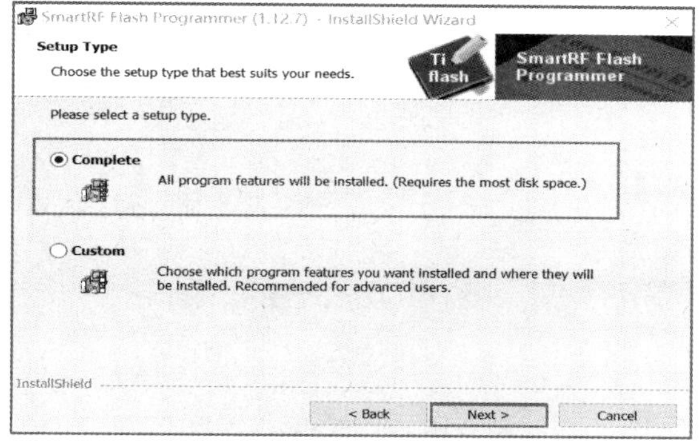

图 2-13　安装类型选择界面

第 5 步：如图 2-14 所示，单击“Install”按钮开始安装 SmartRF Flash Programmer 软件。安装完成后，若需要在桌面创建快捷方式，则在如图 2-15 所示界面中勾选复选框，否则不会创建快捷方式。最后单击“Finish”按钮结束安装，到此整个安装过程结束。

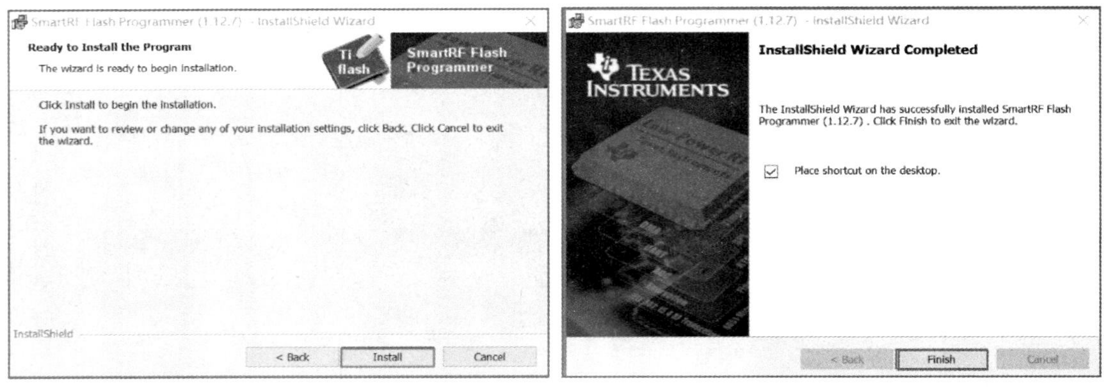

图 2-14　开始安装　　　　图 2-15　安装结束界面

任务 2.3　建立 ZigBee 开发环境——以点亮一盏 LED 灯为例

【任务描述】

硬件设备与软件工具均已准备齐全后，下面需要熟练使用这些工具。以点亮一盏 ZigBee 模块上的 LED 灯为例，学习搭建工程项目的操作过程。

【任务环境】

硬件：NEWLab 平台 1 套、ZigBee 节点板 1 块、CC2530 仿真器 1 组、PC 1 台。

软件：Windows 7/10，IAR 集成开发环境。

2.3.1　建立 IAR 开发环境

第 1 步，新建工作区。

运行“IAR Embedded Workbench”命令，启动 IAR 软件；或者选择“File”→“New”→“Workspace”命令，如图 2-16 所示。

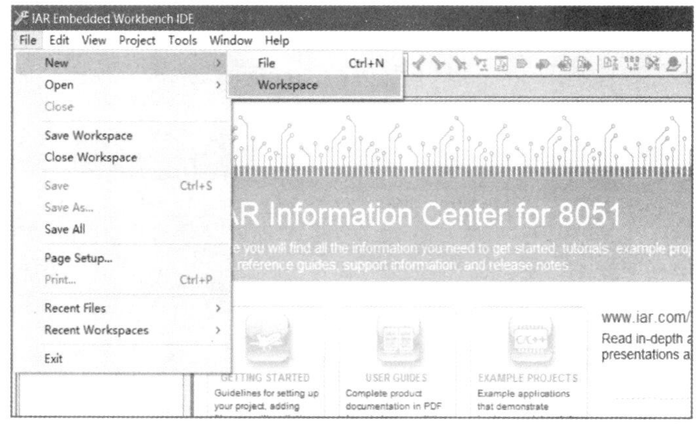

图 2-16　新建工作区窗口

第 2 步，新建工程。

选择“Project”→“Creat New Project”命令，如图 2-17、图 2-18 所示，使用默认设置，单击“OK”按钮。设置工程保存路径和工程名，本任务中设置工程保存路径为“F:\搭建 ZigBee 开发环境”，工程名为“test”。

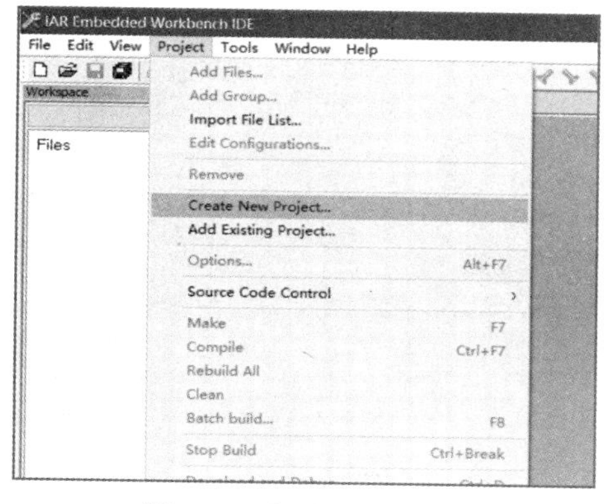

图 2-17　新建工程窗口（1）

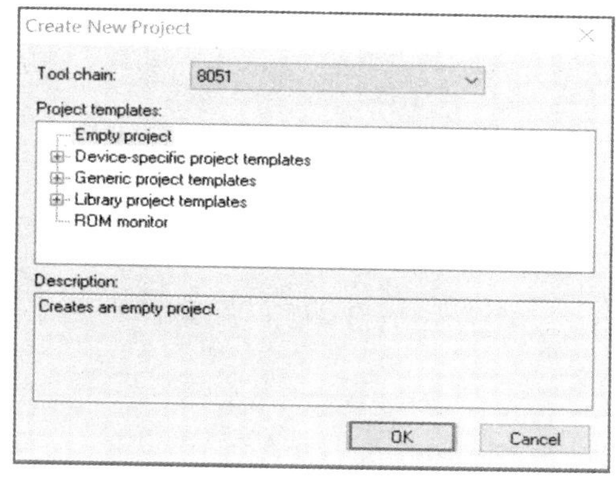

图 2-18　新建工程窗口（2）

第 3 步，新建文件。

选择“File”→“New”→“File”命令或单击工具栏中的“新建”按钮，新建文件，并将文件保存在与工程文件相同的路径下，即“F:\搭建 ZigBee 开发环境”，并将其命名为“test.c”。选择“test-Debug”，单击鼠标右键，从弹出的快捷菜单中选择“Add”→“Add Files”命令，将“test.c”文件添加到工程中，如图 2-19 所示。

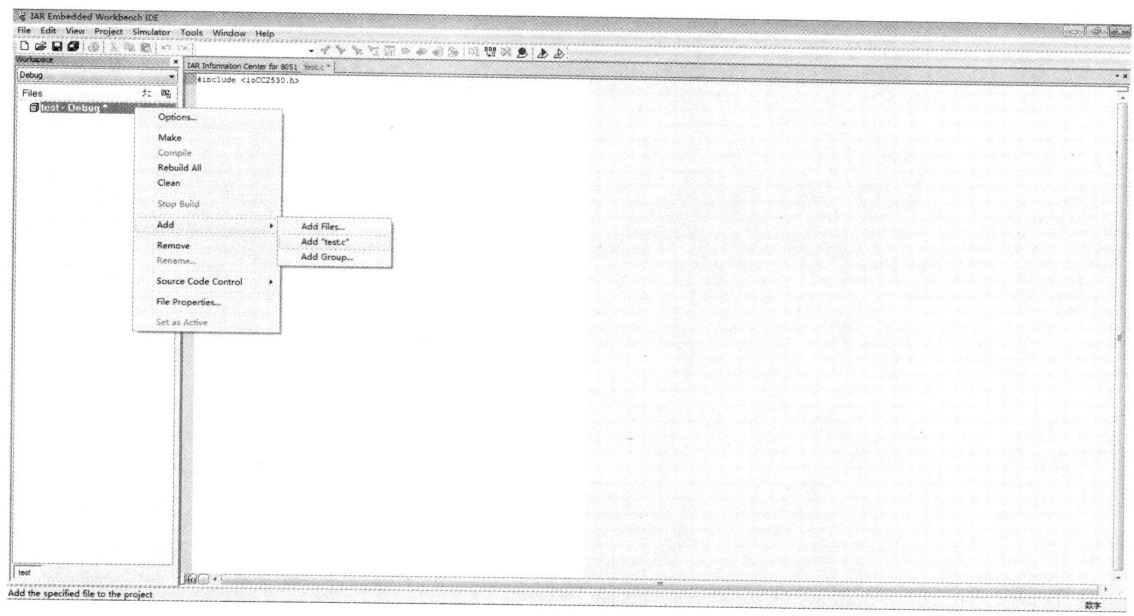

图 2-19　为工程添加文件

第 4 步，保存工作区。

单击工具栏中的“保存全部”按钮，设置工作区保存路径为“F:\搭建 ZigBee 开发环境”（与工程文件同一路径），并将工作区命名为“test”，如图 2-20 所示。

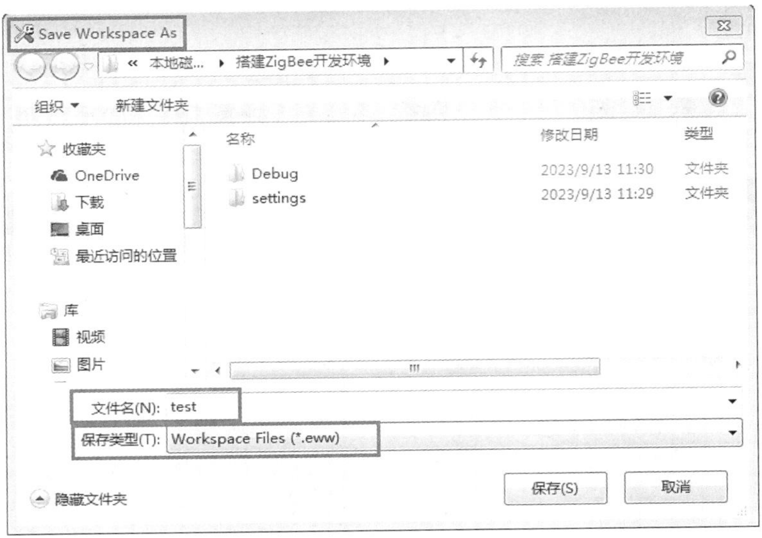

图 2-20 保存工作区

2.3.2 配置工程

配置工程仍然需要在 IAR 软件中操作，选择“Project”→“Options”命令，如图 2-21 所示，打开如图 2-22 所示对话框。具体配置项共有三项，设置细节依次参照以下三步进行。

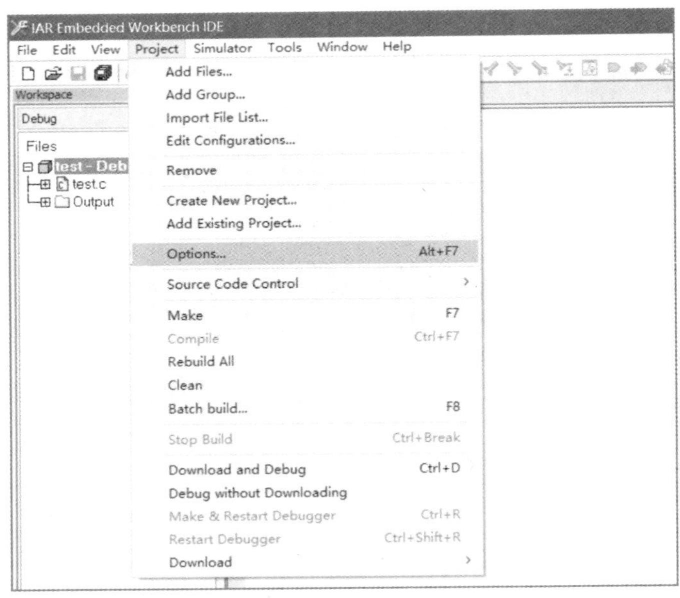

图 2-21 “Options”命令的选择

第 1 步，配置“General Options”。

切换至“Target”选项卡，单击“Device information”选项组中的“Device”选项按钮，在弹出的对话框中选择“CC2530F256.i51”文件，该文件在“C:\...\8051\config\devices\Texas Instruments”文件夹中，如图 2-22 所示。

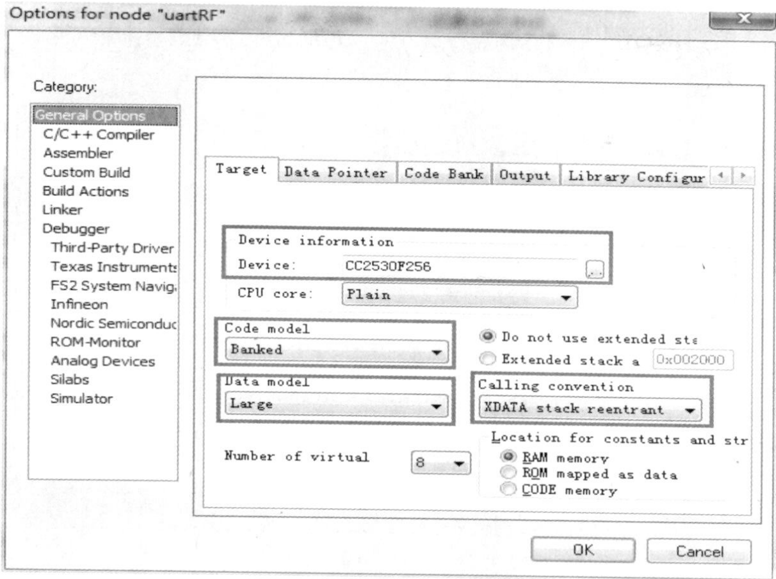

图 2-22　配置“General Options”

第 2 步，配置“Linker”。

切换至“Config”选项卡，单击“Linker configuration file”选项组中的“Override default”选项按钮，在弹出的对话框中选择“lnk51ew_CC2530F256_banked.xcl”文件，该文件在“C:\...\config\devices\Texas Instruments”文件夹中，如图 2-23 所示。

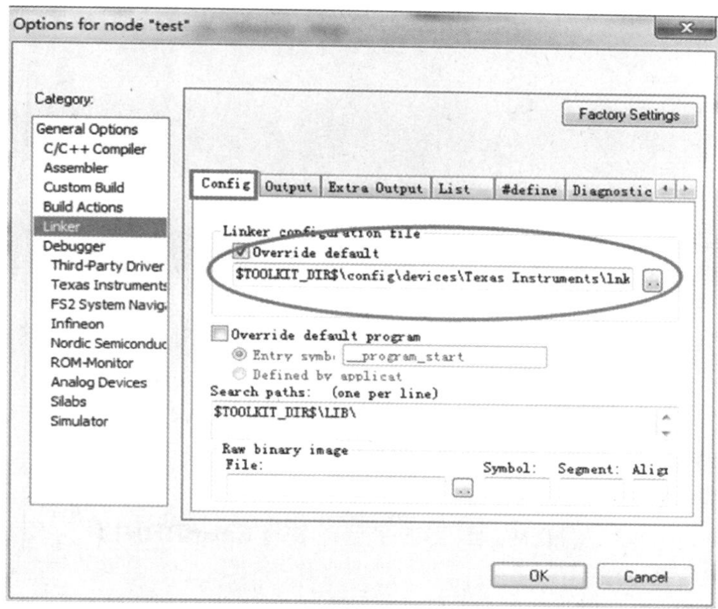

图 2-23　配置“Linker”

第 3 步，配置“Debugger”。

切换至“Setup”选项卡，在“Driver”选项组中选择“Texas Instruments”，勾选“Override default”复选框并选择“io8051.ddf”文件，该文件在“C:\...\config\ devices \ _generic”文件夹中，如图 2-24 所示。

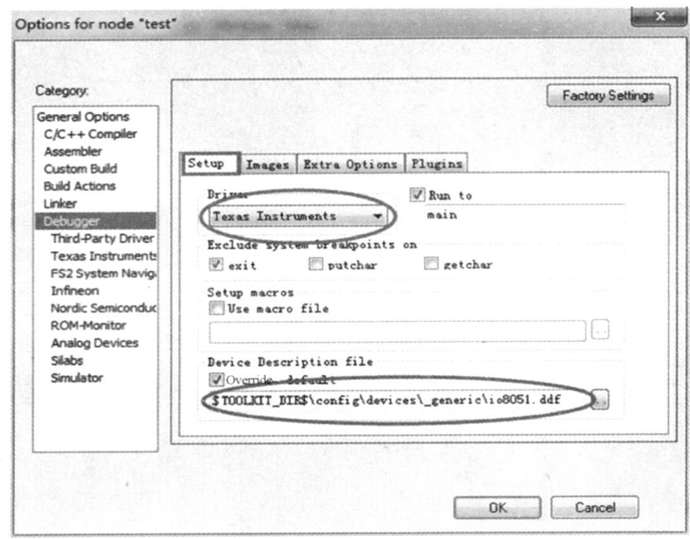

图 2-24　配置“Debugger”

2.3.3　编写、调试程序

第 1 步，编写程序。

在“test.c”文件中输入点亮一个 LED 灯的代码。

```
/*******************************************************************************/
#include <ioCC2530.h>
#define LED1 P1_0                    //P1.0 端口控制 LED1 发光二极管

void main(void)
{    P1DIR |= 0X01;                  //定义 P1.0 端口为输出
     while(1)
     {
          LED1 = 1;                  //点亮 LED1 发光二极管
     }
}
/*******************************************************************************/
```

第 2 步，编译、链接程序。

单击工具栏中的“运行”按钮，编译、链接程序，“Messages”栏中没有错误警告，说明程序编译、链接成功，如图 2-25 所示。

第 3 步，下载、调试程序。

（1）把 ZigBee 模块装入 NEWLab 实训平台，并将 SmartRF04EB 仿真器的下载线连接至 ZigBee 模块。

（2）单击工具栏中的 按钮，下载程序，进入调试状态，如图 2-26 所示。单击“单步”按钮，逐步执行每条代码。当执行“LED1=1;”时，LED1 灯点亮；再单击“复位”按钮，LED1 灯熄灭。重复上述动作，LED1 灯可多次点亮、熄灭。

注意：

① 下载程序后，程序就被烧录到芯片之中，实训板断电后，再接电源，照常执行 LED1 灯点亮的程序，也就是说，仿真器既具有仿真功能，又具有烧录程序功能。

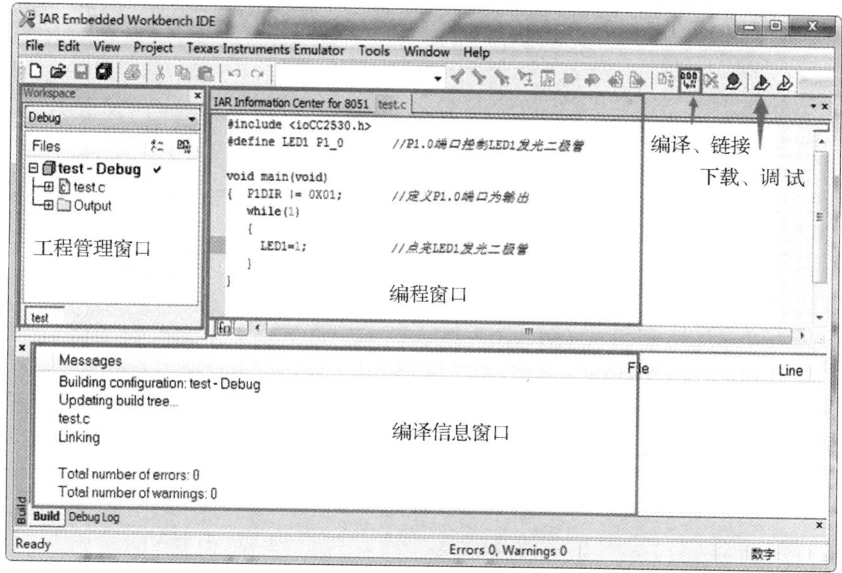

图 2-25　编译、链接程序

② 到此已完成主要软件和驱动的安装、IAR 集成开发环境的搭建、工程配置、程序编写与调试等工作，现在大部分 TI 芯片仿真器（如 SmartRF04EB、CC Debugger 等）都支持在 IAR 环境中进行程序下载和调试，使用起来非常方便。另外，还有一种烧录方法，即使用 TI SmartRF Flash Programmer 软件。本书推荐使用后者。

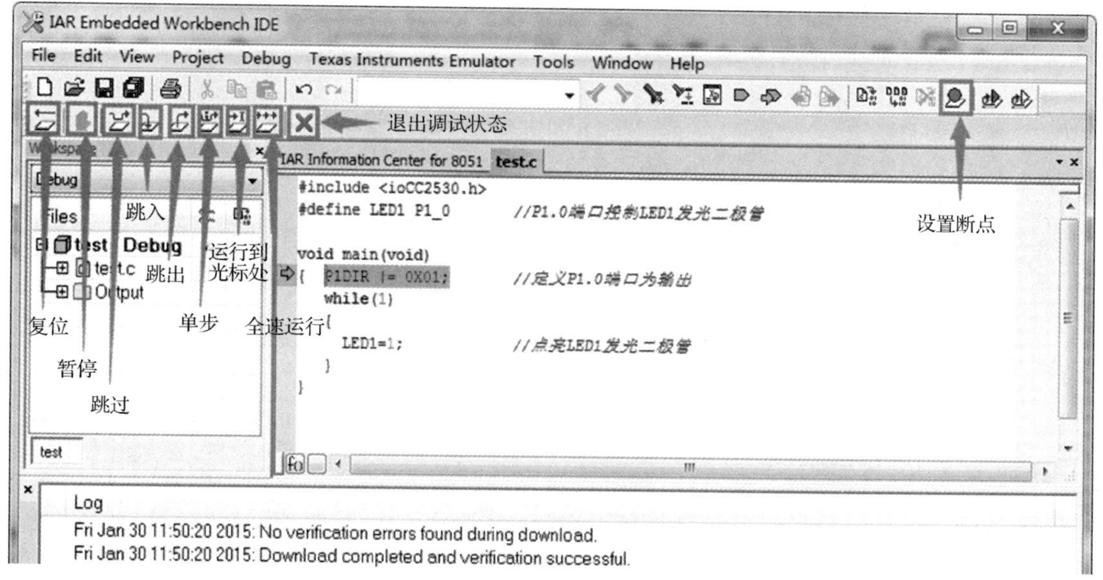

图 2-26　调试程序

第 4 步，烧录程序。

（1）配置编译器生成.hex 文件。

注意：生成.hex 文件进行烧录的方法仅适用于基础实验，不适合有关协议栈的工程烧录。

选择“Project”→“Options”命令，在打开的对话框中配置“Linker”选项。

①“Output”选项卡设置。如图 2-27 所示，设置“Format”选项组，使用 C-SPY 进行调试。

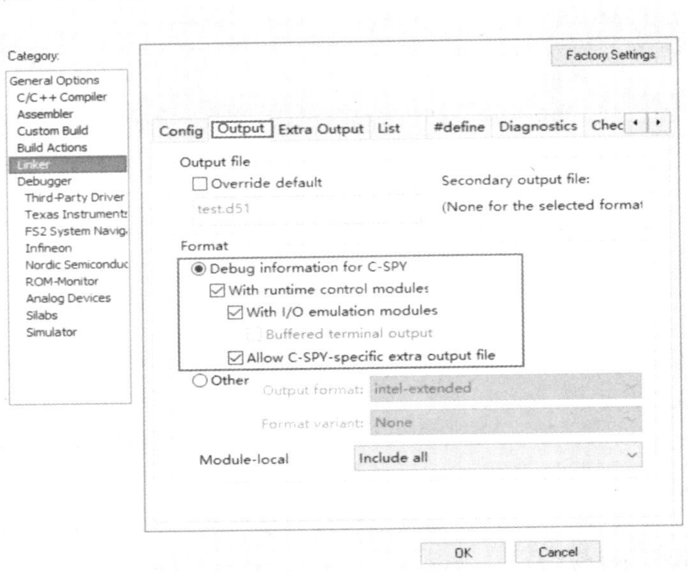

图 2-27　“Output”选项卡

②“Extra Output”选项卡设置。如图 2-28 所示，更改输出文件名的扩展名为“.hex”，“Output format”设置为“intel-extended”。最后单击“OK”按钮，则生成.hex 文件，文件自动保存为“F:\Zigbee\Debug\Exe\test.hex”。

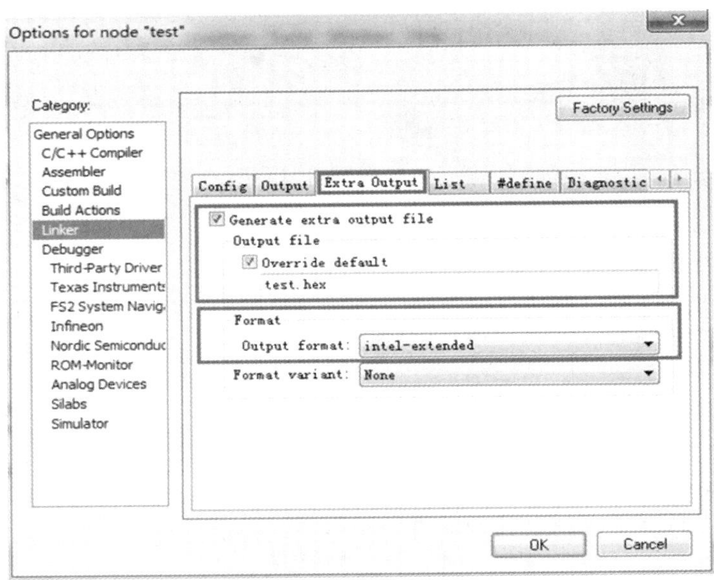

图 2-28　“Extra Output”选项卡

（2）烧录.hex 文件。

打开 SmartRF Flash Programmer 软件，按照如图 2-29 所示的步骤进行操作。

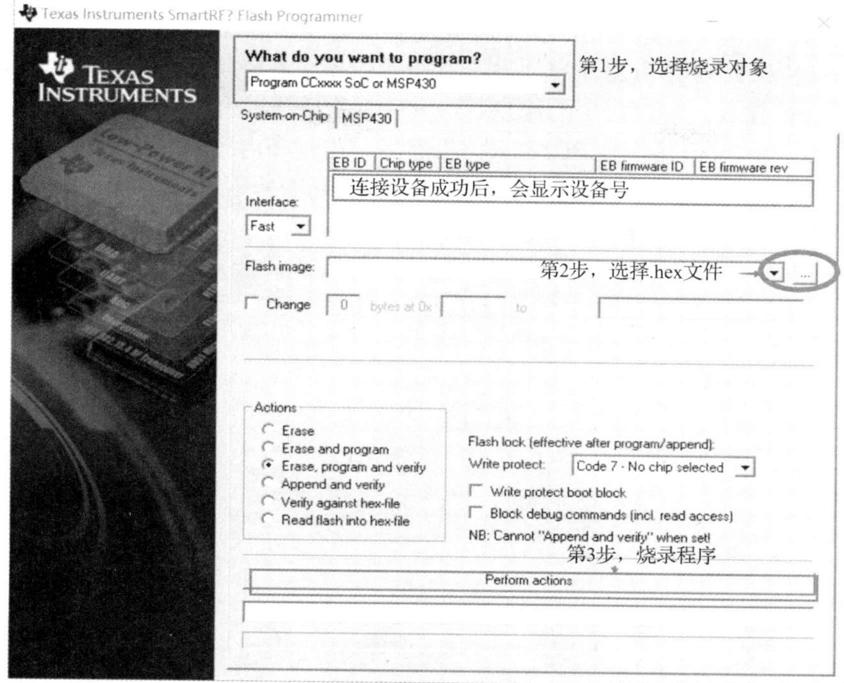

图 2-29　使用 SmartRF Flash Programmer 烧录程序

至此，既可以在 IAR 环境中烧录并仿真调试程序，又可以使用 SamartRF Flash Programmer 软件把.hex 文件烧录到 CC2530 芯片中。在后期复杂项目开发过程中，前者用得更多些。

【知识点小结】

1．搭建 ZigBee 开发环境，需要依次完成四个步骤的工作。

（1）在 IAR 软件中新建工程。

（2）在 IAR 环境中配置工程。

（3）在 IAR 框架中编写程序。

（4）在 IAR 环境中下载调试程序或利用 SamartRF Flash Programmer 软件下载程序。

2．一个简单的工程，一般需要完成三部分内容配置，分别是配置“General Options”、配置“Linker”、配置“Debugger”。

3．给硬件设备下载程序有两种方法：一种是利用 IAR 菜单栏进行程序的调试、下载；另一种是利用 SamartRF Flash Programmer 软件下载.hex 文件进行烧录。

【拓展与思考】

客户需要点亮两盏 LED 灯，应该怎样完成客户的需求。

【强国实训拓展】

熟练使用 Zigbee 开发环境，在 IAR 软件中新建工程和源文件，编写程序，实现 ZigBee

模块与 PC 通信，实现关于党的二十大精神互动测试题库功能（设置 1～3 个题目）。例如：ZigBee 模块通过串口向 PC 发送字符串“没有坚实的××基础，就不可能全面建成社会主义现代化强国。”PC 接收到串口发来的信息后，发送“物质技术”给 ZigBee 模块，并以“#”作为结束符；ZigBee 模块接收到 PC 发来的信息后，与程序内预设答案字符串进行比较，如果回答正确，再向 PC 发送“正确”字符串，反之，发送“错误”字符串。

项目三　基础射频无线通信技术应用设计

【知识目标】

1. 了解 Basic RF 工作机制；
2. 熟悉无线发送和接收函数；
3. 理解发送地址和接收地址、PAN_ID、RF_CHANNEL 等概念；
4. 理解 CC2530_lib 库文件内各驱动文件的作用；
5. 理解串口读写函数；
6. 掌握各类典型传感器的工作原理。

【技能目标】

1. 能够独立建立 Basic RF 工程；
2. 会使用 CC2530 建立点对点的无线通信；
3. 能够实现各类传感器信号采集功能；
4. 能够实现基于 Basic RF 的信号采集与无线网络组建功能；
5. 能够实现项目中多个设备组的工程配置；
6. 初步了解项目文件管理方法。

【任务分解】

任务 3.1：Basic RF 无线控制 LED 灯
任务 3.2：Basic RF 无线串口通信
任务 3.3：开关量传感器采集系统
任务 3.4：模拟量传感器采集系统
任务 3.5：数字量传感器采集系统
任务 3.6：环境智能监测系统设计与应用

任务 3.1　Basic RF 无线控制 LED 灯

【任务描述】

以 Basic RF 无线点对点传输协议为基础，采用两个 ZigBee 模块作为遥控模块（发射模块）和被控对象模块（接收模块），按下发射模块上的 SW1 键，可以控制接收模块上的 LED1 灯的亮和灭，实现无线控制 LED 灯的功能。

【任务环境】

硬件：NEWLab 平台 2 套、ZigBee 节点板 2 块、CC2530 仿真器 1 组、PC 2 台。
软件：Windows 7/10，IAR 集成开发环境。

【必备知识点】

1. Basic RF 工作机制；
2. Basic RF 无线发送和接收函数；
3. Basic RF 发送地址和接收地址、PAN_ID、RF_CHANNEL 等概念。

3.1.1 Basic RF 工作原理

1．CC2530 Basic RF 工作机制

Basic RF 由 TI 公司提供，它包含了 IEEE 802.15.4 标准的数据包的收发功能但没有使用协议栈，Basic RF 仅让两个节点进行简单的通信，也就是说，Basic RF 仅包含 IEEE 802.15.4 标准的一小部分。其主要特点如下。

（1）不会自动加入协议。

（2）不会自动扫描其他节点，同时也没有组网指示灯。

（3）没有协议栈中的协调器、路由器或终端的区分，即各节点地位均相同。

（4）没有自动重发功能。

2．Basic RF 操作环节

Basic RF 操作依次包括启动、发送、接收三个环节。

1）*启动*

启动环节主要包括以下几项内容。

（1）初始化开发板的硬件外设和配置 I/O 端口。

（2）设置无线通信的网络 ID。

（3）设置无线通信的通信信道号。

（4）设置无线通信的接收和发送模块地址。

（5）若有必要，设置无线通信的网络安全加密等参数。

启动环节的以上内容的设置通过相关的数据结构体和相关函数来实现，涉及的结构体和函数如下。

（1）定义 basicRfCfg_t 数据结构体

basicRfCfg_t 数据结构体的定义在 basic_rf.h 文件中可以找到。数据结构体定义代码如下。

```
******************************************************************************
typedef struct {
uint16 myAddr;              //本机地址，取值范围为 0x0000～0xffff，作为识别本模块的地址
uint16 panId;               //网络 ID，取值范围为 0x0000～0xffff，接收、发送模块此参数必须一致
uint8 channel;              //通信信道号，取值范围为 11～26，接收、发送模块此参数必须一致
uint8 ackRequest;           //应答信号
#ifdef SECURITY_CCM         //是否加密，预定义时取消了加密
uint8* securityKey;
uint8* securityNonce;
#endif
} basicRfCfg_t;
******************************************************************************
```

（2）为 basicRfCfg_t 型结构体变量 basicRfConfig 填充部分参数

在 void main(void)函数中有如下 3 行代码，就是为 basicRfConfig 数据结构体部分变量赋值的。

```
******************************************************************************
basicRfConfig.panId = PAN_ID;                //宏定义：#define PAN_ID    0x2007
basicRfConfig.channel = RF_CHANNEL;          //宏定义：#define RF_CHANNEL     25
basicRfConfig.ackRequest = TRUE;             //宏定义：#define TRUE       1
******************************************************************************
```

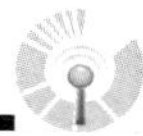

（3）调用 halBoardInit()函数

对硬件外设和 I/O 端口进行初始化，void halBoardInit()函数在 hal_board.c 文件中。

（4）调用 halRfInit()函数

此函数可打开射频模块，设置默认选项，允许自动确认和允许产生随机数。

2）发送

创建一个 buffer，把数据放入其中，调用 basicRfSendPacket()函数发送数据。在该工程中，light_switch.c 文件中的 appSwitch()函数是用来发送数据的。appSwitch()函数代码如下，请注意删除了液晶显示代码。

```
******************************************************************************
1.  static void appSwitch()                           //开关功能函数
2.  {pTxData[0] = LIGHT_TOGGLE_CMD;                   //要发送的数据放到 buffer（即数组 pTxData）中
3.  basicRfConfig.myAddr = SWITCH_ADDR;               //本机地址
4.  if(basicRfInit(&basicRfConfig)==FAILED)           //初始化
5.  {      HAL_ASSERT(FALSE);        }
6.  basicRfReceiveOff();                              //关闭接收模式，节能
7.  while (TRUE)
8.    { if(halButtonPushed()==HAL_BUTTON_1)           //调用按键函数
9.        {
10. basicRfSendPacket(LIGHT_ADDR, pTxData, APP_PAYLOAD_LENGTH);     //调用发送函数
11. halIntOff();                                      //关中断
12. halMcuSetLowPowerMode(HAL_MCU_LPM_3);
13. halIntOn();                                       //开中断
14.       }
15. }
16. }
******************************************************************************
```

说明：

（1）第 2 行，把要发送的数据 LIGHT_TOGGLE_CMD（宏定义该值为 1）放到 buffer 中，数组 pTxData 就是要发送的 buffer，即把要发送的数据存放到该数组中。

（2）第 3 行，为 basicRfCfg_t 型结构体变量 basicRfConfig.myAddr 赋值，宏定义 SWITCH_ADDR 为 0x2520，即发射模块的本机地址。

（3）第 4 行，调用 basicRfInit(&basicRfConfig)初始化函数，负责配置参数、设置中断等。在 basic_rf.c 文件中可以找到 uint8 basicRfInit(basicRfCfg_t* pRfConfig)。

（4）第 10 行，调用发送函数 basicRfSendPacket()，该函数带参数格式是：basicRfSendPacket (uint16 destAddr, uint8* pPayload, uint8 length)。

① destAddr 是发送的目标地址，实参是 LIGHT_ADDR，即接收模块的地址。

② pPayload 是指向发送缓冲区的地址，实参是 pTxData，该地址的内容是将要发送的数据。

③ length 是发送数据的长度，实参是 APP_PAYLOAD_LENGTH，单位是字节数。

3）接收

通过调用 basicRfPacketIsReady()函数来检查是否收到一个新的数据包，若有新数据，则调用 basicRfReceive()函数接收数据。在该工程中，light_switch.c 文件中的 appLight()函数是用来发送数据的。appLight()函数代码如下，请注意删除了液晶显示代码。

```
************************************************************************
1.  static void appLight()                              //LED 灯相关函数
2.  {    basicRfConfig.myAddr = LIGHT_ADDR;             //设定本模块地址
3.       if(basicRfInit(&basicRfConfig)==FAILED)        //初始化，方法与发送环节一样
4.     {   HAL_ASSERT(FALSE);     }
5.  basicRfReceiveOn();                                 //开启接收功能
6.       while (TRUE)
7.  {
8.           while(!basicRfPacketIsReady());            //检查是否有新数据，没有则一直等待
9.            if(basicRfReceive(pRxData, APP_PAYLOAD_LENGTH, NULL)>0)
10. { if(pRxData[0] == LIGHT_TOGGLE_CMD)                //判断接收到的内容是否正确
11. {      halLedToggle(1);   }                         //改变 LED1 灯的亮、灭状态
12.          }
13.      }
14. }
************************************************************************
```

说明：

（1）第 8 行，调用 basicRfPacketIsReady()函数来检查是否收到一个新数据包，若有新数据，则返回 TRUE。新数据包信息存放在 basicRfRxInfo_t 型结构体变量 rxi 中。

```
************************************************************************
typedef struct { uint8   seqNumber;
      uint16 srcAddr;                 //数据的来源地址，即发送模块的地址
      uint16 srcPanId;                //网络 ID
      int8 length;                    //新数据的长度
      uint8* pPayload;                //新数据包的存放地址
      uint8 ackRequest;
      int8 rssi;                      //信号强度
      volatile uint8 isReady;         //检查到新数据包的标志
      uint8 status;
} basicRfRxInfo_t;
************************************************************************
```

（2）第 9 行，调用 basicRfReceive(pRxData, APP_PAYLOAD_LENGTH, NULL)函数，把接收到的数据复制到 buffer 中，即 pRxData，注意与用来发送数据 buffer 的 pTxData 相区别。

```
************************************************************************
        uint8 basicRfReceive(uint8* pRxData, uint8 len, int16* pRssi)
        { halIntOff();                          //关中断
    //从 rxi.pPayload 中复制数据到 pRxData 中
  memcpy(pRxData, rxi.pPayload, min(rxi.length, len));
           if(pRssi != NULL) {
                  if(rxi.rssi < 128){
                  *pRssi = rxi.rssi - halRfGetRssiOffset();       }
          else{
                  *pRssi = (rxi.rssi - 256) - halRfGetRssiOffset();
              }
                          }
      rxi.isReady = FALSE;                      //取消新数据包标志
      halIntOn();                               //开中断
```

```
14.        return min(rxi.length, len);            //返回接收的字节数（最少的）
15.    }
****************************************************************************
```

从上述代码可知：接收到的新数据被复制到 pRxData 中。

说明： rssi 一般是用来说明无线信号强度的，英文是 received signal strength indication，它与模块的发送功率及天线的增益有关。

（3）第 10 行，判断接收到的内容是否与发送的数据一致。若一致，则改变 LED1 灯的亮、灭状态。

3.1.2 任务实训步骤

第 1 步，下载 CC2530 Basic RF 源文件。

登录 TI 官网，下载 CC2530 BasicRF.rar，解压后双击打开"\CC2530 BasicRF\CC2530 BasicRF\ide\srf05_cc2530\iar"文件夹中的"light_switch.eww"工程文件，如图 3-1 所示。

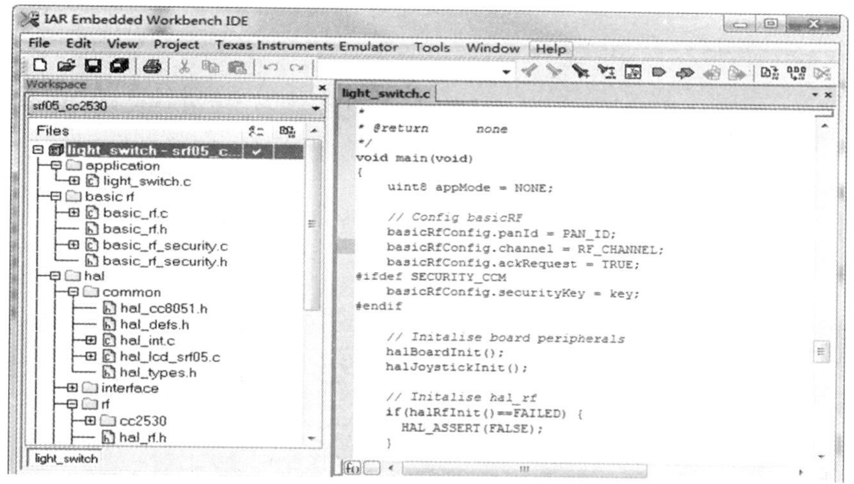

图 3-1 "light_switch.eww"工程文件

第 2 步，修改程序。

ZigBee 模块（网关节点）上有 2 个按键和 4 个 LED 灯，其中按键 SW1 和 SW2 分别由 P1.2 和 P1.6 控制，LED1～LED4 灯分别由 P1.0、P1.1、P1.3 和 P1.4 控制，如图 3-2 所示。这些接口与 TI 官网发布的开发平台有所差别，所以需要修改一下，操作方法如下。

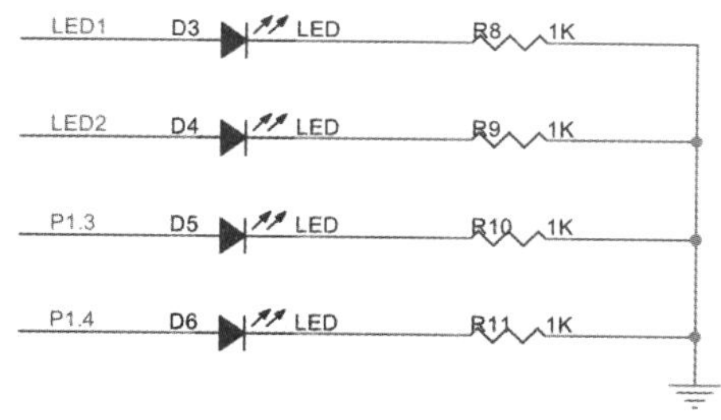

图 3-2 LED 灯与 P1 引脚连接图

（1）打开"hal_board.h"头文件，打开方法有以下两种。

① 展开工程左边"Workspace"栏中"light_switch.c"的"+"号，就可以在展开的文件

列表中找到“hal_board.h”头文件，双击该文件，就可以打开它。

② 在“light_switch.c”文件的开始部分代码中，可以找到“include <hal_board.h>”宏定义，右击该宏定义并选中“Open hal_board.h”命令，也可以打开该文件。

（2）在“hal_board.h”头文件中找到如下代码，并按照图 3-3 所示要求修改。

```
// LEDs
#define HAL_BOARD_IO_LED_1_PORT        1    // Green
#define HAL_BOARD_IO_LED_1_PIN         0
#define HAL_BOARD_IO_LED_2_PORT        1    // Red
#define HAL_BOARD_IO_LED_2_PIN         1
#define HAL_BOARD_IO_LED_3_PORT        1    // Yellow
#define HAL_BOARD_IO_LED_3_PIN         3
#define HAL_BOARD_IO_LED_4_PORT        1    // Orange
#define HAL_BOARD_IO_LED_4_PIN         4


// Buttons
#define HAL_BOARD_IO_BTN_1_PORT        1    // Button S1
#define HAL_BOARD_IO_BTN_1_PIN         2
```

图 3-3　代码的修改

说明：其中，HAL_BOARD_IO_LED_x_PORT 表示 x 端口（x 可以是 0、1、2…）；HAL_BOARD_IO_LED_y_PIN 表示 x 的 y 引脚（x 端口的第 y 个引脚，y 可以是 0～7）。

（3）修改“light_switch.c”文件中的 static void appSwitch()函数代码，把该函数中的“if(halJoystickPushed()){”代码注释掉，在其下一行添加“if(halButtonPushed()==HAL_BUTTON_1){ ”代码。

（4）注释掉部分代码，如图 3-4 所示。

```
    //Indicate that device is powered
    halLedSet(1);

    //Print Logo and splash screen on LCD
    //utilPrintLogo("Light Switch");

    //wait for user to press S1 to enter menu
    //while(halButtonPaushed()!= HAL_BUTTON_1);
    halMcuWaitMs(350);
    halLcdClear();

    //Set application role
    //appMode = appSelectMode();
    halLcdClear();
```

图 3-4　注释掉部分代码

第 3 步，编译、烧录程序。

修改程序后，进行编译，编译无误后分别发给发射模块和接收模块烧录程序。

（1）在“light_switch.c”文件的主函数中找到“uint8 appMode = NONE;”代码，并把它注释掉，在其下一行添加“uint8 appMode = SWITCH;”代码。编译程序，无误后下载到发射模块中。

（2）在“light_switch.c”文件的主函数中找到“uint8 appMode = SWITCH;”代码，将其修改为“uint8 appMode = LIGHT;”代码。编译程序，无误后下载到接收模块中。

第 4 步，测试程序功能。

每按一下发射模块中的 SW1 键，接收模块上的 LED1 灯的状态就会改变，即 LED1 灯亮、灭交替变化。把两个模块隔开 20m 以上的距离，再进行测试。

任务 3.2　Basic RF 无线串口通信

【任务描述】

以 Basic RF 无线点对点传输协议为基础，采用两个 ZigBee 模块（作为节点 1 和节点 2），这两个节点分别与两台计算机的串口连接。打开节点 1 和节点 2 对应计算机上的串口调试软件，相互收发信息，实现无线串口通信。

【任务环境】

硬件：NEWLab 平台 2 套、ZigBee 节点板 2 块、CC2530 仿真器 1 组、PC 2 台。

软件：Windows 7/10，IAR 集成开发环境，串口调试软件。

【必备知识点】

1. 串口通信原理；
2. 串口调试软件的使用。

3.2.1　串口通信原理

1. 串口通信的定义

串行通信接口，简称串口（COM），出现在 1980 年前后，初始数据传输速率是 115～230kbit/s。串口出现初期，其功能是连接计算机外设，初期串口一般用来连接鼠标和外置 Modem 及老式摄像头和写字板等设备。串口也可以应用于两台计算机（或设备）之间的互联及数据传输。由于串口不支持热插拔及传输速率较低，部分新主板和大部分笔记本电脑已开始取消该接口。目前串口多用于工控和测量设备及部分通信设备中。

串口通信是指数据一位一位地顺序传送，其特点是通信线路简单，只要一对传输线就可以实现双向通信（可以直接利用电话线作为传输线），从而大大降低了成本，特别适用于远距离通信，但传送速度较慢。串口通信的特点：数据的传送按位顺序进行，最少只需一根传输线即可完成；成本低但传送速度慢。串口通信的距离可以从几米到几千米；根据信息的传送方向，串口通信可以分为单工、半双工和全双工三种。

尽管按位（bit）传送的串口通信比按字节（Byte）传送的并行通信速度慢，但是串口通信可以在使用一根线发送数据的同时用另一根线接收数据，很简单并且能够实现远距离通信。比如 IEEE 488 定义并行通信状态时，规定设备线总长不得超过 20m，并且任意两个设备间的长度不得超过 2m；而对于串口通信而言，其设备线长度可达 1200m。典型的，串口通信可用于 ASCII 码字符的传输。串口通信使用 3 根线完成，分别是地线、发送线、接收线。

2. 串口的分类

按照运行模式，可将串口分为同步串口和异步串口两种。同步串口（Synchronous Serial Interface，SSI）是一种常用的工业通信接口。异步串口（Universal Asynchronous Receiver/Transmitter，UART），是指通用异步接收/发送器。UART 是一个将并行输入转为串行输出的芯片，通常集成在主板上。UART 包含 TTL 电平的串口和 RS-232 电平的串口。TTL 电平是 3.3V 的，而 RS-232 是负逻辑电平，它定义+5～+12V 为低电平，−12～−5V 为高电平。MDS2710、MDS SD4、EL805 等都是 RS-232 接口，EL806 有 TTL 接口。

CC2530 芯片共有 USART0 和 USART1 两个串口，它能够运行于异步模式或者同步模式。两个 USART 具有同样的功能，可以设置单独的 I/O 引脚。

在 UART 模式中，可以使用双线（包括 RXD、TXD）连接方式或四线（包括 RXD、TXD、RTS 和 CTS）连接方式，其中 RTS 和 CTS 引脚用于硬件流量控制。

对于每个 USARTx，都有控制和状态寄存器（UxCSR）、UART 控制寄存器（UxUCR）、通用控制寄存器（UxGCR）、接收/发送数据缓冲寄存器（UxDBUF）、波特率控制寄存器（UxBAUD）5 个寄存器。其中，x 是 USART 的编号，为 0 或者 1。本节内容涉及的串行通信接口相关寄存器如下。

（1）U0CSR：USART0 控制和状态寄存器，如表 3-1 所示。

表 3-1　U0CSR 相关寄存器

D7	D6	D5	D4	D3	D2	D1	D0
工作模式选择	接收器使能/禁用	SPI 主/从模式	帧错误检测状态	奇偶错误检测状态	字节接收状态	字节传送状态	接收/传送主动状态

D7 为工作模式选择，0 为 SPI 模式，1 为 USART 模式。

D6 为接收器使能/禁用，0 为接收器禁用，1 为接收器使能。

D5 为 SPI 主/从模式选择，0 为 SPI 主模式，1 为 SPI 从模式。

D4 为帧错误检测状态，0 为无错误，1 为出现帧错误。

D3 为奇偶错误检测状态，0 为无错误，1 为出现奇偶校验错误。

D2 为字节接收状态，0 为没有收到字节，1 为准备好接收字节。

D1 为字节传送状态，0 为字节没有被传送，1 为写到数据缓冲区中的字节已经被发送。

D0 为接收/传送主动状态，0 为 USART 空闲，1 为 USART 忙碌。

（2）U0GCR：USART0 通用控制寄存器，如表 3-2 所示。

表 3-2　U0GCR 相关寄存器

D7	D6	D5	D4～D0	U0BAUD
SPI 时钟极性	SPI 时钟相位	传送位顺序	波特率指数值	波特率控制小数部分

D7 为 SPI 时钟极性：0 为负时钟极性，1 为正时钟极性。

D6 为 SPI 时钟相位。

D5 为传送位顺序：0 为最低有效位先传送，1 为最高有效位先传送。

D4～D0 为波特率指数值：具体设置值见表 3-3。

U0BAUD 为波特率控制小数部分，见表 3-3。

表 3-3　32MHz 系统时钟常用的波特率设置值

波特率/bps	指 数 值	小 数 部 分
2400	6	59
4800	7	59
9600	8	59
14400	8	216
19200	9	59
28800	9	216

续表

波特率/bps	指 数 值	小 数 部 分
38400	10	59
57600	10	216
76800	11	59
115200	11	216
230400	12	216

3. 串口通信的特征参数

串口通信最重要的参数是波特率、数据位、停止位和奇偶校验位。两个进行通信的端口，这些参数必须匹配。

（1）波特率

这是一个衡量符号传输速率的参数，表示每秒传送的符号的个数。例如波特率 300bps 表示每秒发送 300 个符号。当提到时钟频率时，就是指波特率。例如，如果协议需要波特率为 4800bps，那么时钟频率是 4800Hz，这意味着串口通信在数据线上的采样率为 4800Hz。通常电话线的波特率为 14400bps、28800bps 和 36600bps。波特率可以远远大于这些值，但是波特率和距离成反比。高波特率常常用于距离很近的仪器间的通信，典型的例子就是 GPIB 设备的通信。

（2）数据位

这是衡量通信中实际数据位的参数。计算机发送一个信息包，实际的数据不一定是 8 位的，标准的值是 5、6、7 和 8 位。如何设置取决于想传送的信息，比如，标准的 ASCII 码是 0～127（7 位），扩展的 ASCII 码是 0～255（8 位）。如果数据使用简单的文本（标准 ASCII 码），那么每个包使用 7 位数据。每个包是指一个字节，包括开始/停止位、数据位和奇偶校验位。由于实际数据位取决于通信协议的选取，“包”可指任何通信的情况。

（3）停止位

用于表示单个包的最后一位，典型的值为 1、1.5 和 2。由于数据是在传输线上定时的，并且每个设备都有自己的时钟，很可能在通信中两台设备间出现了小小的不同步。因此停止位不仅表示传输的结束，而且为计算机提供校正时钟同步的机会。适用于停止位的位数越多，不同时钟同步的容忍程度越大，但是数据传输也越慢。

（4）奇偶校验位

这是串口通信中一种简单的检错方式。共有 3 种检错方式：奇、偶、高和低，当然没有校验位也是可以的。对于奇和偶校验的情况，串口会设置校验位（数据位后面的一位），用一个值确保传输的数据有偶数个或者奇数个逻辑高位。例如，如果数据是 011，那么对于偶校验，校验位为 0，保证逻辑高的位数是偶数。如果是奇校验，校验位为 1，这样就有 3 个逻辑高位。高位和低位不是真正地检查数据，而是简单置位逻辑高或者逻辑低校验，这样使得接收设备能够知道一个位的状态，有机会判断是否有噪声干扰了通信或者传输、接收数据是否不同步。

需要补充的是，在数字信道中，比特率代表数字信号的传输速率，它用单位时间内传输的二进制代码的有效位（bit）数来表示，其单位为每秒比特数 bit/s（bps）、每秒千比特数（kbps）或每秒兆比特数（Mbps）（此处 k 和 M 分别表示 1000 和 1000000，而不是涉及计算机存储器容量时的 1024 和 1048576）。而波特率是指数据信号对载波的调制速率，它用单位时间内载波调制状态改变次数来表示。波特率与比特率的关系：比特率=波特率×单个调制状态对应的二进制位数。显然，两相调制（单个调制状态对应 1 个二进制位）的比特率等于波特率；四相调制（单个调制状态对应 2 个二进制位）的比特率为波特率的 2 倍；八相调制（单个调制状态对应 3 个二进制位）的比特率为波特率的 3 倍，依次类推。

除此之外，不同协议标准的串口通信的传输距离不同，RS-232 用在近距离传输上，最大传输距离为 30m；RS-485 用在长距离传输上，最大传输距离为 1200m。

4．串口通信函数分析

本节任务在 Basic RF 无线通信功能基础上，结合串口通信，最终实现无线串口通信，程序中涉及串口数据发送与接收两个步骤。

串口数据发送：创建一个 buffer，把数据放入其中，然后调用 halUartWrite()函数发送数据。

串口数据接收：调用 RecvUartDate()函数来接收数据，并根据数据长度来判断是否收到数据。

3.2.2 任务实训步骤

第 1 步，新建工程和程序文件，添加头文件。

（1）复制库文件。将 CC2530_lib 文件夹复制到该任务的工程文件夹内，即“F:\ZigBee\任务 3.2 无线串口通信”（也可以放在其他文件夹内）。在该工程文件夹内新建一个 Project 文件夹，用于存放工程文件。

（2）新建工程。具体方法参照任务 2.3。在工程中新建 App、basicrf、board、common、utils 5 个组，把各文件夹中的“xx.c”文件添加到对应的文件夹中。

（3）新建程序文件。将其命名为“uartRF.c”，保存在“F:\ZigBee\任务 3.2 无线串口通信\Project”文件夹中，并将该文件添加到工程中的 App 文件夹中。

（4）为工程添加头文件。选择 IAR 菜单中的“Project”→“Options”命令，在弹出的对话框中选择“C/C++ Compiler”，然后选择“Preprocessor”选项卡，并在“Additional include directories”中输入头文件的路径，如图 3-5 所示，单击“OK”按钮。

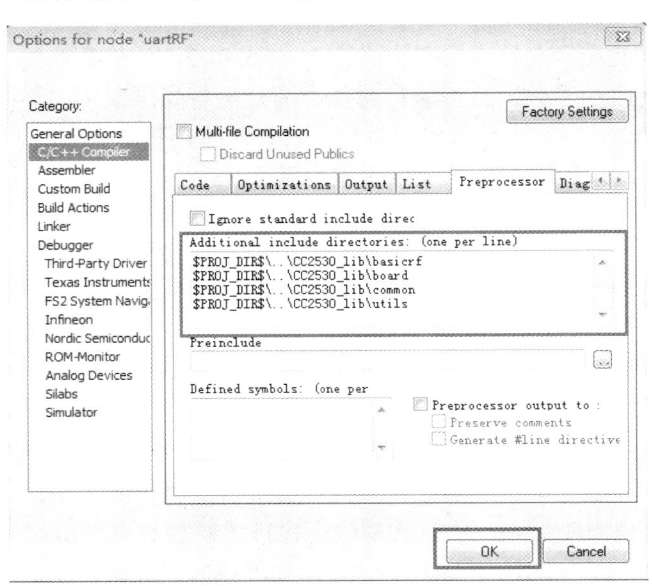

图 3-5　为工程添加头文件

注意：

图 3-5 中，“$PROJ_DIR$\”即当前工作的 Workspace 的目录。“...\”表示对应目录的上一层。

例如：“$TOOLKIT_DIR$\INC\”和“$TOOLKIT_DIR$\INC\CLIB\”，都表示当前工作的 Workspace 的目录。“$PROJ_DIR$\ ...\INC”表示用户的 Workspace 目录上一层的 INC 目录。

第 2 步，配置工程。

选择 IAR 菜单中的“Project”→“Options”命令，分别对“General Options”“Linker”“Debugger”三项进行配置。

（1）配置“General Options”。选中“Target”选项卡，在“Device”栏内选择“CC2530F256.i51”文件（路径为“C:\...\8051\config\devices\Texas Instruments”），如图 3-6 所示。

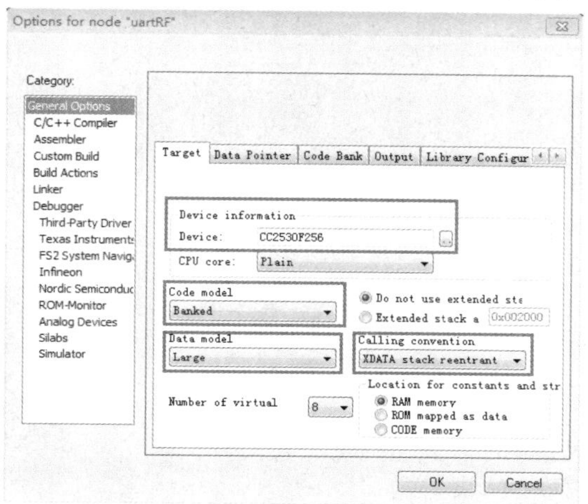

图 3-6　配置“General Options”

（2）配置“Linker”。选中“Config”选项卡，勾选“Override default”复选框，并在该栏内选择“lnk51ew_CC2530F256_banked.xcl”配置文件，其路径为“C:\...\8051\config\devices\Texas Instruments”。

（3）配置“Debugger”。选中“Setup”选项卡，在“Driver”栏内选择“Texas Instruments”；在“Device Description file”栏内，勾选“Override default”复选框，并在该栏内选择“io8051.ddf”配置文件，其路径为“C:\...\config\devices_generic”，如图 3-7 所示。

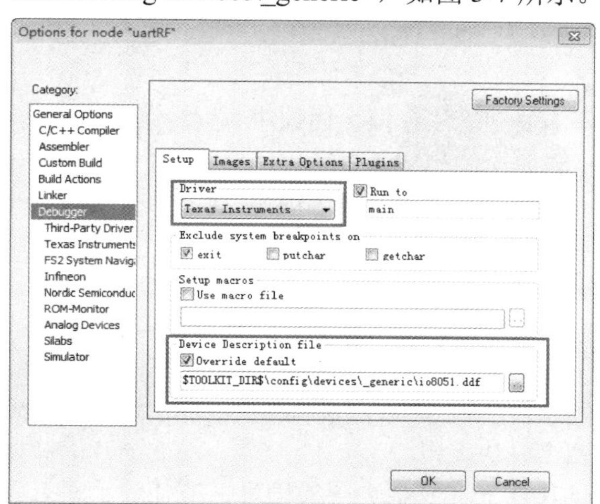

图 3-7　配置“Debugger”

第 3 步，编写程序。

由于程序很长，只能对关键部分进行分析，其他部分详见 uartRF.c 文件。

```
/******************************点对点通信地址设置*************************************/
1.  #define RF_CHANNEL      20          //通信信道号 11～26
2.  #define PAN_ID          0x1379      //网络 ID
3.  //#define MY_ADDR       0x1234      //模块 A 的地址
4.  //#define SEND_ADDR     0x5678      //模块 A 发送模块 B 的地址
5.  #define MY_ADDR         0x5678      //模块 B 的地址
6.  #define SEND_ADDR       0x1234      //模块 B 发送模块 A 的地址
/*************************************************************************************/
/******************************main************************************************/
1.  void main(void)
2.  {uint16 len = 0;
3.  halBoardInit();                     //模块相关资源的初始化
4.  ConfigRf_Init();                    //无线收、发模块参数的配置初始化
5.  halLedSet(3);
6.  halLedSet(4);
7.  while(1)
8.  { len = RecvUartData();             //接收串口数据
9.  if(len > 0)
10. { halLedToggle(3);                  //绿灯取反，无线数据发送指示
11.                                     //把串口数据通过 ZigBee 发送出去
12. basicRfSendPacket(SEND_ADDR, uRxData，len);
13. }
14. if(basicRfPacketIsReady())          //查询有无收到无线数据
15. { halLedToggle(4);                  //红灯取反，无线数据接收指示
16.                                     //接收无线数据
17. len = basicRfReceive(pRxData, MAX_RECV_BUF_LEN, NULL);
18.                                     //将接收到的无线数据发送到串口
19. halUartWrite(pRxData，len);
20. }
21. }
22. }
/******************************main end*********************************************/
```

第 4 步，烧录程序。

（1）为无线模块 A 下载程序。注释掉上述程序“点对点通信地址设置”的第 5 和第 6 行，重新编译程序无误后，下载到无线模块 A 中。

（2）为无线模块 B 下载程序。注释掉上述程序“点对点通信地址设置”的第 3 和第 4 行，重新编译程序无误后，下载到无线模块 B 中。

注意：如果有多组同学同时进行实训，每组间的 RF_CHANNEL 和 PAN_ID 值至少要有一个不同。如果多组间的 RF_CHANNEL 和 PAN_ID 值都一样，则会造成信号串扰。

第 5 步，运行程序。

（1）分别把节点 1 和节点 2 接到 PC 的串口，打开两个串口调试软件，把串口的波特率设置为 38400bps，再给两个模块上电。

（2）在两个串口调试软件上，发送不同的信息，并能显示对方发送的信息，如图 3-8、图 3-9 所示。

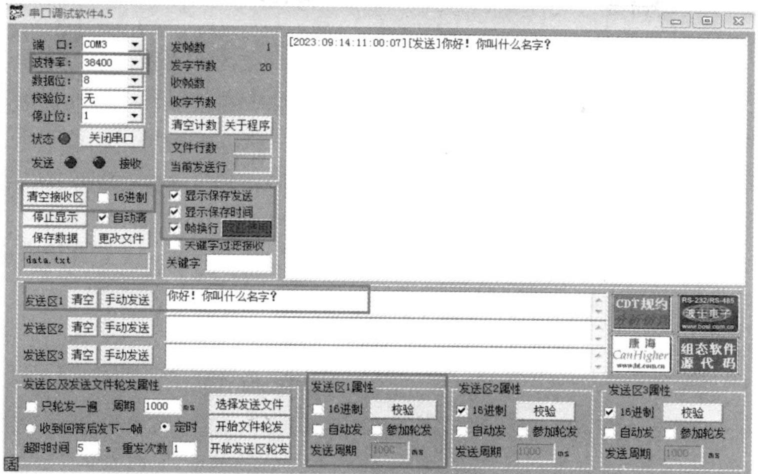

图 3-8　串口调试窗口 1

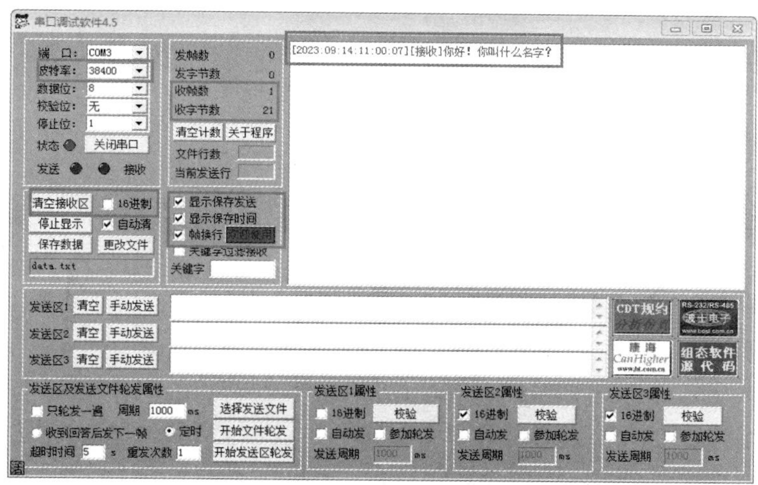

图 3-9　串口调试窗口 2

任务 3.3　开关量传感器采集系统

【任务描述】

采用声音传感器、红外传感器等，以及 ZigBee 模块组成一个开关量传感器采集系统。当声音传感器检测到声音时，系统会点亮 ZigBee 模块上的 LED1 灯，延时 2s 后，若没有再检测到声音，则熄灭 LED1 灯；当红外传感器检测到红外信号时，系统立即使 ZigBee 模块上的 LED2 灯点亮，反之则使 LED2 灯熄灭。

【任务环境】

硬件：NEWLab 平台 1 套、ZigBee 节点板 1 块、声音传感器 1 个、红外传感器 1 个、CC2530 仿真器 1 组、PC 1 台，信号线若干。

软件：Windows 7/10，IAR 集成开发环境。

【必备知识点】

1．传感器的技术原理；

2．红外传感器工作原理；

3．声音传感器工作原理。

3.3.1 传感器的技术原理

传感器是一种检测装置，能感受到被测量的信息，并能将感受到的信息，按一定规律变换成电信号或其他所需形式的信息输出，以满足信息的传输、处理、存储、显示、记录和控制等要求。它是实现自动检测和自动控制的首要环节，是物联网应用的信息来源。为了从外界获取信息，人必须借助于感觉器官，在研究自然现象和规律及生产活动中，人们自身的感觉器官的功能就远远不够了。为了适应这种情况，就需要用到传感器。因此可以说，传感器是人类五官的延长，又称为“电五官”。

国家标准 GB/T 7665—2005 对传感器的定义是：“能感受被测量并按照一定的规律转换成可用输出信号的器件或装置，通常由敏感元件和转换元件组成。”传感器在新韦式大词典中的定义为：“从一个系统接收功率，通常以另一种形式将功率送到第二个系统中的器件。”

新技术革命的到来，世界开始进入信息时代。在利用信息的过程中，首先要解决的就是获取准确可靠的信息，而传感器是获取自然和生产领域中信息的主要途径与手段。随着数字技术，特别是信息技术的飞速发展与普及，在现代控制、通信及检测等领域，为了提高系统的性能指标，对信号的处理广泛采用了数字计算机技术。由于系统的实际对象往往都是一些模拟量（如温度、压力、位移、图像等），要使计算机或数字仪表能识别、处理这些信号，必须首先将这些模拟信号转换成数字信号；而经计算机分析、处理后输出的数字量往往也需要将其转换为相应模拟信号才能为执行机构所接收。传感器技术是实现测试与自动控制的重要环节。在测试系统中，作为一次仪表定位，其主要特征是能准确传递和检测出某一形态的信息，并将其转换成另一形态的信息。这样，就需要一种能在模拟信号与数字信号之间起桥梁作用的电路——模/数和数/模转换器，即 A/D 和 D/A 转换器。

1．A/D 和 D/A 转换器的工作原理

将模拟信号转换成数字信号的电路，称为模/数转换器（简称 A/D 转换器或 ADC），将数字信号转换为模拟信号的电路称为数/模转换器（简称 D/A 转换器或 DAC）。A/D 转换器和 D/A 转换器已成为信息系统中不可缺少的接口电路。

A/D 转换包括采样、保持、量化和编码四个过程。在某些特定的时刻对这种模拟信号进行测量叫作采样，通常采样脉冲的宽度是很窄的，所以采样输出是断续的窄脉冲。要把一个采样输出信号数字化，需要将采样输出所得的瞬时模拟信号保持一段时间，这就是保持过程。量化是指将保持的抽样信号转换成离散的数字信号。编码是指将量化后的信号编码成二进制代码输出。这些过程有些是合并进行的，例如，采样和保持就利用一个电路连续完成，量化和编码也是在转换过程中同时实现的，且所用时间又是保持时间的一部分。

A/D 转换器中，模拟电压经电路转换后的 AD 值为：

$$\mathrm{AD}=\frac{U_{\mathrm{A}}}{V_{\mathrm{DD}}}\times 2^{n}=\frac{2^{n}}{V_{\mathrm{DD}}}\times U_{\mathrm{A}} \tag{3-1}$$

式中，AD 为转换电路输出的电压，U_{A} 为被测模拟电压，n 为采用 A/D 转换的精度位数，V_{DD} 为转换电路的供电电压。传感器实验模块中精度为 8 位，供电电压为 3.3V。

2．A/D 转换器的主要性能指标

在检测控制系统和科学实验中，需要对各种参数进行检测和控制，而要达到比较优良

的控制性能，要求传感器必须能够感测被测量的变化并且不失真地将其转换为相应的电量，这种要求主要取决于传感器的基本特性。传感器的基本特性分为静态特性和动态特性。

（1）传感器的静态特性

静态特性是指检测系统的输入为不随时间变化的恒定信号时，系统的输出与输入之间的关系，主要包括线性度、灵敏度、迟滞、重复性、漂移等。

① 线性度：指传感器输出量与输入量之间的实际关系曲线偏离拟合直线的程度。

② 灵敏度：灵敏度 S 是传感器静态特性的一个重要指标。其定义为输出量的增量Δy 与引起该增量的相应输入量增量Δx 之比。它表示单位输入量的变化所引起传感器输出量的变化，显然，灵敏度越大，传感器越灵敏。

③ 迟滞：传感器在输入量由小到大（正行程）及输入量由大到小（反行程）变化期间，其输入/输出特性曲线不重合的现象称为迟滞。也就是说，对于同样大小的输入信号，传感器的正反行程输出信号大小不相等，这个差值称为迟滞差值。

④ 重复性：指传感器在输入量按同一方向做全量程连续多次变化时，所得特性曲线不一致的程度。

⑤ 漂移：在输入量不变的情况下，传感器输出量会随着时间变化，此现象称为漂移。产生漂移的影响因素有两个：一是传感器自身结构参数，二是周围环境（如温度、湿度等）。最常见的漂移是温度漂移，即周围环境温度变化而引起输出量的变化，温度漂移主要表现为温度零点漂移和温度灵敏度漂移。温度漂移通常用传感器工作环境温度偏离标准环境温度（一般为 20℃）时的输出量的变化量与温度变化量之比来表示。

⑥ 测量范围：指传感器所能测量的最小输入量与最大输入量之间的范围。

⑦ 量程：指传感器测量范围的上限值与下限值的代数差。

⑧ 精度：指测量结果的可靠程度，是测量中各类误差的综合反映，测量误差越小，传感器的精度越高。传感器的精度用其量程范围内的最大基本误差与满量程输出之比的百分数表示，其基本误差是传感器在规定的正常工作条件下所具有的测量误差，由系统误差和随机误差两部分组成。工程中为简化传感器精度的表示方法，引入了精度等级的概念。精度等级以一系列标准百分比数值分挡表示，代表传感器测量的最大允许误差。如果传感器的工作条件偏离正常工作条件，还会带来附加误差，温度误差就是最主要的附加误差。

⑨ 分辨力和阈值：传感器测量输入量最小变化量的能力称为分辨力。对于某些传感器，如电位器式传感器，当输入量连续变化时，输出量只做阶梯变化，则分辨力就是输出量的每个“阶梯”所代表的输入量的大小。对于数字式仪表，分辨力就是仪表指示的最后一位数字所代表的值。当被测量的变化量小于分辨力时，数字式仪表的最后一位数字不变，仍指示原值。当分辨力以满量程输出的百分数表示时则称为分辨率。阈值是指能使传感器的输出端产生可测变化量的最小被测输入量，即零点附近的分辨力。有的传感器在零点附近有严重的非线性，形成所谓“死区”，则将死区的大小作为阈值；更多情况下，阈值主要取决于传感器噪声的大小，因而有的传感器只给出噪声电平。

⑩ 稳定性：稳定性表示传感器在一个较长的时间内保持其性能参数的能力。理想的情况是不论什么时候，传感器的特性参数都不随时间变化。但实际上，随着时间的推移，大多数传感器的特性会发生改变。这是因为敏感元件或构成传感器的部件，其特性会随时间发生变化，从而影响了传感器的稳定性。稳定性一般以室温条件下经过一段规定时间间隔后，传感器的输出与起始标定时的输出之间的差异来表示，称为稳定性误差。稳定性误差可用相对误差表示，也可用绝对误差来表示。

（2）传感器的动态特性

动态特性是指检测系统的输入为随时间变化的信号时，系统的输出与输入之间的关系。动态特性的性能指标主要有时域单位阶跃响应性能指标和频域频率特性性能指标。

3．传感器的组成

传感器一般由敏感元件、转换元件及基本转换电路三部分组成。

（1）敏感元件：直接感受被测物理量，并以确定关系输出另一物理量的元件（如弹性敏感元件将力、力矩转换为位移或应变输出）。

（2）转换元件：将敏感元件输出的非电量转换成电路参数（电阻、电感、电容）及电流或电压等电信号的元件。

（3）基本转换电路：将电信号转换成便于传输、处理的电量的电路。大多数传感器为开环系统，也有带反馈的闭环系统。

4．传感器的分类

从不同角度可将传感器分为不同类别，最常用的分类方法主要有以下三种。

（1）按用途分类

可分为力敏传感器、位置传感器、液位传感器、能耗传感器、速度传感器、加速度传感器、射线辐射传感器、热敏传感器等。

（2）按原理分类

可分为振动传感器、湿敏传感器、磁敏传感器、气敏传感器、真空度传感器、生物传感器等。

（3）按输出信号分类

模拟量传感器：将被测量的非电量转换成模拟电信号。

数字量传感器：将被测量的非电量转换（包括直接和间接转换）成数字输出信号。

开关量传感器：当一个被测量的信号达到某个特定的阈值时，传感器相应地输出一个设定的低电平或高电平信号。

本项目按输出信号将任务分为开关量采集、模拟量采集、数字量采集，对不同用途的传感器进行学习。

3.3.2　红外传感器工作原理

1．红外感应简介

普通人体会辐射波长在 10μm 左右的红外线，用专门设计的传感器可以针对性地检测这种红外线的存在与否，当人体辐射的红外线照射到传感器上时，因热释电效应将向外释放电荷，后续电路经检测处理后就能产生控制信号。

热释电效应与压电效应类似，是指由于温度的变化而引起晶体表面荷电的现象。热释电传感器是对温度敏感的传感器。它由陶瓷氧化物或压电晶体元件组成，在元件两个表面做成电极，在传感器监测范围内温度有ΔT 的变化时，热释电效应会使两个电极上产生电荷ΔQ，即在两个电极之间产生微弱的电压ΔV。由于输出阻抗极高，在传感器中有一个场效应管进行阻抗变换。热释电效应所产生的电荷ΔQ 会被空气中的离子所结合而消失，即当环境温度稳定不变时，ΔT=0，则传感器无输出。当人体进入检测区时，因人体温度与环境温度有差别，产生温度变化ΔT，则有ΔT 输出；若人体进入检测区后不动，则温度没有变化，传感器也就没有

输出了。所以这种传感器可检测人体或者动物的活动。实验证明，若传感器上不加光学透镜（也称菲涅尔透镜），其检测距离小于 2m；而加上光学透镜后，其检测距离可大于 7m。

红外传感器是利用红外线的物理性质来进行测量的传感器。红外线又称红外光，它具有反射、折射、散射、干涉、吸收等性质。任何物质，只要它本身具有一定的温度（高于绝对零度），都能辐射红外线。用红外传感器进行测量时不与被测物体直接接触，因而不存在摩擦，并且具有灵敏度高、反应快等优点。

红外传感器包括光学系统、检测元件和转换电路。光学系统按结构不同可分为透射式和反射式两类。检测元件按工作原理可分为热敏检测元件和光电检测元件。热敏检测元件应用最多的是热敏电阻。热敏电阻受到红外线辐射时温度升高，电阻发生变化（变化可能是变大也可能是变小，因为热敏电阻可分为正温度系数热敏电阻和负温度系数热敏电阻），通过转换电路转变成电信号输出。光电检测元件常用的是光敏元件，通常由硫化铅、硒化铅、砷化铟、砷化锑、碲镉汞三元合金、锗及硅等材料制成。

红外传感器常用于无接触温度测量、气体成分分析和无损探伤，在医学、军事、空间技术和环境工程等领域得到广泛应用。例如，通过红外传感器远距离测量人体表面温度获得的热像图，可以发现人体温度异常的部位，及时对疾病进行诊断治疗（热像仪）；利用人造卫星上的红外传感器对地球云层进行监视，可实现大范围的天气预报；采用红外传感器可检测飞机上正在运行的发动机的过热情况等；具有红外传感器的望远镜可用于军事行动，在林地战中探测密林中的敌人，在城市战中探测墙后面的敌人。以上例子均利用了红外传感器可以通过测量人体表面温度从而得知人体所在位置的原理。

本书中所用红外传感器为红外光电传感器。

2. 红外光电传感器

红外光电传感器是通过把红外光强度的变化转换成电信号的变化来实现控制的。一般情况下，其由三部分构成：发光器、收光器和检测电路，如图 3-10 所示。

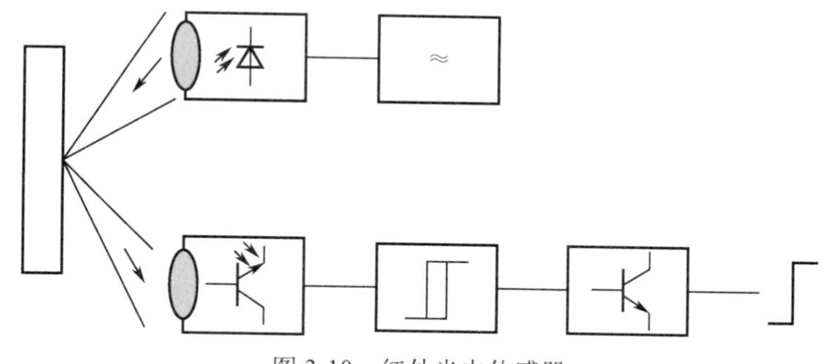

图 3-10 红外光电传感器

3. 红外光电传感器的分类和工作方式

（1）槽形光电传感器：把一个发光器和一个收光器面对面地装在一个槽的两侧的是槽形光电传感器。发光器能发出红外光或可见光，在无阻情况下收光器能接收到光。但当被检测物体从槽中通过时，光被遮挡，槽形光电传感器便动作，输出一个开关控制信号，切断或接通负载电流，从而完成一次控制动作。槽形光电传感器的检测距离因为受整体结构的限制一般只有几厘米，如图 3-11 所示。

（2）对射型光电传感器：若把发光器和收光器分离开，就可使检测距离加大。由一个发光器和一个收光器组成的光电传感器就称为对射分离型光电传感器，简称对射型光电传感器。

它的检测距离可达几米乃至几十米，使用时把发光器和收光器分别装在被检测物体通过路径的两侧，被检测物体通过时阻挡光路，收光器就动作，输出一个开关控制信号，如图 3-12 所示。

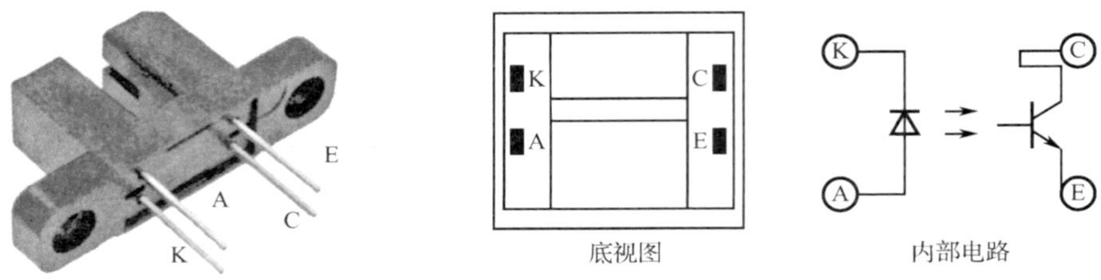

图 3-11　槽形光电传感器

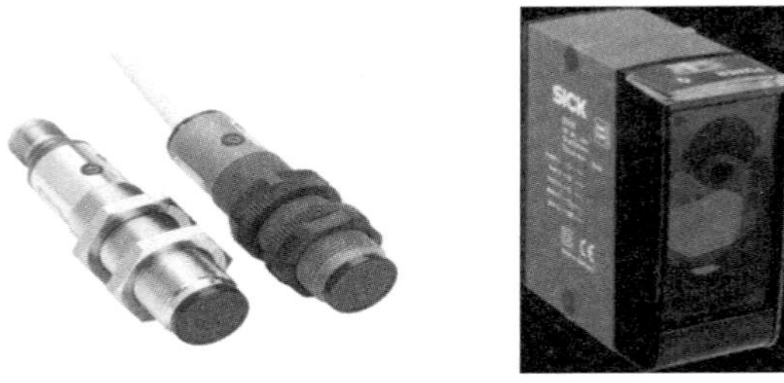

图 3-12　对射型光电传感器

（3）反光板型光电传感器：把发光器和收光器装入同一个装置内，在它的前方装一块反光板，利用反射原理完成光电控制作用的传感器称为反光板型（或反射镜反射型）光电传感器。在正常情况下，发光器发出的光被反光板反射回来被收光器接收到；一旦光路被挡住，收光器接收不到光时，反光板型光电传感器就动作，输出一个开关控制信号，如图 3-13 所示。

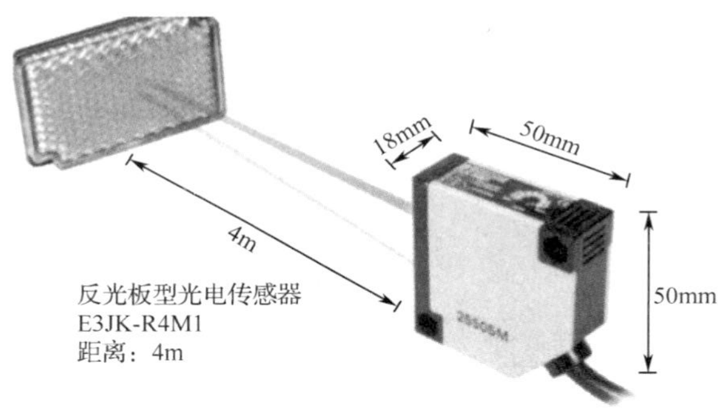

图 3-13　反光板型光电传感器

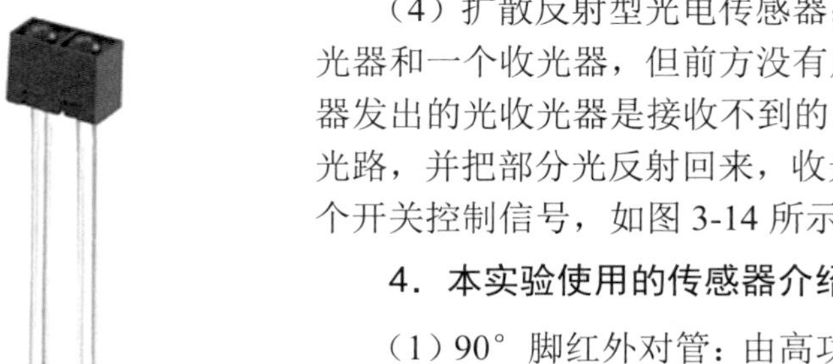

图 3-14　扩散反射型光电传感器

（4）扩散反射型光电传感器：它的检测头里也装有一个发光器和一个收光器，但前方没有反光板。在正常情况下，发光器发出的光收光器是接收不到的。当被检测物体通过时挡住了光路，并把部分光反射回来，收光器就接收到光信号，输出一个开关控制信号，如图 3-14 所示。

4．本实验使用的传感器介绍

（1）90°脚红外对管：由高功率红外发射二极管（蓝色管）和高灵敏度光电晶体管（黑色管）组成。电压：1.4～1.6V；电流：20mA；脚型：折弯脚 90°，如图 3-15 所示。

（2）槽形光耦：如图 3-16 所示。

图 3-15　90°脚红外对管

图 3-16　槽形光耦

槽形光耦参数指标如下。

① 槽宽：	15mm
② 光圈宽度：	1.5mm
③ 集电极—发射极最大电压：	30V
④ 最大集电极电流：	20mA
⑤ 正向电流：	20mA
⑥ 安装风格：	通孔
⑦ 最高工作温度：	+85℃
⑧ 最低工作温度：	−25℃
⑨ 封装：	大批
⑩ 商标：	Lite-On
⑪ 下降时间：	4μs
⑫ 功率耗散：	100mW
⑬ 上升时间：	3μs
⑭ 感应距离：	15mm
⑮ 感应方式：	透射式，开槽

双孔座 LED 灯：用于指示灯连接，如图 3-17 所示。

图 3-17　双孔座 LED 灯

（3）本实验所用红外传感模块组成如图 3-18 所示。

说明：

①、②：红外对射型传感器 LTH-301-32 及红外对射传感电路。

③、④：对射输出 1、2 接口 J5、J6，测量红外对射型传感器光敏晶体管输出的电压。

⑤、⑥：红外反射型传感器 ITR20001/T 及红外反射传感电路。

⑦、⑧：发射输出 1、2 接口 J2、J3，测量红外反射传感器光敏晶体管输出的电压，即比较器 1、2 正端（3 脚、5 脚）的输入电压。

⑨：反射 A/D 输出 1、2 接口 J10、J11，测量比较器 1、2 输出端（1 脚、7 脚）的电压。

⑩：接地 GND 接口 J4。

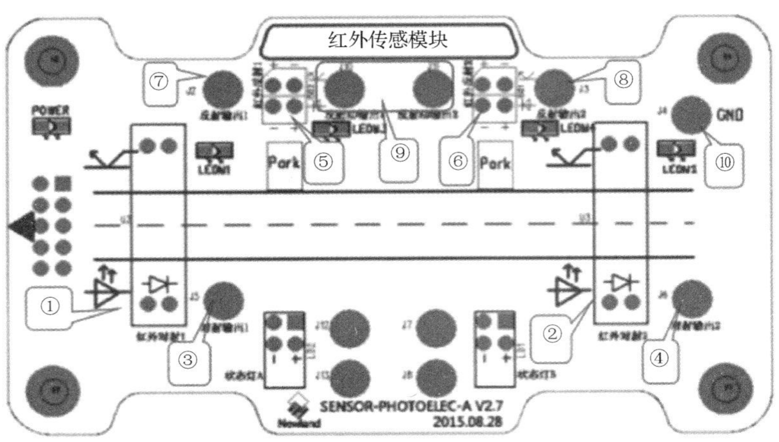

图 3-18　本实验所用红外传感模块组成

3.3.3　声音传感器工作原理

声音传感器相当于一个扬声器。它接收声波，显示声音的振动图像，但不能对噪声的强度进行测量。该传感器内置一个对声音敏感的驻极体电容式扬声器，声波使驻极体薄膜振动，导致电容变化，而产生与之对应的微小电压。这一电压随后被转化成 0～5V 的电压，经过 A/D 转换被数据采集器接收，并传送给计算机。

按照结构不同，可将声音传感器分为驻极体电容式声音传感器和压电驻极体声音传感器两类，下面分别进行简单介绍。

1．驻极体电容式声音传感器

（1）驻极体电容式声音传感器的特点

驻极体电容式声音传感器分为振膜式驻极体电容式声音传感器和背极式驻极体电容式声音传感器。背极式驻极体电容式声音传感器的薄膜与驻极体材料能各自发挥其特长，因此性能比振膜式驻极体电容式声音传感器好。其结构如图 3-19 所示。

（2）驻极体电容式声音传感器的性能

不同型号的声音传感器，其响应指标也不同，市场上常见的几种类型的参数表如表 3-4 所示。

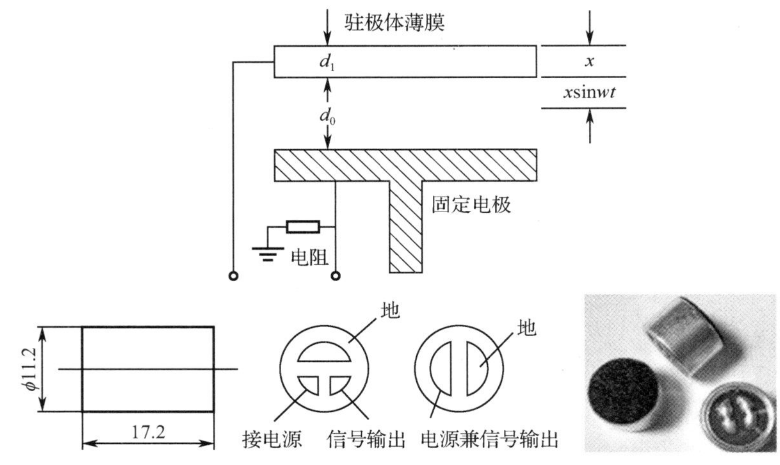

图 3-19　背极式驻极体电容式声音传感器结构

表 3-4 驻极体电容式声音传感器（电压输出型）参数表

型号	频率范围	灵敏度	响应类型	动态范围	外形尺寸
	±2db/Hz	mV·Pa^{-1}		db	直径/mm
CHZ-11	3～18k	50	自由场	12～146	23.77
CHZ-12	4～8k	50	声场	10～146	23.77
CHZ-11T	4～16k	100	自由场	5～100	20
CHZ-13	4～20k	50	自由场	15～146	12
CHZ-14A	4～20k	12.5	声场	15～146	12
HY205	2～18k	50	声场	40～160	12.7
4175	5～12.5k	50	自由场	16～132	2642
BF5032P	70～20000	5	自由场	20～135	49
CZ II-60	40～12000	100	自由场/声场	34	9.7

2．压电驻极体声音传感器

压电驻极体声音传感器利用压电效应进行声电/电声转换，其声电/电声转换器为一片30～80μm 厚的多孔聚合物压电驻极体薄膜，相对电容式/动圈式结构复杂且对精度要求极高的零件配合设计，大大减小了电声器件的体积；同时，零件数目大为减少，可靠性得到保证，方便大规模生产。多孔聚合物压电驻极体薄膜能达到非常高的压电系数，比 PVDF 铁电聚合物及其共聚物的压电活性高 1 个量级；多孔聚合物压电驻极体薄膜的厚度可以做到很小，易于满足对几何尺寸的要求，且原料来源广泛，材料成本与加工制备均较压电陶瓷与铁电单晶材料容易许多。利用压电驻极体制成的声音传感器，可广泛应用于电声、水声、超声与医疗等领域。

压电驻极体声音传感器示意图及其结构图分别如图 3-20、图 3-21 所示。

图 3-20 压电驻极体声音传感器示意图

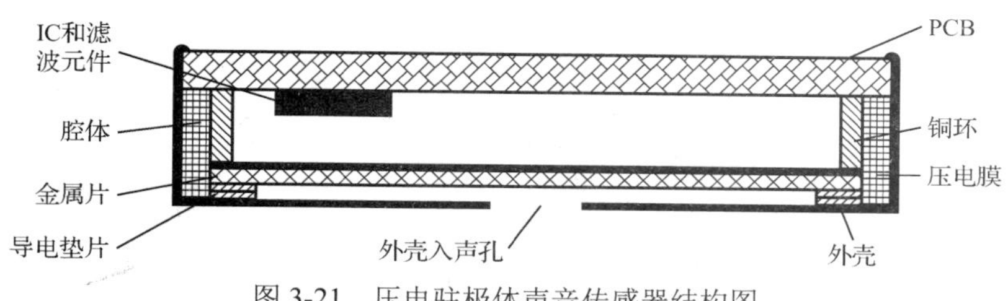

图 3-21 压电驻极体声音传感器结构图

3. 本实验使用的声音传感模块组成

本实验使用的声音传感模块组成如图3-22所示。

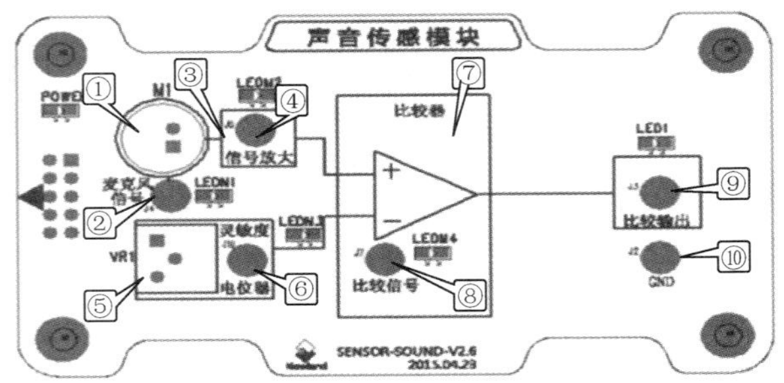

图3-22　本实验使用的声音传感模块组成

说明：

①：MP9767P。

②：扬声器信号接口J4，测试扬声器输出的音频信号。

③：信号放大电路。

④：信号放大接口J6，测量音频信号经过放大后叠加在直流电平上的信号，即比较器1的负端输入电压。

⑤：灵敏度调节电位器。

⑥：灵敏度测试接口J10，测试可调电阻可调端输出电压，即比较器1的正端输入电压。

⑦：比较器电路。

⑧：比较信号测试接口J7，即比较器1的输出电压。

⑨：比较输出测试接口J3，即比较器2的输出电压。

⑩：接地GND接口J2。

3.3.4　任务实训步骤

第1步，搭建硬件环境，连接各模块。

开关量传感器采集系统按照如图3-23所示进行连线，具体步骤如下。

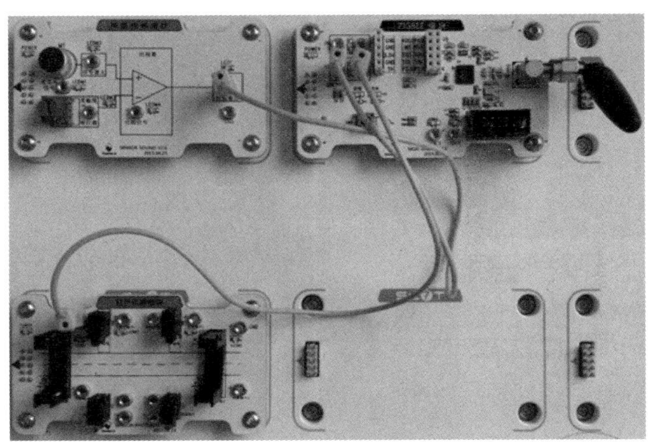

图3-23　开关量传感器采集系统连线图

（1）将ZigBee模块、声音传感模块和红外传感模块置于NEWLab平台上。

（2）将红外传感模块的对射输出 1 接口（J5）与 ZigBee 模块的 IN1（J12/P1.4）接口相连。

（3）将声音传感模块的比较输出测试接口（J3）与 ZigBee 模块的 IN0（J13/P1.3）接口相连。

第 2 步，新建工程和程序文件，添加头文件。

新建工程的方法与过程参照本项目的任务 3.2，头文件应添加 basicrf、board、common、utils 4 组。

第 3 步，配置工程。

配置方法参照本项目的任务 3.2。

第 4 步，编写程序。

编写主程序，或将技术服务网站上相应的源代码添加到工程中。下面将主程序 Kaiguan_Sensor.c 中的关键代码分析如下。

（1）点对点通信地址设置

```
/***********************************点对点通信地址设置**********************************/
#define RF_CHANNEL      20          //通信信道号 11～26
#define PAN_ID          0x1379      //网络 ID
#define MY_ADDR         0x1234      //本机 1 号模块地址
#define SEND_ADDR       0x5678      //发送 1 号模块地址
/**************************************************************************************/
```

（2）main()函数

```
/*****************************************main*****************************************/
void main(void)
{uint8 sensor_val;
halBoardInit();                              //模块相关资源的初始化
//   ConfigRf_Init();                        //无线收、发模块参数的配置初始化
port1->port = 1;
port1->pin = 0x03;
port1->pin_bm = 0x08;
port1->dir = 0;
halDigioConfig(port1);
halDigioIntEnable(port1);
halDigioIntConnect(port1, port13Int);
while(1)
{ sensor_val=get_swsensor();                 //读取开关量，即 P1.3 引脚状态
if(sensor_val)                               //红外传感模块
{
halLedSet(2);                                //点亮 LED2 灯
}
else
{
halLedClear(2);                              //熄灭 LED2 灯
}
if(SY_flag)                                  //声音传感模块
{
SY_flag = 0x00;
halLedSet(1);                                //点亮 LED1 灯
halMcuWaitMs(30000);                         //延时 30s
```

```
halLedClear(1);                                //熄灭 LED1 灯
}
}
}
/*********************************************************************************************/
```

第 5 步，下载程序、运行。

编译无误后，把程序下载到 ZigBee 模块中。

（1）将一个物体放到“红外对射 1”元件的槽中，发现 ZigBee 模块中的 LED2 灯立刻被点亮；当物体离开槽后，LED2 灯立刻熄灭。

（2）再拍手制造响声，ZigBee 模块中的 LED1 灯立刻亮起来，并且维持 2s 亮的状态，2s 后 LED1 灯自动熄灭。注意：可以调节电位器，设置触发阈值电压。

任务 3.4　模拟量传感器采集系统

【任务描述】

采用气体传感模块、温度/光照传感模块，以及 ZigBee 模块组成一个模拟量传感器采集系统。把带酒精的棉签靠近气体传感模块，使用手电筒照射温度/光照传感模块，当气体传感模块检测到不同浓度的气体时，温度/光照传感模块检测到不同强度的光照时，都会在计算机的串口调试软件上显示检测到的气体电压信息和光照电压信息。

【任务环境】

硬件：NEWLab 平台 1 套、ZigBee 节点板 3 块、气体传感模块 1 个、温度/光照传感模块 1 个、CC2530 仿真器 1 组、PC 1 台，信号线若干。

软件：Windows 7/10，IAR 集成开发环境，串口调试助手。

【必备知识点】

1．气体传感器工作原理；

2．光照传感器工作原理。

3.4.1　气体传感器工作原理

气体传感器是一种把气体中的特定成分检测出来，并把它转换为电信号的器件。它具有结构简单，使用方便，性能稳定、可靠，灵敏度高等诸多优点。按照结构特性，气体传感器一般可以分为以下几种：半导体型气体传感器、电化学型气体传感器、固体电解质气体传感器、接触燃烧式气体传感器、光化学型气体传感器、高分子气体传感器、红外吸收式气体传感器等。

本任务重点介绍半导体型气体传感器和红外吸收式气体传感器。

1．半导体型气体传感器

半导体型气体传感器的工作原理：传感器与气体相互作用产生表面吸附或反应，引起以载流子运动为特征的电导率或伏安特性或表面电位的变化，以此来检测特定气体的成分或者测量其浓度，并将其变换成电信号输出。

半导体型气体传感器又分为电阻式和非电阻式两种，不同材质制成的传感器可检测的气体类型也有所不同，如表 3-5 所示。

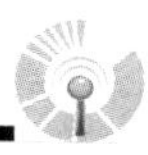

表 3-5　半导体型气体传感器的分类

主要物理特性			工作温度	典型被测气体
电阻式	电阻	表面控制型	室温～450℃	可燃性气体
		体控制型	700℃以上	酒精、氧气、其他可燃性气体
非电阻式	表面电位	氧化银	室温	硫醇
	二极管整流特性	铂/硫化镉、铂/氧化钛	室温～200℃	氢气、一氧化碳、酒精
	晶体管特性	铂栅 MOS 场效应管	150℃	氢气、硫化氢

（1）可燃气体/烟雾传感器

MQ-2 可燃气体/烟雾传感器使用二氧化锡半导体气敏材料，属于表面离子式 N 型半导体。当温度处于 200℃～300℃时，二氧化锡吸附空气中的氧，形成氧的负离子吸附，使半导体中的电子密度减少，从而使其电阻值增加。当其与烟雾接触时，如果晶粒间界处的势垒受到该烟雾的调制而变化，就会引起表面电导率的变化。利用这一点就可以获得这种烟雾存在的信息，烟雾浓度越大，电导率越大，输出电阻值越小。使用简单的电路即可将电导率的变化转换为与该气体浓度相对应的输出信号。

MQ-2 可燃气体/烟雾传感器对液化气、丙烷、氢气的灵敏度高，对天然气和其他可燃气体的检测也很理想。这种传感器可检测多种可燃性气体，是一款适合多种应用的低成本传感器。

（2）酒精传感器

使用酒精传感器可对被测人呼出气体进行检测。血液中的酒精含量越高，呼出气体中的酒精含量越高，检测到的信号越大。按照国际通用标准，呼出气体中的酒精含量是血液中酒精含量的 2100 倍，由此，根据检测到的呼出气体中的酒精含量就可以得出血液中的酒精含量。目前各国交通执法的快速血液酒精检测，均使用此方法。随着科技发展，酒精传感器的研制已经相当成熟，目前有电化学酒精传感器、半导体酒精传感器、催化燃烧酒精传感器等。

催化燃烧酒精传感器功耗大，漂移比较多，气体选择性差，所以不便制造为便携式仪器，目前很少使用催化燃烧酒精传感器。

电化学酒精传感器选择性好，稳定性好，功耗低，但造价高，同时应用成本高，一般使用在专业测试仪器上，如专业交警执法使用仪器、工业特殊作业场所检查仪器、工业检测仪器等。

半导体酒精传感器是近几年研究人员研制出来的新型酒精传感器，它的特点介于上述两者之间，有功耗低，稳定性好，响应速度快，生产成本相对较低，适合于大量生产的特点。因此使用半导体酒精传感器来制造司机个人用酒精检测仪成为首选。

酒精传感器一般有 3 个引脚，两侧的是加热电极，中间的是检测电极，从中间检测电极到任意两个加热电极间的电阻值都与酒精的浓度有关，因此检测这个电阻值就可以检测酒精的浓度。

由于检测电极与加热电极之间是电气连通的，受加热电极上电压的影响，需要从检测电极连接一个检测电阻到任意一个加热电极上，检测电极上的电压值即为传感器输出。

（3）空气质量传感器

空气质量传感器所使用的气敏材料是在清洁空气中电导率较低的二氧化锡（SnO_2）。当空气质量传感器所处环境中存在被污染气体时，其电导率随空气中被污染气体浓度的增大而增大。使用简单的电路即可将电导率的变化转换为与该气体浓度相对应的输出信号。

空气质量传感器（MQ-135）对氨气、硫化物、苯系气体的灵敏度高，对烟雾和其他有害气体的监测也很理想。这种传感器可检测多种有害气体，是一款适合多种应用的低成本传感器。

2. 红外吸收式气体传感器

红外吸收式气体传感器的工作原理：一束红外光的强度在通过一个气体容器时会减小，而光强度损失是一定体积内活动气体分子数量的函数，用来表示气体浓度。不同气体的红外波长各不相同，部分典型气体的特征红外吸收波长如表 3-6 所示。

表 3-6　部分典型气体的特征红外吸收波长

气　体	特征红外吸收波长/μm	气　体	特征红外吸收波长/μm
CO	4.65	SO_2	7.3
CO_2	2.7，4.24，14.5	NH_3	2.3，2.8，6.1，9
CH_4	2.4，3.3，7.65	H_2S	7.6
NO	5.3	HCl	3.4
NO_2	6.13	HCN	3，6.25，16.6
N_2O	4.53	HBr	4

当强度为 I_0 的入射红外光穿过气体时，气体吸收自己特征频率红外光的能量，从而使出射光强度减弱为 I，即：

$$I = I_0 e^{(-\mu CL)} \tag{3-2}$$

式中，μ——气体吸收系数；

C——待测气体浓度；

L——光程长度。

这种红外吸收式气体传感器具有选择性好、不易受有害气体的影响而中毒或老化、响应速度快、稳定性好、防爆性好、信噪比高、使用寿命长、测量精度高、应用范围广等优点。

3. 本实验使用的气体传感模块组成

本实验使用的气体传感模块组成如图 3-24 所示。

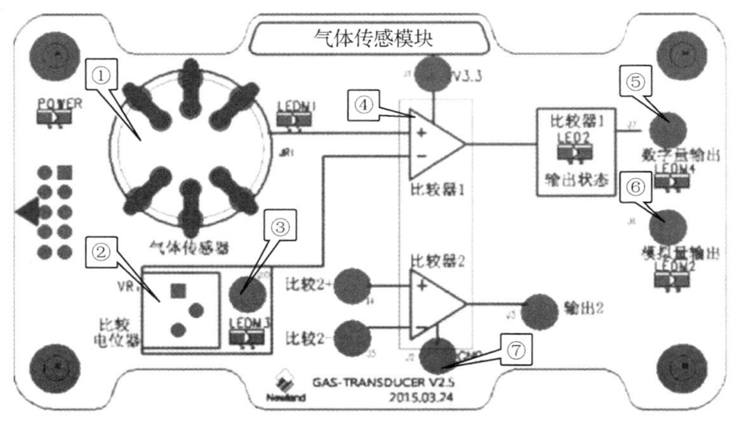

图 3-24　本实验使用的气体传感模块组成

说明：

①：MQ-2 可燃气体/烟雾传感器。

②：灵敏度调节电位器。

③：灵敏度测试接口 J10，测试有害气体浓度阈值电压，即比较器 1 负端（3 脚）电压。

④：比较器电路。

⑤：数字量输出接口 J7，测试比较器 1 输出电压。

⑥：模拟量输出接口 J6，测试气体传感器感应电压，即比较器 1 正端电压。

⑦：接地 GND 接口 J2。

3.4.2　光照传感器工作原理

光照传感器是将光通量转换为电量的一种传感器，它的理论基础是光电效应。

1. 光电效应

光可以认为是由具有一定能量的粒子（一般称为光子）所组成的，而每个光子所具有的能量 E 与其频率大小成正比。光照射在物体表面上就可以看成物体受到一连串能量为 E 的光子轰击，而光电效应就是该物体吸收到能量为 E 的光子后产生的电效应。通常把光照射到物体表面后产生的光电效应分为三类。

（1）外光电效应。在光线作用下能使电子逸出物体表面的称为外光电效应。例如，光电管、光电倍增管等就是基于外光电效应制成的光电器件。

（2）内光电效应。在光线作用下能使物体电阻率发生改变的称为内光电效应，又称为光电导效应。例如，光敏电阻就是基于内光电效应制成的光电器件。

（3）半导体光生伏特效应。在光线作用下能使物体产生一定方向电动势的称为半导体光生伏特效应。例如，光电池、光敏晶体管就是基于半导体光生伏特效应制成的光电器件。

基于外光电效应制成的光电器件属于真空光电器件，基于内光电效应和半导体光生伏特效应制成的光电器件属于半导体光电器件。

2. 光电器件的工作原理

（1）光电二极管

光电二极管（也称光敏二极管）和普通二极管相比虽然都属于单向导电的非线性半导体器件，但在结构上有其特殊的地方，光电二极管是基于半导体光生伏特效应的光电器件。光电二极管的符号如图 3-25 所示。光电二极管在电路中一般处于反向接入状态，即正极接电源负极，负极接电源正极，如图 3-26 所示。

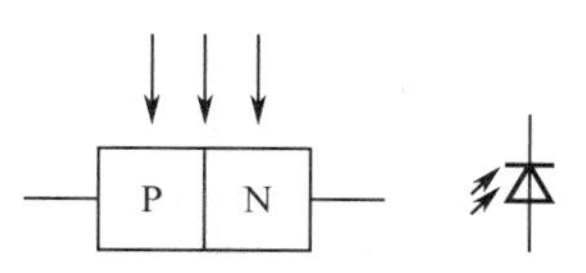

图 3-25　光电二极管的符号

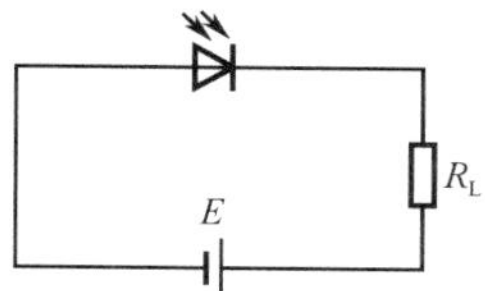

图 3-26　光电二极管在电路中的接法

在没有光照时，光电二极管的反向电阻很大，反向电流很微弱，称为暗电流。当有光照时，光子打在 PN 结附近，于是在 PN 结附近产生电子-空穴对，它们在 PN 结内部电场作用下做定向运动，形成光电流。光照越强，光电流越大。所以，在不受光照射时，光电二极管处于截止状态；受到光照射时，二极管处于导通状态。

（2）光电晶体管

光电晶体管（也称光敏晶体管）如图 3-27 和图 3-28 所示，它和普通晶体管相似，也有电流放大作用，只是它的集电极电流不只受基极电路和电流控制，也受光辐射的控制。通常基极不引出，有一些光电晶体管的基极有引出，用于温度补偿和附加控制等。当具有光敏特性的 PN 结受到光辐射时，形成光电流，光电流由基极进入发射极，从而在集电极回路中得到一个放大了相当于β倍的信号电流。不同材料制成的光电晶体管具有不同的光谱特性，与光电二极管相比，光电晶体管具有很大的光电流放大作用，以及更高的灵敏度。

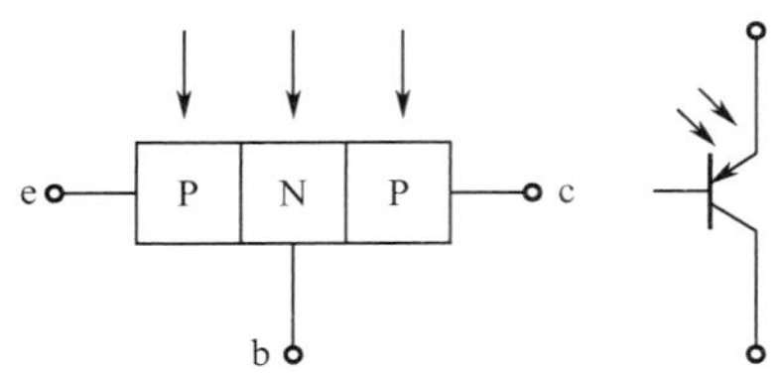

图 3-27　PNP 型光电晶体管

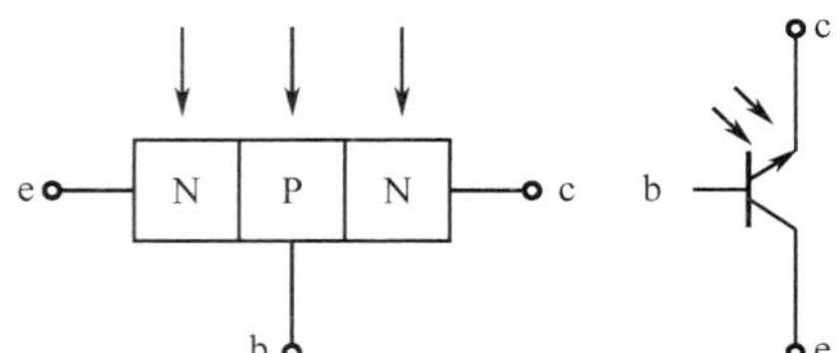

图 3-28　NPN 型光电晶体管

3．光敏电阻的工作原理

光敏电阻是利用半导体的光电效应制成的一种电阻值随入射光的变化而改变的电阻。入射光变强，电阻值减小；入射光变弱，电阻值增大。光敏电阻一般用于光的测量、光的控制和光电转换（将光的变化转换为电的变化）。常用的光敏电阻是硫化镉光敏电阻，它是由半导体材料制成的。光敏电阻的阻值随入射光线（可见光）的强弱变化而变化，在黑暗条件下，它的阻值（暗阻）可达 1～10MΩ；在强光（100lx）条件下，它的阻值（亮阻）仅有几百至数千欧姆。光敏电阻对光的敏感性（即光谱特性）与人眼对可见光（0.4～0.76μm）的响应很接近，只要人眼可感受的光，都会引起它的阻值变化。光敏电阻的结构、电极、接线图如图 3-29 所示。

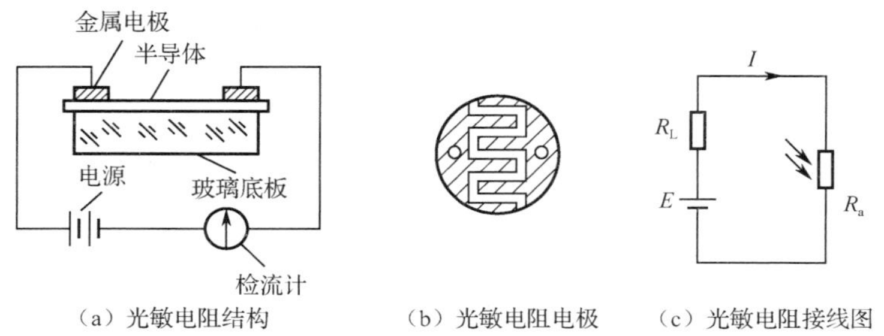

（a）光敏电阻结构　（b）光敏电阻电极　（c）光敏电阻接线图

图 3-29　光敏电阻的结构、电极、接线图

4．本实验使用的温度/光照传感模块组成

本实验所用温度/光照传感模块中，光照传感器与温度传感器合为一体，如图 3-30 所示。

说明：

①：温度和光照传感器。

②：基准电压调节电位器。

③：比较器电路。

④：基准电压测试接口 J10，测试温度感应的阈值电压，即比较器 1 负端（3 脚）电压。

⑤：模拟量输出接口 J6，测试热敏电阻两端的电压，即比较器 1 正端（2 脚）电压。

⑥：数字量输出接口 J7，测试比较器 1 输出电压。

⑦：接地 GND 接口 J2。

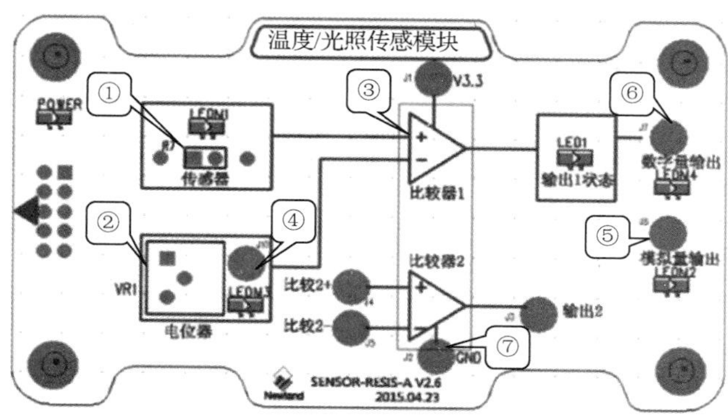

图 3-30　温度/光照传感模块组成

3.4.3　任务实训步骤

第 1 步，搭建硬件环境，连接各模块。

（1）组成光照传感器采集系统（温度/光照传感模块）

把 ZigBee 模块和温度/光照传感模块固定在 NEWLab 平台上，将温度/光照传感模块的模拟量输出接口与 ZigBee 模块的 ADC0（P0_0）接口连接起来。

（2）组成气体传感器采集系统（气体传感模块）

把 ZigBee 模块和气体传感模块固定在 NEWLab 平台上，将气体传感模块的模拟量输出接口与 ZigBee 模块的 ADC0 接口连接起来。

（3）组成模拟量集中采集系统（协调器模块）

将协调器模块通过串口线连接到 PC 串口或者通过 USB 转串口线连接到 PC，并给协调器通电。各模块连接效果如图 3-31 所示。

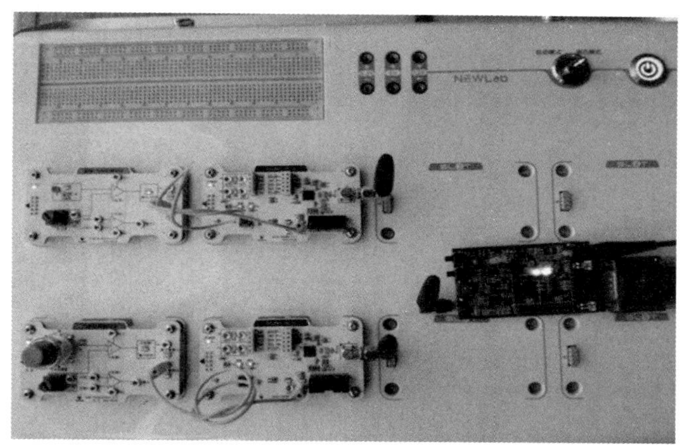

图 3-31　各模块连接效果

第 2 步，新建工程和程序文件。

新建工程的方法与过程参照本项目的任务 3.2。

第 3 步，编写程序。

编写主程序，或将技术服务网站上相应的源代码添加到工程中。下面将 sensor.c 和 collect.c 两个文件中的关键代码分别分析如下。

（1）sensor.c 中的 main()函数

```
/****************************************main*******************************************/
void main(void)
{ uint16 sensor_val;
uint16    len = 0;
halBoardInit();                              //模块相关资源的初始化
ConfigRf_Init();                             //无线收、发模块参数的配置初始化
halLedSet(1);
halLedSet(2);
Timer4_Init();                               //定时器初始化
Timer4_On();                                 //打开定时器
while(1)
{    APP_SEND_DATA_FLAG = GetSendDataFlag();
if(APP_SEND_DATA_FLAG == 1)                  //定时时间到
{    /*【传感器采集、处理】 开始*/
#if defined (GM_SENSOR)                      //光照传感器
sensor_val=get_adc();                        //取模拟电压
//把采集的数据转化成字符串，以便于在串口上显示、观察
printf_str(pTxData,"光照传感器电压：%d.%02dV\r\n",sensor_val/100,sensor_val%100);
#endif
#if defined (QT_SENSOR)                      //气体传感器
sensor_val=get_adc();                        //取模拟电压
//把采集的数据转化成字符串，以便于在串口上显示、观察
printf_str(pTxData,"气体传感器电压：%d.%02dV\r\n",sensor_val/100,sensor_val%100);
#endif
halLedToggle(3);                             // 绿灯取反，无线发送指示
//把数据通过 ZigBee 模块发送出去
basicRfSendPacket(SEND_ADDR, pTxData,strlen(pTxData ));
Timer4_On();   //打开定时
}   /*【传感器采集、处理】 结束*/
}
}
/****************************************main end **************************************/
```

（2）collect.c 中的 main()函数

```
/******************************************main****************************************/
void main(void)
{ uint16 len = 0;
halBoardInit();                              //模块相关资源的初始化
ConfigRf_Init();                             //无线收、发模块参数的配置初始化
halLedSet(1);
halLedSet(2);
while(1)
{ if(basicRfPacketIsReady())                 //查询有无收到无线数据
{ halLedToggle(4);                           //红灯取反，无线接收指示
//接收无线数据
len = basicRfReceive(pRxData, MAX_RECV_BUF_LEN, NULL);
//把接收到的无线数据发送到串口
halUartWrite(pRxData,len);
```

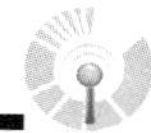

```
    }
  }
}
/*************************************main end ****************************************/
```

第 4 步，建立与配置模块。

1）建立与配置温度/光照传感模块

（1）建立模块

选择“Project”→“Edit Configurations”命令，弹出项目配置对话框，如图 3-32 所示，系统会检测出项目中存在的模块。

单击“New”按钮，在弹出的对话框中输入模块名称“gm_sensor”，基于“Deubg”模块进行配置，然后单击“OK”按钮完成模块的建立，如图 3-33 所示。在项目配置对话框中就可以自动检测到刚才建立的模块“gm_sensor”。

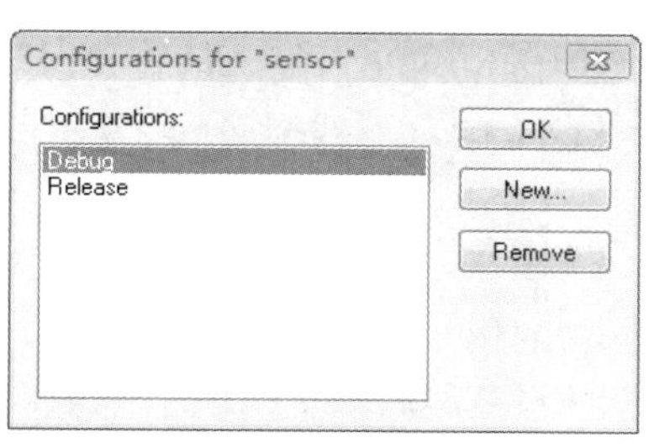

图 3-32　项目配置对话框

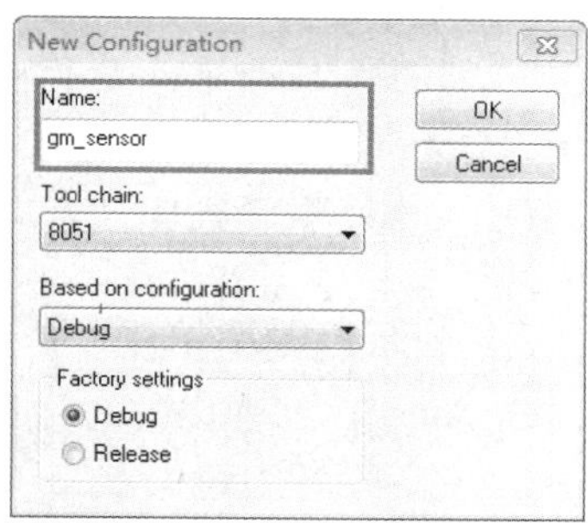

图 3-33　建立模块

（2）设置“Options”

为了给模块设置对应的条件编译参数，在此需要进行如下设置：在项目工作组中选择“gm_sensor”模块，单击鼠标右键选择“Options”，在弹出的对话框中选择“C/C++ Compiler”类别，在右边的窗口中“Preprocessor”选项卡中的“Defined symbols”栏中输入“GM_SENSOR”。具体设置如图 3-34 所示。

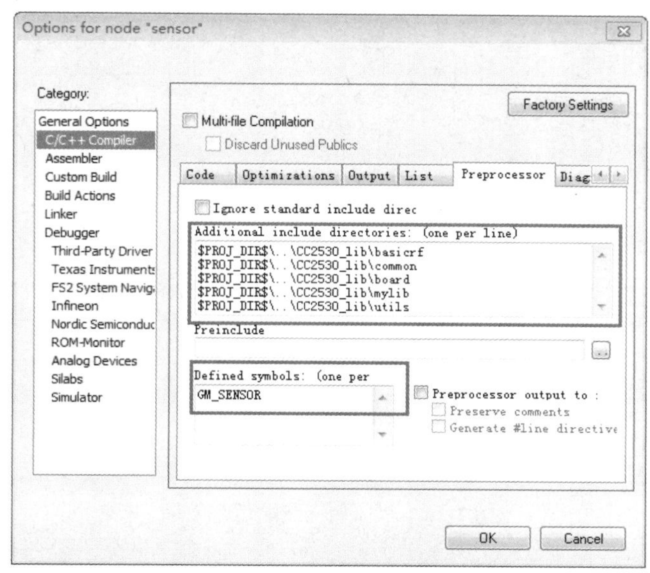

图 3-34　“Options”设置

2）建立与配置气体传感模块设备

操作步骤与建立温度/光照传感模块设备一样，只需要将模块设备名称与模块“Options”分别设置为“qt_sensor”与“QT_SENSOR”。

3）建立与配置协调器模块

此操作步骤与建立温度/光照传感模块一样，需要将模块名称设置为“collect”，并修改“Options”设置。

第 5 步，给各工作组下载程序。

（1）为温度/光照传感模块下载程序。

在 IAR 软件的“Workspace”栏内，选择“gm_sensor”模块，选中“collect.c”，单击鼠标右键，选择“Options”，在弹出的对话框中将“Exclude from build”复选框打“√”，然后单击“OK”按钮。重新编译程序无误后，给 NEWLab 平台上电，下载程序到 ZigBee 模块中。

（2）为气体传感模块下载程序。

在 IAR 软件的“Workspace”栏内，选择“qt_sensor”模块，选中“collect.c”，单击鼠标右键，选择“Options”，在弹出的对话框中将“Exclude from build”复选框打“√”，然后单击“OK”按钮。重新编译程序无误后，给 NEWLab 平台上电，下载程序到 ZigBee 模块中。

（3）为协调器模块下载程序。

在 IAR 软件的“Workspace”栏内，选择“collect”模块，选择“sensor.c”，单击鼠标右键，选择“Options”，在弹出的对话框中将“Exclude from build”复选框打“√”，然后单击“OK”按钮。重新编译程序无误后，将协调器模块通过串口线连接到 PC 串口或者通过 USB 转串口线连接到 PC，给协调器通电，下载程序到协调器模块中。

第 6 步，运行程序。

（1）将 NEWLab 平台的通信模块开关旋转到通信模式，给 NEWLab 平台上电。

（2）打开串口调试软件，把串口的波特率设置为 38400bps。根据光敏及气体浓度的不同，在 PC 的串口调试终端上显示不同的光照传感器与气体传感器电压信息。运行效果如图 3-35 所示。

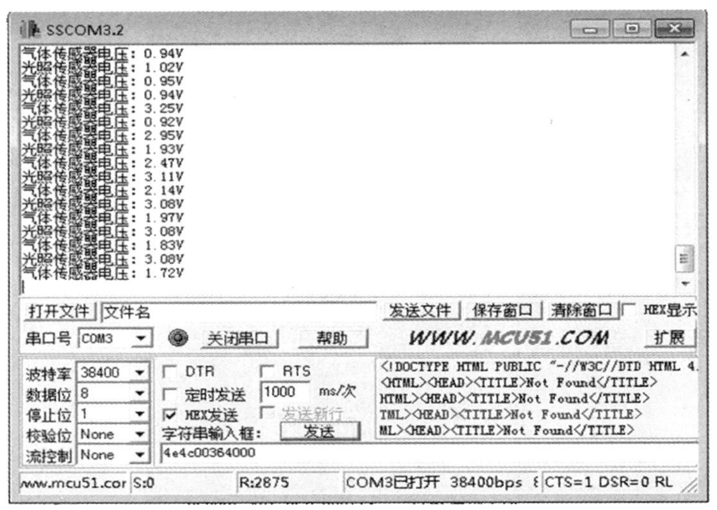

图 3-35　串口调试终端运行效果

任务 3.5　数字量传感器采集系统

【任务描述】

采用温湿度传感模块和 ZigBee 模块组成一个数字量传感器采集系统，实现温湿度数据的采集和无线传输，并在 PC 串口上显示。

【任务环境】

硬件：NEWLab 平台 1 套、ZigBee 节点板 1 块、温湿度传感模块 1 个、CC2530 仿真器 1 组、PC 1 台，信号线若干。

软件：Windows 7/10，IAR 集成开发环境，串口调试助手。

【必备知识点】

1．数字量传感器技术；

2．温度传感器工作原理；

3．湿度传感器工作原理。

3.5.1　数字量传感器技术

数字量传感器是指将传统的模拟量传感器经过加装或改造 A/D 转换模块，使之输出信号为数字量（或数字编码）的传感器，主要包括放大器、A/D 转换器、微处理器（CPU）、存储器、通信接口、温度测试电路等。在微处理器应用变得越来越普遍的今天，全自动或半自动（通过人工指令进行高层次操作，自动处理低层次操作）系统可以包含更多智能化功能，能从环境中获得并处理更多不同的参数，尤其是 MEMS（微电机系统）技术，可使数字量传感器的体积非常小且能耗与成本也很低。以纳米碳管或其他纳米材料制成的纳米传感器同样具有巨大的潜力。

发展到今天，数字量传感器与传统的模拟量传感器相比，具有如下几个特点。

（1）先进的 A/D 转换技术和智能滤波算法，在满量程的情况下仍可保证输出的稳定。

（2）可行的数据存储技术，保证模块参数不会丢失。

（3）良好的电磁兼容性能。

（4）采用数字化误差补偿技术和高度集成化电子元件，实现线性度、阈值、温度漂移、蠕变等性能参数的综合补偿，消除了人为因素对补偿的影响，大大提高了综合精度和可靠性。

（5）输出一致性误差可以控制在 0.02%以内甚至更低，特性参数可完全相同，因而具有良好的互换性。

（6）采用 A/D 转换电路、数字化信号传输和数字滤波技术，抗干扰能力强，信号传输距离远，提高了稳定性。

（7）能自动采集数据并可预处理、存储和记忆，具有唯一标记，便于故障诊断。

（8）采用标准的数字通信接口，可直接连入计算机，也可与标准工业控制总线连接，方便灵活。

（9）数字量传感器是将 A/D、EPROM、DIE（还未封装的传感器芯片，属于裸片，大小介于 cell 和 chip 之间），封装在一块 PCB、金属块或陶瓷板上进行集成，通过各种温度、压力点的校准，计算出 DIE 的线性度，再利用 A/D 去补偿的方法加工而成的。

3.5.2 温度传感器工作原理

热电传感技术是利用转换元件电参数随温度变化的特征，对温度和与温度有关的参数进行检测的技术。利用热电传感技术制成的传感器称为温度传感器。其中，将温度变化转化为电阻变化的称为热电阻传感器，其中金属热电阻传感器简称为金属热电阻或热电阻，半导体热电阻传感器简称为热敏电阻；将温度变化转换为热电势变化的称为热电偶传感器。本书只介绍热敏电阻。

热敏电阻是一种阻值随温度变化的半导体。它的温度系数很大，比温差电偶和线绕电阻测温元件的灵敏度高几十倍，适用于测量微小的温度变化。热敏电阻体积小、热容量小、响应速度快，能在空隙和狭缝中测量。它的阻值高，测量结果受引线的影响小，可用于远距离测量。它的过载能力强，成本低。但热敏电阻的阻值与温度为非线性关系，所以它只能在较窄的范围内用于精确测量。热敏电阻在一些对精度要求不高的测量和控制装置中得到了广泛应用。

1. 热敏电阻的结构形式

用热敏电阻制成的探头有珠状、棒杆状、片状和薄膜等形式，封装外壳多为用玻璃、镍和不锈钢管等做成的套管结构，如图 3-36 所示为热敏电阻的结构图，如图 3-37 所示为热敏电阻的实物图。

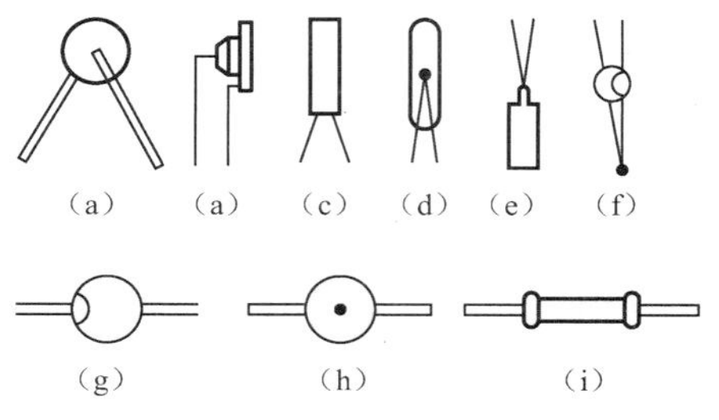

图 3-36　热敏电阻的结构图

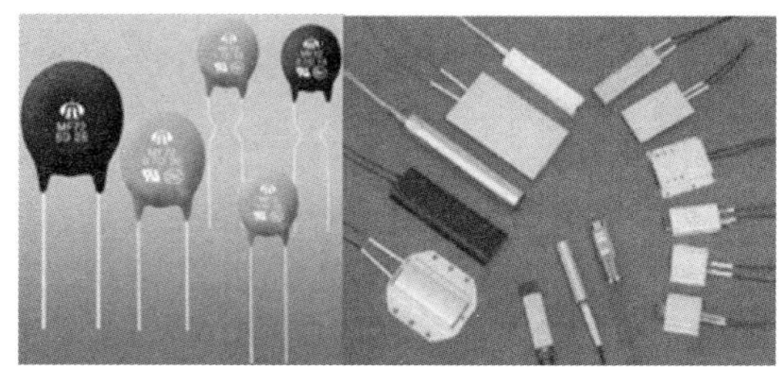

图 3-37　热敏电阻的实物图

2. 热敏电阻的温度特性

热敏电阻的温度特性是指半导体材料的阻值随温度变化而变化的特性。热敏电阻按温度特性分为三类。

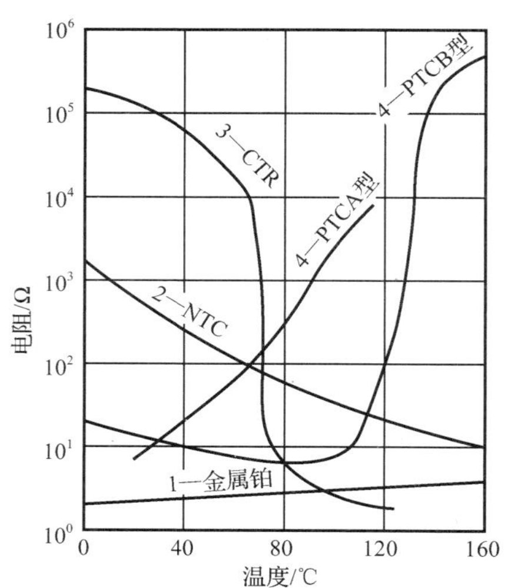

图 3-38　热敏电阻的温度特性曲线

（1）负温度系数（NTC）热敏电阻；

（2）正温度系数（PTC）热敏电阻；

（3）临界负温度系数（CTR）热敏电阻。

热敏电阻的温度特性曲线如图 3-38 所示。分析热敏电阻的温度特性曲线图可以得出下列结论。

（1）热敏电阻的温度系数值远远大于金属热电阻，所以其灵敏度很高。

（2）热敏电阻温度曲线非线性现象十分严重，所以其测量温度范围远小于金属热电阻。

（1）正温度系数（PTC）热敏电阻

PTC 是 Positive Temperature Coefficient 的缩写，意思是正的温度系数，泛指正温度系数很大的半导体材料或元器件。PTC 热敏电阻是一种典型的具有温度敏感性

的半导体电阻，超过一定的温度（居里温度）时，它的阻值随着温度的升高呈阶跃性增高。该材料是以 $BaTiO_3$ 或 $PbTiO_3$ 为主要成分的烧结体，其中掺入微量的 Nb、Ta、Bl、Sb、La 等氧化物进行原子价控制而使之半导体化，常将这种半导体化的 $BaTiO_3$ 等材料简称为半导（体）瓷。同时还可添加增大其正温度系数的 Mn、Fe、Cu、Cr 的氧化物和起其他作用的添加物，采用一般陶瓷工艺成形、高温烧结而使钛酸铂等及其固溶体半导体化，从而得到正特性的热敏电阻材料。其温度系数及居里温度随成分及烧结条件（尤其是冷却温度）不同而不同。

PTC 热敏电阻除用作加热元件，还能起到“开关”的作用（如图 3-38 中线 4 所示，PTCB 型热敏电阻的阻值随着温度的升高初始没有什么变化，在温度达到 100℃左右时突然快速增大），兼有敏感元件、加热器和开关三种功能，又称为“热敏开关”。电流通过元件后引起温度升高，即发热体的温度上升，当超过居里温度后，阻值增加，从而限制电流的增加，于是电流的下降又导致元件温度降低，阻值的减小又使电路电流增加，元件温度升高，周而复始，因此具有使温度保持在特定范围的功能，起到开关作用。利用这种阻温特性做成加热源，作为加热元件应用的有暖风器、烘衣柜、空调等，其还可对电器起到过热保护作用。

（2）负温度系数（NTC）热敏电阻

NTC（Negative Temperature Coefficient），意思是负的温度系数，泛指负温度系数很大的半导体材料或元器件。NTC 热敏电阻是一种典型的具有温度敏感性的半导体电阻，它的阻值随着温度的升高呈线性减小（如图 3-38 线 2 所示）。NTC 热敏电阻是以锰、钴、镍和铜等的金属氧化物为主要材料，采用陶瓷工艺制造而成的。这些金属氧化物材料都具有半导体性质，在导电方式上完全类似于锗、硅等半导体材料。温度低时，这些金属氧化物材料的载流子（电子和空穴）数目少，所以其阻值较高；随着温度的升高，载流子数目增加，阻值降低。

NTC 热敏电阻特性：NTC 热敏电阻的阻值随温度升高而迅速减小。

（3）临界负温度系数（CTR）热敏电阻

CTR 热敏电阻具有负电阻突变特性（如图 3-38 线 3 所示），在某一温度下，其阻值随温度的升高急剧减小，具有很大的负温度系数。其构成材料是钒、钡、锶、磷等元素的氧化物的混合烧结体，是半玻璃状的半导体，也称 CTR 热敏电阻为玻璃态热敏电阻，骤变温度随所添加氧化物的不同而不同。CTR 能够用作控温报警等。

3．本实验所用温度/光照传感模块组成

本实验所用温度/光照传感模块组成如图 3-39 所示。

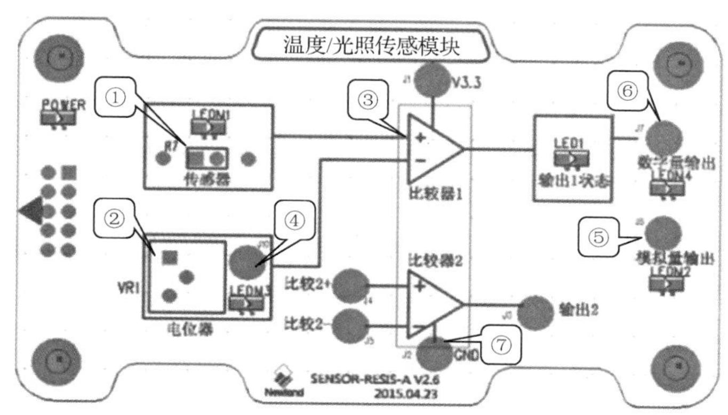

图 3-39　温度/光照传感模块组成

说明：

①：温度和光照传感器。

②：基准电压调节电位器。

③：比较器电路。

④：基准电压测试接口 J10，测试温度感应的阈值电压，即比较器 1 负端（3 脚）电压。

⑤：模拟量输出接口 J6，测试热敏电阻两端的电压，即比较器 1 正端（2 脚）电压。

⑥：数字量输出接口 J7，测试比较器 1 输出电压。

⑦：接地 GND 接口 J2。

3.5.3 湿度传感器工作原理

1．湿度传感器概述

湿度传感器，即能够感受外界湿度变化，并通过元器件材料的物理或化学性质变化，将湿度转化成有用信号的元器件。湿度检测较其他物理量的检测显得更加困难，首先，空气中水蒸气含量很少；其次，液态水会使一些高分子材料和电解质材料溶解，一部分水分子电离后与溶入水中的空气中的杂质结合成酸或碱，使湿敏材料受到不同程度的腐蚀和老化，从而丧失其原有的性质；第三，湿度信息的传递必须靠水对湿敏元器件的直接接触来完成，因此湿敏元器件只能直接暴露于待测环境中，不能密封。通常，对湿敏元器件有下列要求：在各种气体环境下稳定性好、响应时间短、寿命长、有互换性、耐污染和受温度影响小等。微型化、集成化及廉价是湿敏元器件的发展方向。

湿度是表示空气中水蒸气含量的物理量，常用绝对湿度、相对湿度、露点等表示。所谓绝对湿度就是单位体积空气内所含水蒸气的质量，也就是指空气中水蒸气的密度，一般用一立方米空气中所含水蒸气的克数表示，即 $h_a=m_v/v$，单位为 g/m^3。式中，m_v 为待测空气中水蒸气的质量，v 为待测空气的总体积。相对湿度是指空气中实际所含水蒸气的分压（p_w）和同温度下饱和水蒸气的分压（p_n）的百分比，即 $h_t=(p_w/p_n)t\times100\%$RH。通常，用%RH 表示相对湿度。当温度和压力变化时，因饱和水蒸气变化，空气中的水蒸气分压即使相同，其相对湿度也会发生变化。日常生活中所说的空气湿度，实际上就是指相对湿度。温度越高的空气，含水蒸气越多。若将空气冷却，即使其中所含水蒸气质量不变，相对湿度将逐渐增加，到某一个温度时，相对湿度达 100%，呈饱和状态，再冷却时，水蒸气的一部分凝聚生成露，把这个温度称为露点温度。即空气在气压不变时，为了使其所含水蒸气达到饱和状态所必须冷却到的温度称为露点温度。气温和露点温度的差越小，空气越接近饱和。

湿度的测量方式有几种，即采用伸缩式湿度计、干湿球湿度计、露点计和阻抗式湿度计等进行测量。伸缩式湿度计利用了毛发、纤维素等物质随湿度变化而伸缩的性质，以前多用于自动记录仪、空调的自动控制等，目前用于家庭设备的是把纤维素与厚度约为 50pm 的金属箔黏合在一起，卷成螺旋状的传感器，不需要进行温度补偿，但不能转换为电信号。阻抗式湿度计是根据湿敏电阻的阻抗值变化而求得湿度的一种湿度计，由于能简单地转换为电信号而被广泛采用。

2．湿度传感器的分类

湿敏元件是最简单的湿度传感器。湿敏元件主要分为湿敏电阻、湿敏电容两大类。

湿敏电阻的特点是在其基片上覆盖了一层用感湿材料制成的膜，当空气中的水蒸气吸附在感湿膜上时，其电阻率和电阻值都发生变化，利用这一特性即可测量湿度。湿敏电阻的种

类很多，如金属氧化物湿敏电阻、硅湿敏电阻、陶瓷湿敏电阻等。湿敏电阻的优点是灵敏度高，缺点是线性度和产品的互换性差。

湿敏电容一般是用高分子薄膜电容制成的，常用的高分子材料有聚苯乙烯、聚酰亚胺、酪酸醋酸纤维等。当环境湿度发生改变时，湿敏电容的介电常数发生变化，使其电容量也发生变化，其电容量变化量与相对湿度成正比。湿敏电容的主要优点是灵敏度高、产品互换性好、响应速度快、湿度的滞后量小、便于制造、容易实现小型化和集成化，其精度一般比湿敏电阻要低一些。

电子式湿敏传感器的准确度可达（2～3）%RH，比干湿球湿度计的测量精度高。湿敏元件的线性度及抗污染性差，在检测环境湿度时，湿敏元件要长期暴露在待测环境中，很容易被污染而影响其测量精度及长期稳定性。这方面没有用干湿球湿度计的测湿方法好。下面对各种湿度传感器进行简单的介绍。

（1）氯化锂湿度传感器

① 电阻式氯化锂湿度传感器。

第一个基于电阻-湿度特性原理的电阻式氯化锂湿度传感器是美国标准局的 F.W.Dunmore 研制出来的。这种传感器具有较高的精度，同时结构简单、成本低，适用于常温常湿的测控。

电阻式氯化锂湿度传感器的测量范围与湿敏层的氯化锂浓度及其他成分有关。单个元件的有效感湿范围一般在 20%RH 以内。例如 0.05%的浓度对应的感湿范围为（80～100）%RH，0.2%的浓度对应的感湿范围是（60～80）%RH。由此可见，要测量较宽的湿度范围时，必须把不同浓度的元件组合在一起使用。可用于全量程测量的湿度传感器组合的元件一般为 5 个，采用元件组合法的氯化锂湿度传感器测量范围通常为（15～100）%RH，国外有些产品称其测量范围可达（2～100）%RH。

② 露点式氯化锂湿度传感器。

露点式氯化锂湿度传感器是由美国的 Forboro 公司首先研制出来的，其后许多国家做了大量的研究工作。这种湿度传感器和上述电阻式氯化锂湿度传感器形式相似，但工作原理完全不同。简而言之，它是利用氯化锂饱和水溶液的饱和水汽压随温度变化而工作的。

（2）碳湿敏元件

碳湿敏元件是美国的 E.K.Carver 和 C.W.Breasefield 于 1942 年首先提出来的，与常用的毛发、肠衣和氯化锂等探空元件相比，碳湿敏元件具有响应速度快、重复性好、无冲蚀效应和滞后环窄等优点。我国气象部门于 20 世纪 70 年代初开展碳湿敏元件的研制，并取得了积极的成果，其测量不确定度不超过±5%RH，时间常数在正温时为 2～3s，滞差一般在 7%左右，比阻稳定性亦较好。

（3）氧化铝湿度传感器

氧化铝湿度传感器的突出优点是体积可以非常小（如用于探空仪的湿敏元件仅 90μm 厚、质量为 12mg），灵敏度高（测量下限达-110℃露点温度），响应速度快（响应时间一般为 0.3～3s），测量信号直接以电参量的形式输出，大大简化了数据处理程序。另外，它还适用于测量液体中的水分。如上特点正是工业和气象中的某些测量领域所需要的，因此它被认为是进行高空大气探测可供选择的几种合乎要求的传感器之一。近年来，这种传感器在工业中的低霜点测量领域开始崭露头角。

（4）陶瓷湿度传感器

在湿度测量领域，对于在低湿和高湿、低温和高温条件下的测量，目前为止仍然是一个薄弱环节，而其中又以高温条件下的湿度测量技术最为落后。一方面，通风干湿球湿度计几乎是在这个温度条件下唯一可以使用的产品，而该产品在实际使用中亦存在种种问题，无法令人满意。另一方面，随着科学技术的进步，要求在高温下测量湿度的场合越来越多，如水泥生产、金属冶炼和食品加工等许多涉及工艺条件和质量控制的工业过程都需要进行湿度测量与控制。因此，自 20 世纪 60 年代起，许多国家开始研制适用于在高温条件下进行测量的湿度传感器。考虑到传感器的使用条件，人们很自然地把探索方向着眼于既具有吸水性又能耐高温的某些无机物上。实践已经证明，陶瓷元件不仅具有湿敏特性，而且可以作为感温元件和气敏元件，这些特性使它极有可能成为一种有发展前途的多功能传感器。

以上是应用较多的几种传感器，另外还有其他根据不同原理研制的湿度传感器，这里就不一一介绍了。

3．本实验所用温湿度传感模块组成

本实验所用的温湿度传感模块，主控器件采用瑞士 Sensirion 公司的 SHT10 单片数字温湿度集成 IC。该集成 IC 中包括一个电容式聚合体测湿组件和一个能隙式测温组件，并与一个 14 位的 A/D 转换器及串行接口电路在同一芯片上实现无缝连接，如图 3-40 所示。

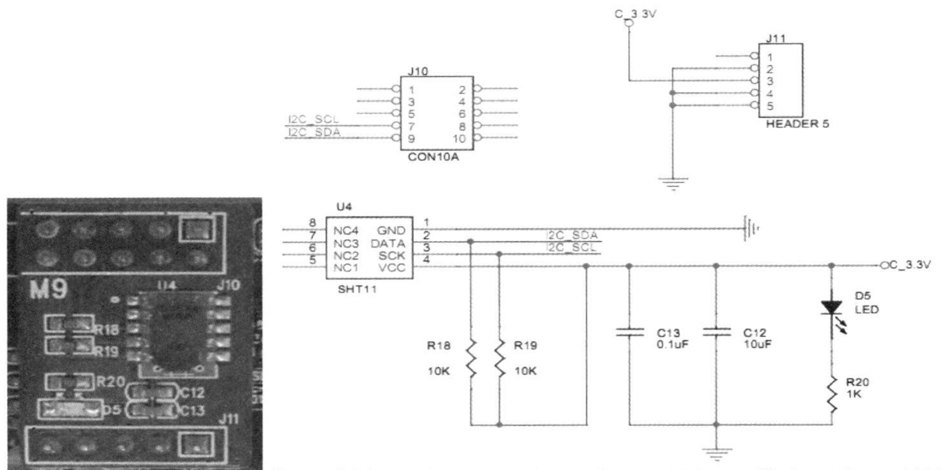

图 3-40　本实验所用的温湿度传感模块外形及电路连线图

3.5.4　任务实训步骤

第 1 步，新建工程、配置工程相关设置。

具体操作参照任务 3.2。

第 2 步，编写程序。

编写主程序，或将技术服务网站上相应的源代码添加进工程。下面将 sensor.c 和 collect.c 两个文件中的关键代码分别分析如下。

（1）sensor.c 中的 main()函数

```
/********************************main*********************************************/
void main(void)
{ uint16 sensor_val,sensor_tem;
uint16 len = 0;
halBoardInit();                              //模块相关资源的初始化
ConfigRf_Init();                             //无线收、发模块参数的配置初始化
halLedSet(1);
halLedSet(2);
```

```
Timer4_Init();                                    //定时器初始化
Timer4_On();                                      //打开定时器
while(1)
{ APP_SEND_DATA_FLAG = GetSendDataFlag();
if(APP_SEND_DATA_FLAG == 1)                       //定时时间到
{     /*【传感器采集、处理】 开始*/
#if defined (TEM_SENSOR)                          //温湿度传感器
call_sht11(&sensor_tem,&sensor_val);              //取温、湿度数据
//把采集的数据转化成字符串，以便于在串口上显示、观察
printf_str(pTxData,"温湿度传感器，温度：%d.%d，湿度：%d.%d\r\n", sensor_tem/10,sensor_tem%10,
sensor_val/10,sensor_val%10);
#endif
halLedToggle(3);                                  //绿灯取反，无线发送指示
//把采集的数据通过 ZigBee 模块发送出去
basicRfSendPacket(SEND_ADDR, pTxData,strlen(pTxData ));
Timer4_On();                                      //打开定时器
}   /*【传感器采集、处理】 结束*/
}
}
/***************************************main end *****************************************/
```

（2）collect.c 中的 main()函数

```
/***************************************main start*****************************************/
void main(void)
{ uint16 len = 0;
halBoardInit();                                   //模块相关资源的初始化
ConfigRf_Init();                                  //无线收、发模块参数的配置初始化
halLedSet(1);
halLedSet(2);
while(1)
{ if(basicRfPacketIsReady())                      //查询有无收到无线数据
{ halLedToggle(4);                                //红灯取反，无线接收指示
//接收无线数据
len = basicRfReceive(pRxData, MAX_RECV_BUF_LEN, NULL);
//把接收到的无线数据发送到串口
halUartWrite(pRxData,len);
}
}
}
/*************************************main end *****************************************/
```

第 3 步，建立模块设备。

参考任务 3.4 操作建立 tem_sensor 与 collect 模块。

第 4 步，模块连接及下载程序。

（1）温湿度传感模块

将温湿度传感模块固定在 NEWLab 平台上，选择“tem_sensor”模块，选择“collect.c”，单击鼠标右键，选择“Options”，在弹出的对话框中将“Exclude from build”复选框打“√”，然后单击“OK”按钮。重新编译程序无误后，给 NEWLab 平台上电，下载程序到温湿度传感模块中。

（2）协调器模块

选择“collect”模块，选择“sensor.c”，单击鼠标右键，选择“Options”，在弹出的对话框中将“Exclude from build”复选框打“ √”，然后单击“OK”按钮。重新编译程序无误后，将协调器模块通过串口线连接到 PC 串口或者通过 USB 转串口线连接到 PC，给协调器通电，下载程序到协调器模块中。

温湿度传感模块与协调器模块连接图如图 3-41 所示。

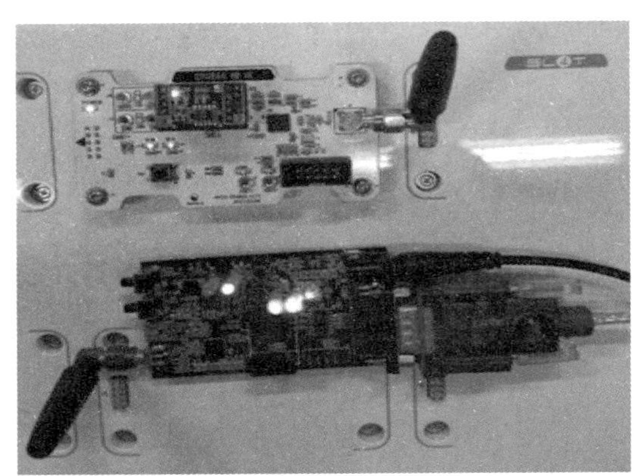

图 3-41　温湿度传感模块与协调器模块连接图

第 5 步，运行程序。

（1）将温湿度传感模块上电。

（2）打开串口调试软件，把串口的波特率设置为 38400bps。根据温、湿度的变化，在 PC 的串口调试终端上显示不同的温、湿度数据。

任务 3.6　环境智能监测系统设计与应用

【任务描述】

模拟现代智能农业养殖棚，要求能够实时监测棚内光的强度，气体浓度及棚内温、湿度，并能够监测是否有外来物（人或动物）侵入，最后将这些监测信息通过无线通信的方式传输至远程计算机。

【任务环境】

硬件：NEWLab 平台 1 套、ZigBee 节点板 5 块、温度/光照传感模块 1 个、温湿度传感模块 1 个、红外传感模块 1 个、气体传感模块 1 个、CC2530 仿真器 1 组、PC 1 台，信号线若干。

软件：Windows 7/10，IAR 集成开发环境，串口调试助手。

【必备知识点】

1．通信网络地址概述；

2．Basic RF 驱动文件介绍。

3.6.1　通信网络地址概述

Basic RF 点对点通信和其他网络通信一样，要求发送节点和接收节点必须在同一网络范围内，而约束网络范围的几个参数包括网络地址 PANID（简称网络 ID）、信道 CHANNEL、发送地址 SendAddr 和接收（本地）地址 MyAddr。

以任务 3.2 无线串口通信为例，在该任务中发送节点与接收节点两者的通信地址设置如下。

```
/*******************************点对点通信地址设置*******************************/
#define RF_CHANNEL        20        //通信信道号 11～26
#define PAN_ID            0x1379    //网络 ID
#define MY_ADDR           0x1234    //本机模块地址，1 号模块
#define SEND_ADDR         0x5678    //发送地址，1 号模块
//#define MY_ADDR         0x5678    //本机模块地址，2 号模块
//#define SEND_ADDR       0x1234    //发送地址，2 号模块
/******************************************************************************/
```

1．信道

ZigBee 模块采用的是免执照的工业科学医疗（ISM）频段，所以使用了 3 个频段，分别为：868MHz（欧洲）、915MHz（美国）、2.4GHz（全球）。

因此，ZigBee 模块共定义了 27 个物理信道。其中，868MHz 附近频段定义了一个信道；915MHz 附近频段定义了 10 个信道，信道间隔为 2MHz；2.4GHz 附近频段定义了 16 个信道，信道间隔为 5MHz。具体信道分配如表 3-7 所示。

表 3-7　ZigBee 信道分配

信　道　号	中心频率/MHz	信道间隔/MHz	频率上限/MHz	频率下限/MHz
k=0	868.3		868.6	868
k=1,2,3,…,10	906+2×(k−1)	2	928	902
k=11,12,13,…,26	2401+5×(k−11)	5	2483.5	2400

理论上，在 868MHz 频段的物理层，数据传输速率为 20kb/s；在 915MHz 频段的物理层，数据传输速率为 40kb/s；在 2.4GHz 频段的物理层，数据传输速率为 250kb/s。实际上，除去信道竞争应答和重传等消耗，真正能被应用所利用的传输速率可能不足 100kb/s，并且余下的传输速率可能要被临近多个节点和同一个节点的应用瓜分。

注意：ZigBee 模块工作在 2.4GHz 频段时，与其他通信协议的信道有冲突。15、20、25、26 号信道与 WiFi 信道冲突较小，蓝牙基本不会与之冲突，无线电话尽量不与 ZigBee 模块同时使用。

2．PANID

PANID，全称是 Personal Area Network ID，一个网络只有一个 PANID，主要用于区分不同的网络，从而允许同一地区同时存在多个不同 PANID 的 ZigBee 网络。

Z-Stack 允许用两种方式配置 PANID，当 ZDAPP_CONFIG_PAN_ID 值不设置为 0xFFFF 时，那么设备建立或加入一个“最优”的网络，协调器可以随机获取一个 16 位的 PANID，建立一个网络，路由器或者终端节点可以加入任意一个自己设定信道上的网络，则不去关心 PANID。

注意：在不同地区或者同一地区不同的信道可以使用同一 PANID。

3．发送地址、接收地址

发送地址是指对方地址，接收地址是指本机地址。显然收、发双方地址对称才可以通信。

综上所述，在同一个系统内的各节点若要相互通信，要保证在同一个信道、PANID 下才可以连接成功。

3.6.2 Basic RF 驱动文件介绍

在基于 Basic RF 通信协议开发项目时，往往需要去技术服务网站上下载相关模块的驱动文件夹 CC2530_lib，这个文件夹包括相应模块的驱动和初始化等各类文件，如下所示。

```
|---common
|    |---hal_cc8051.h——MCU 输入/输出宏定义
|    |---hal_defs.h——通用定义
|    |---hal_mcu.c——MCU 函数库
|    |---hal_mcu.h——MCU 函数库的定义
|    |---hal_clock.c——时钟函数库
|    |---hal_clock.h——时钟函数库的定义
|    |---hal_digio.c——输入/输出中断函数库
|    |---hal_digio.h——输入/输出中断函数库的定义
|    |---hal_adc.c——ADC 函数库
|    |---hal_adc.h——ADC 函数库的定义
|    |---hal_int.c——中断函数库
|    |---hal_int.h——中断函数库的定义
|    |---hal_rf.c——无线函数库
|    |---hal_rf.h——无线函数库的定义
|    |---hal_rf_security.c——无线加密函数库
|    |---hal_rf_security.h——无线加密函数库的定义
|    |---hal_rf_util.c——无线通用函数库
|    |---hal_rf_util.h——无线通用函数库的定义
|    |---hal_timer_32k.c——32K 定时器函数库
|    \---hal_timer_32k.h——32K 定时器函数库的定义
|
|---basicrf
|    |---basic_rf.c——基本无线函数库
|    |---basic_rf.h——基本无线函数库的定义
|    |---basic_rf_security.c——基本无线加密函数库
|    \---basic_rf_security.h——基本无线加密函数库的定义
|
\---utils
|    |---util.c——工具函数库
|    \---util.h——工具函数库的定义
|
\---board
|    |---hal_board.c——ZigBee 模块上的资源初始化函数库
|    |---hal_board.h——ZigBee 模块上的资源初始化函数库的定义
|    |---hal_led.c——ZigBee 模块上关于 LED 的函数库
```

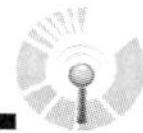

```
|    |---hal_led.h——ZigBee 模块上关于 LED 的函数库的定义
|
\--- module
|    |--- dma_ad590.c——模拟温度传感器函数库
|    |--- dma_ad590.h——模拟温度传感器函数库的定义
|    |--- dma_bma.c——重力传感器函数库
|    |--- dma_bma.h——重力传感器函数库的定义
|    |--- dma_dc.c——直流电机函数库
|    |--- dma_dc.h——直流电机函数库的定义
|    |--- dma_eeprom.c——EEPROM 函数库
|    |--- dma_eeprom.h——EEPROM 函数库的定义
|    |--- dma_imc.c——人体传感器函数库
|    |--- dma_imc.h——人体传感器函数库的定义
|    |--- dma_m4.c——光敏/光电传感器函数库
|    |--- dma_m4.h——光敏/光电传感器函数库的定义
|    |--- dma_tc72.c——数字温度传感器函数库
|    |--- dma_tc72.h——数字温度传感器函数库的定义
|    |--- dma_tgs.c——酒精传感器函数库
|    |--- dma_tgs.h——酒精传感器函数库的定义
|    |--- dma_sht.c——温湿度传感器函数库
|    |--- dma_sht.h——温湿度传感器函数库的定义
|    |--- dma_itg.c——陀螺仪传感器函数库
|    |--- dma_itg.h——陀螺仪传感器函数库的定义
|    |--- dma_kr.c——可燃气体传感器函数库
|    |--- dma_kr.h——可燃气体传感器函数库的定义
|    |--- dma_tgs2602.c——气体质量传感器函数库
|    |--- dma_tgs2602.h——气体质量传感器函数库的定义
```

3.6.3　任务实训步骤

第 1 步，搭建硬件环境，连接各模块。

在 NEWLab 平台上，连接各模块，如图 3-42 所示。

（1）红外传感模块的组成

把 ZigBee 模块和红外传感模块固定到 NEWLab 平台上，红外传感模块的对射输出 2 接口（J6）与 ZigBee 模块的 IN0 接口（J13/P1.3）相连。

（2）温度/光照传感模块的组成

把 ZigBee 模块和温度/光照传感模块固定到 NEWLab 平台上，温度/光照传感模块的模拟量输出接口（J6）与 ZigBee 模块的 ADC0 接口（J10/P1.0）相连。

（3）气体传感模块的组成

把 ZigBee 模块和气体传感模块固定到 NEWLab 平台上，气体传感模块的模拟量输出接口（J6）与 ZigBee 模块的 ADC0 接口（J10/P1.0）相连。

（4）温湿度传感模块的组成。

把温湿度传感模块插入 ZigBee 模块的 U5 接口。

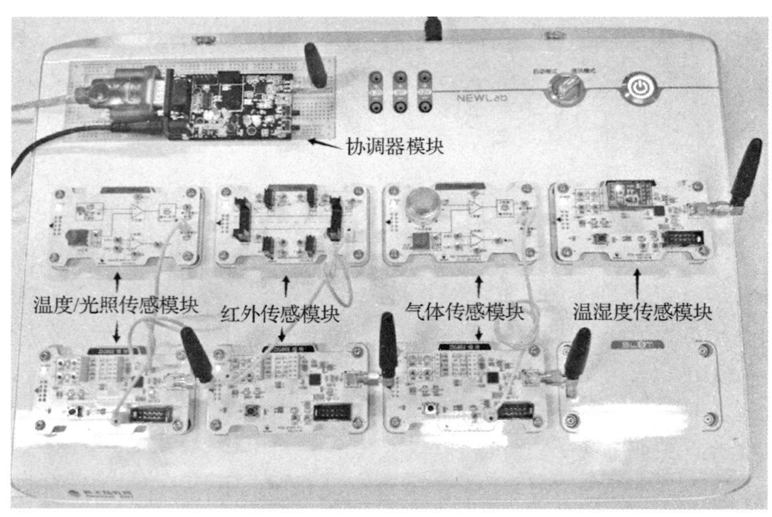

图 3-42　环境智能监测系统各模块

第 2 步，新建各传感模块工程、配置工程。

（1）选择“Project”→“Edit Configuration”命令，新建 gm_sensor、qt_sensor、hw_sensor、tem_sensor 和 collect 5 个工程。

（2）各传感模块工程的配置，参照任务 3.2 操作。

第 3 步，编写各传感模块程序。

各传感模块主程序 sensor.c 中的 main()函数如下。

```
/*******************************************main*************************************/
void main(void)
{ uint16 sensor_val,sensor_tem;
uint16    len = 0;
halBoardInit();                                  //模块相关资源的初始化
ConfigRf_Init();                                 //无线收、发模块参数的配置初始化
halLedSet(1);
halLedSet(2);
Timer4_Init();                                   //定时器初始化
Timer4_On();                                     //打开定时器
while(1)
{     APP_SEND_DATA_FLAG = GetSendDataFlag();
if(APP_SEND_DATA_FLAG == 1)                      //定时时间到
{     /*【传感器采集、处理】 开始*/
#if defined (GM_SENSOR)                          //光照传感器
sensor_val=get_adc();                            //取模拟电压
//把采集的数据转化成字符串，以便于在串口上显示、观察
printf_str(pTxData,"光照传感器电压：%d.%02dV\r\n",sensor_val/100,sensor_val%100);
#endif
#if defined (QT_SENSOR)                          //气体传感器
sensor_val=get_adc();                            //取模拟电压
//把采集的数据转化成字符串，以便于在串口上显示、观察
```

```
printf_str(pTxData,"气体传感器电压：%d.%02dV\r\n",sensor_val/100,sensor_val%100);
#endif
#if defined (HW_SENSOR)                              //红外传感器
sensor_val=get_hwsensor();                           //取红外传感器检测结果
//把采集的数据转化成字符串，以便于在串口上显示观察
if(sensor_val)
{ printf_str(pTxData,"红外传感器电压：%d\r\n",sensor_val); }
else
{ printf_str(pTxData,"红外传感器电压：%d\r\n",sensor_val); }
#endif
#if defined (TEM_SENSOR)                             //温湿度传感器
call_sht11(&sensor_tem,&sensor_val);                 //取温、湿度数据
//把采集的数据转化成字符串，以便于在串口上显示、观察
printf_str(pTxData,"温湿度传感器，温度：%d.%d，湿度：%d.%d\r\n",
sensor_tem/10,sensor_tem%10,sensor_val/10,sensor_val%10);
#endif
halLedToggle(3);                                     //绿灯取反，无线数据发送指示
//把采集的数据通过 ZigBee 模块发送出去
basicRfSendPacket(SEND_ADDR, pTxData,strlen(pTxData ));
Timer4_On();                                         //打开定时器
}  /*【传感器采集、处理】 结束*/
}
}
/***************************************main end ****************************************/
```

第 4 步，编写协调器程序。

协调器节点主程序 collect.c 中的 main()函数如下。

```
/**************************************main start****************************************/
void main(void)
{ uint16 len = 0;
halBoardInit();                                      //模块相关资源的初始化
ConfigRf_Init();                                     //无线收、发模块参数的配置初始化
halLedSet(1);
halLedSet(2);
while(1)
{ if(basicRfPacketIsReady())                         //查询有无收到无线数据
{ halLedToggle(4);                                   //红灯取反，无线数据接收指示
//接收无线数据
len = basicRfReceive(pRxData, MAX_RECV_BUF_LEN, NULL);
//把接收到的无线数据发送到串口
halUartWrite(pRxData,len);
}
}
}
/**************************************main end ****************************************/
```

第 5 步，编译、烧录程序，测试系统功能。

（1）为传感器节点编译、烧录程序。

① 在“Workspace”栏中选择“gm_sensor”，然后在预定义栏中输入“GM_SENSOR”，

再编译程序，无误后烧录到该模块中。

② 在“Workspace”栏中选择“qt_sensor”，然后在预定义栏中输入“QT_SENSOR”，再编译程序，无误后烧录到该模块中。

③ 在“Workspace”栏中选择“hw_sensor”，然后在预定义栏中输入“HW_SENSOR”，再编译程序，无误后烧录到该模块中。

④ 在“Workspace”栏中选择“tem_sensor”，然后在预定义栏中输入“TEM_SENSOR”，再编译程序，无误后烧录到该模块中。

（2）为协调器编译、烧录程序。

（3）测试系统功能，运行效果如图 3-43 所示。

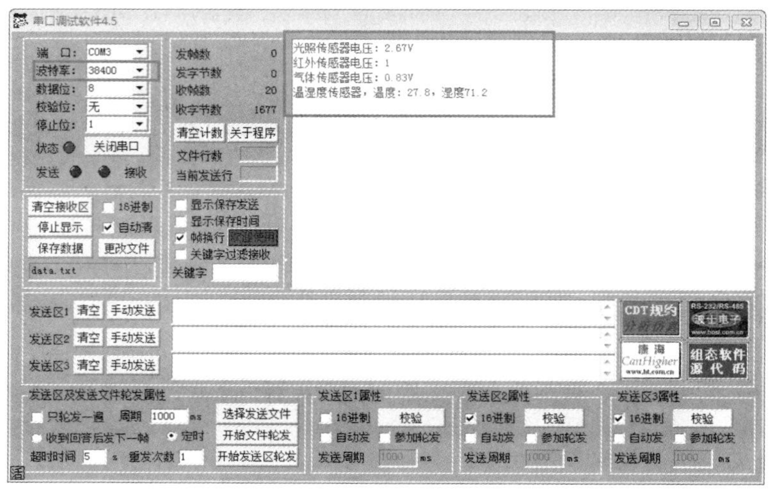

图 3-43　环境智能监测系统运行效果

【知识点小结】

1．Basic RF 操作依次包括启动、发送、接收三个环节，依靠各个函数完成相应的功能。

2．串口通信最重要的参数是波特率、数据位、停止位和奇偶校验位。两个进行通信的端口，这些参数必须匹配。

3．传感器是能感受被测量并按照一定的规律转换成可用输出信号的器件或装置，通常由敏感元件和转换元件组成。按输出信号，可将传感器分为开关量传感器、模拟量传感器和数字量传感器三类。

4．同一个系统内的各节点若要相互通信，要保证在同一个信道、网络地址下才可以连接成功。在 2.4GHz 频段下，信道号有效值范围为 11～26，网络地址有效取值范围为 0x0000～0xFFFF。

【拓展与思考】

1．在任务 3.1 中，改变设置，使两个程序中的 RF_CHANNEL 或 PAN_ID 不一致，观察结果；使一个程序中的 MY_ADDR 与另一个程序中的 SEND_ADDR 不相等，又会出现什么结果？

2．在实现任务 3.3 的基础上，增加霍尔传感模块、人体感应传感模块，运行后观察串口调试窗口显示的数据。

【强国实训拓展】

结合本项目所学技能，助力加快建设农业强国，扎实推动乡村产业、人才、文化、生态、组织振兴，实现农业现代化总体目标。试设计基于 ZigBee 无线组网通信的智能农业温室系统设计方案，实现温室温、湿度和光的强度监测，并实现智能换气、照明功能。

项目四　Z-Stack 无线通信技术应用设计

【知识目标】

1. 掌握 Z-Stack 协议栈的结构、基本概念；
2. 掌握协调器、路由器、终端节点的基本概念；
3. 掌握 Z-Stack 协议栈实时操作系统，理解 OSAL 运行机理、任务调试、API 函数等；
4. 掌握 Z-Stack 协议栈的串口、中断等接口函数；
5. 掌握单播、组播和广播的基本原理与基本概念；
6. 掌握 Z-Stack 协议栈的 LED 和 KEY 驱动函数的工作原理；
7. 掌握 Z-Stack 协议栈的绑定工作原理；
8. 了解 Z-Stack 协议栈的网络地址分配机制，掌握 Z-Stack 协议栈的网络管理。

【技能目标】

1. 能熟练安装与使用 Z-Stack、Z-Sensor Mintor、Packet Sniffer 等软件；
2. 在 Z-Stack 协议栈中，能熟练添加新事件、新任务；
3. 能熟练实现 ZigBee 无线网络的点对点通信、串口通信、串口透传、绑定等；
4. 能获取网络拓扑结构、实现 ZigBee 无线网络的传感器数据采集与远程监控；
5. 能使用周期事件循环采集、发送数据；
6. 能熟练使用 Z-Stack 协议栈的各层文件，尤其是应用与驱动层的文件。

【任务分解】

任务 4.1：基于 Z-Stack 的点对点通信

任务 4.2：基于 Z-Stack 的串口通信

任务 4.3：基于绑定的无线灯光控制

任务 4.4：基于 Z-Stack 的串口透传

任务 4.5：基于 Z-Stack 的模拟量传感器采集系统

任务 4.6：ZigBee 无线传感器网络监控系统设计

任务 4.1　基于 Z-Stack 的点对点通信

【任务描述】

采用两个 ZigBee 模块，一个作为协调器（ZigBee 节点 1），另一个作为终端节点或路由器（ZigBee 节点 2）。ZigBee 节点 2 发送“WTC”字符，ZigBee 节点 1 接收到数据后，对数据进行判断，如果接收到的数据正确，则使 ZigBee 节点 1 的 LED2 灯闪烁；如果接收到的数据不正确，则点亮 ZigBee 节点 1 的 LED2 灯。数据传输模型如图 4-1 所示。

【任务环境】

硬件：NEWLab 平台 2 套、ZigBee 节点板 2 块、CC2530 仿真器 1 组、PC 1 台。

软件：Windows 7/10，IAR 集成开发环境。

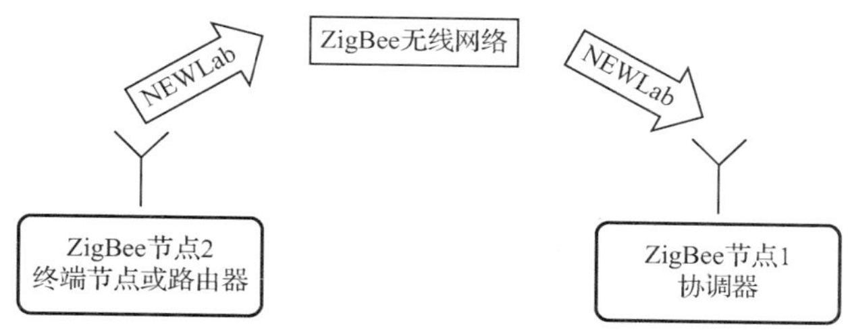

图 4-1　数据传输模型

【必备知识点】

1．Z-Stack 协议栈的概念；

2．Z-Stack 协议栈的安装与说明。

4.1.1　Z-Stack 协议栈的概念

TI 公司推出 CC253x 射频芯片的同时，还向用户提供了 ZigBee 的 Z-Stack 协议栈，这是经过 ZigBee 联盟认可，并被全球很多企业广泛采用的一种商业级协议栈。Z-Stack 协议栈包括一个小型操作系统（抽象层 OSAL），其负责系统的调度，操作系统的大部分代码被封装在库代码中，用户看不到。对于用户来说，只能使用 API 来调用相关库函数。IAR 公司开发的 IAR Embedded Workbench for 8051 软件可以作为 Z-Stack 协议栈的集成开发环境。

1．Z-Stack 协议栈结构

Z-Stack 协议栈由物理层（PHY）、介质访问控制层（MAC）、网络层（NWK）和应用层（APL）组成，如图 4-2 所示。其中，应用层包括应用程序支持子层（APS）、应用程序框架（AF）和 ZigBee 设备对象（ZDO）。在协议栈中，上层实现的功能对下层来说是未知的，上层可以调用下层提供的函数来实现某些功能。Z-Stack 协议栈由 TI 公司开发，具体实现了这 4 个层次。

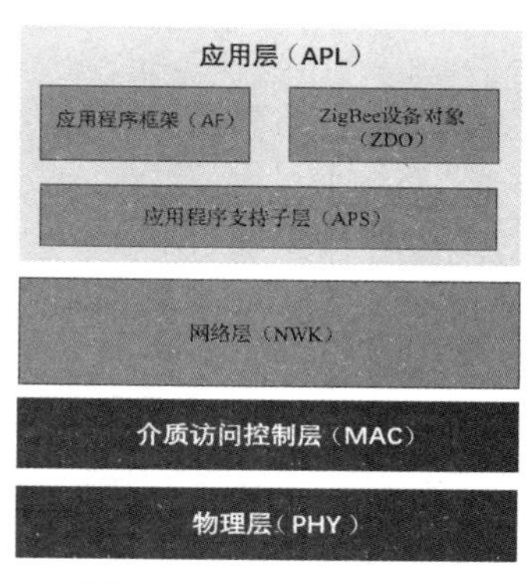

图 4-2　Z-Stack 架构图

（1）物理层（PHY）

物理层负责将数据通过天线发送出去，以及从天线上接收数据。

（2）介质访问控制层（MAC）

介质访问控制层提供点对点通信的数据确认，以及一些用于网络发现和网络形成的命令，但是介质访问控制层不支持多跳、网状网络等拓扑结构。

（3）网络层（NWK）

网络层主要对网状网络提供支持，如在全网范围内发送广播包，为单播数据包选择路由，确保数据包能够可靠地从一个节点发送到另一个节点。此外，网络层还具有安全特性——用户可以自行选择所需要的安全策略。

（4）应用层（APL）

① 应用程序支持子层（APS）主要提供一些 API 函数供用户调用。此外，绑定表也存储在应用程序支持子层中。

② 应用程序框架（AF）最多包括 240 个应用程序对象，每个应用程序对象运行在不同的端口上。因此，端口的作用是区分不同的应用程序对象。

③ ZigBee 设备对象（ZDO）是运行在端口 0 的应用程序，用于实现对整个 ZigBee 设备的配置和管理，用户应用程序可以通过端口 0 与应用程序支持子层、网络层进行通信，从而实现对这些层的初始化。

小贴士

协议栈是协议的实现，可以理解为代码、函数库，供上层应用调用，协议较下面的层与应用是相互独立的。商业化的协议栈就是写好的底层的代码，符合协议标准，提供一个功能模块供调用。用户需要关心的是应用逻辑，即数据从哪里到哪里，怎么存储、处理；还有系统里设备之间的通信顺序。当应用需要数据通信时，调用组网函数组建想要的网络；当从一个设备发送数据到另一个设备时，调用无线数据发送函数，接收端就调用接收函数；当设备空闲的时候，就调用休眠函数；需要设备工作的时候就调用唤醒函数。所以进行具体应用时，不需要关心协议栈是怎么写的，里面的每条代码是什么意思。各个厂商的协议栈有区别，也就是函数名称和参数可能有区别，这个要看具体的例子和说明文档。

2．Z-Stack 协议栈的设备组成

在 ZigBee 网络中存在三种设备类型：协调器（Coordinator）、路由器（Router）和终端节点（End Device）。ZigBee 网络中只能有一个协调器，可以有多个路由器和多个终端节点。如图 4-3 所示，黑色节点（Coordinator）为协调器，深色节点（Router）为路由器，浅色节点（End Device）为终端节点（也称终端设备）。

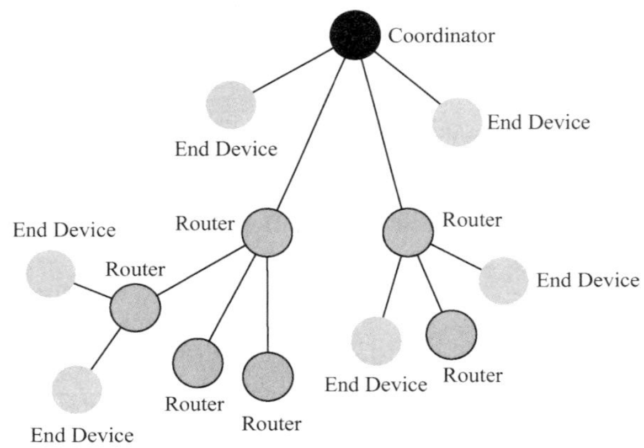

图 4-3　ZigBee 网络示意图

（1）协调器的作用

① 协调器是每个独立的 ZigBee 网络中的核心设备，负责选择一个信道和一个网络地址（PANID），启动整个 ZigBee 网络。

② 协调器可以用来协助实现网络中安全层和应用层的绑定。

③ 协调器主要负责建立和配置网络。由于 ZigBee 网络本身具有的分布特性，一旦 ZigBee 网络建立完成后，整个网络的操作就不再依赖协调器是否存在，与普通的路由器没有什么区别了。

（2）路由器的作用

① 允许其他设备加入网络，多跳路由可协助终端设备通信。

② 一般情况下，路由器需要一直处于工作状态，必须使用电力电源供电。但是当使用树

形网络拓扑结构时，允许对路由器间隔一定的周期操作一次，可以使用电池为路由器供电。

（3）终端节点的作用

① 终端节点是 ZigBee 实现低功耗的核心，它的入网过程和路由器是一样的。终端节点没有维持网络结构的职责，所以它并不是时刻处在接收状态的，大部分情况下它都处于空闲或者低功耗休眠模式。因此，它可以由电池供电。

② 终端节点会定时同自己的父节点进行通信，询问是否有发给自己的消息，这个过程被形象地称为“心跳”。“心跳周期”也是在 f8wConfig.cfg 里配置的：“-DPOLL_RATE=1000”。Z-Stack 默认的“心跳周期”为 1000ms，终端节点每 1s 会同自己的父节点进行一次通信，处理属于自己的信息。因此，终端的无线传输是有一定延迟的。对于终端节点来说，它在网络中的生命是依赖于自己的父节点的，当终端节点的父节点由于某种原因失效时，终端节点能够“感知”到自己已脱离网络，并开始搜索周围网络地址相同的路由器或协调器，重新加入网络，并将该设备作为自己新的父节点，保证自身无线数据收发的正常进行。

4.1.2 Z-Stack 协议栈的安装与说明

ZigBee 协议栈有很多版本，不同厂商提供的 ZigBee 协议栈有一定的区别，本书选用 TI 公司推出的 ZStack-CC2530-2.5.1a 版本，用户可登录 TI 公司的官方网站下载，然后安装使用。另外，Z-Stack 协议栈需要在 IAR Assembler for 8051 8.10.1 版本上运行。

双击“ZStack-CC2530-2.5.1a.exe”文件，即可进行协议栈的安装，如图 4-4 所示，默认安装路径是 C 盘根目录。

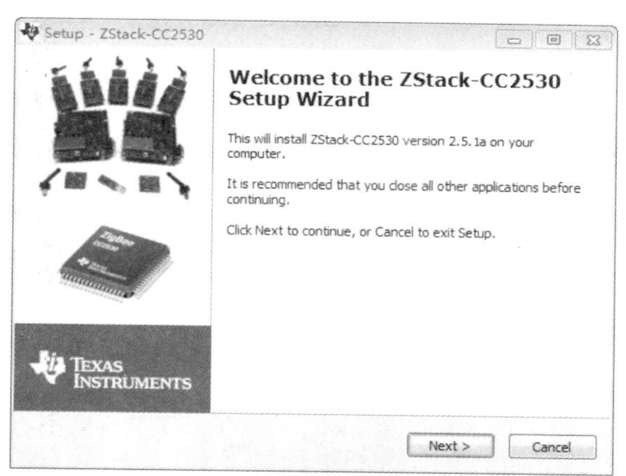

图 4-4 Z-Stack 协议栈的安装

安装完成之后，在“C:\Texas Instruments\ZStack-CC2530-2.5.1a”目录下有 4 个文件夹，分别是 Documents、Projects、Tools 和 Components。

（1）Documents 文件夹

该文件夹内有很多 PDF 格式的文档，主要对整个协议栈进行说明，用户可以根据需要进行查阅。

（2）Projects 文件夹

该文件夹内包括用于 Z-Stack 功能演示的各个项目的例程，用户可以在这些例程的基础上进行开发。

（3）Tools 文件夹

该文件夹内包括 TI 公司提供的一些工具。

（4）Components 文件夹

Components 是一个非常重要的文件夹，包括 Z-Stack 协议栈的各个功能函数，包含的子文件夹的具体内容如下。

① HAL 文件夹：硬件平台的抽象层。

② MAC 文件夹：包括 IEEE 802.15.4 物理协议所需要的头文件，TI 公司没有给出这部分的具体源代码，而是以库文件的形式存在。

③ MT 文件夹：包括 Z-Tools 调试功能所需要的源文件。

④ OSAL 文件夹：包括操作系统抽象层所需要的文件。

⑤ Services 文件夹：包括 Z-Stack 提供的两种服务所需要的文件，即寻址服务和数据服务。

⑥ Stack 文件夹：Components 文件夹核心的部分，ZigBee 协议栈的具体实现部分。在该文件夹下，包括 7 个子文件夹，分别是 AF（应用程序框架）、NWK（网络层）、SAPI（简单应用接口）、SEC（安全）、SYS（系统头文件）、ZCL（ZigBee 簇库）和 ZDO（ZigBee 设备对象）。

⑦ ZMac 文件夹：包括 Z-Stack MAC 导出层文件。

Z-Stack 中的核心部分的代码，比如安全模块、路由模块、Mesh 自组网模块等都是编译好的，以库文件形式给出。若想获得这部分源代码，可以向 TI 公司购买。TI 公司提供的 Z-Stack 代码并非通常所说的“开源”，而是仅仅提供了一个 Z-Stack 开发平台，用户可以在 Z-Stack 的基础上进行项目开发，但无法看到一些函数的源代码。

4.1.3 任务实训步骤

第 1 步，打开 Z-Stack 的 SampleApp.eww 工程。

在“C:\Texas Instruments\ZStack-CC2530-2.5.1a\Projects\zstack\Samples\SampleApp\CC2530DB”目录下找到 SampleApp.eww 工程文件，如图 4-5 所示。

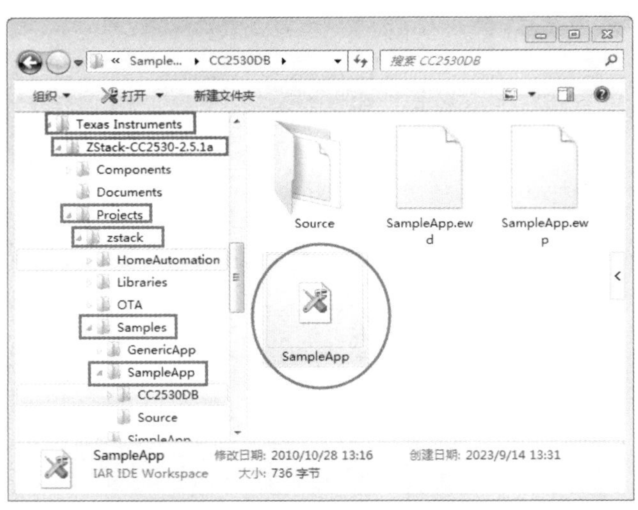

图 4-5　SampleApp.eww 工程文件

打开该工程文件后，可以看到 SampleApp.eww 工程文件布局，如图 4-6 所示。

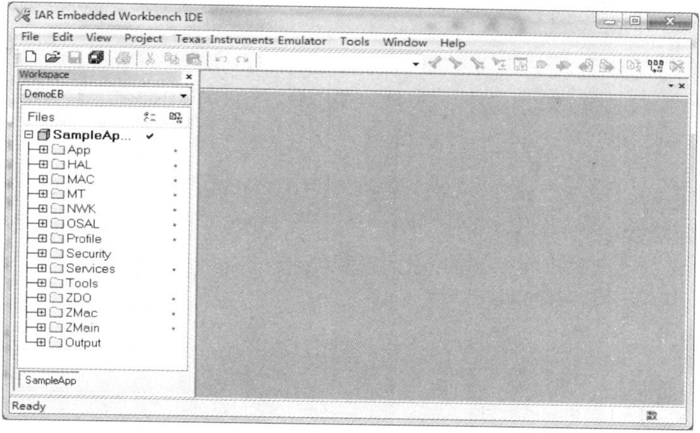

图 4-6　SampleApp.eww 工程文件布局

第 2 步，编写协调器程序。

1．移除 SampleApp 工程中的文件

将 SampleApp 工程中的 SampleApp.h 文件移除，移除方法为：选择“SampleApp.h”，单击鼠标右键，在弹出的快捷菜单中选择“Remove”命令，如图 4-7 所示。

按照上面的方法移除 SampleApp.c、SampleAppHw.c、SampleAppHw.h 文件。

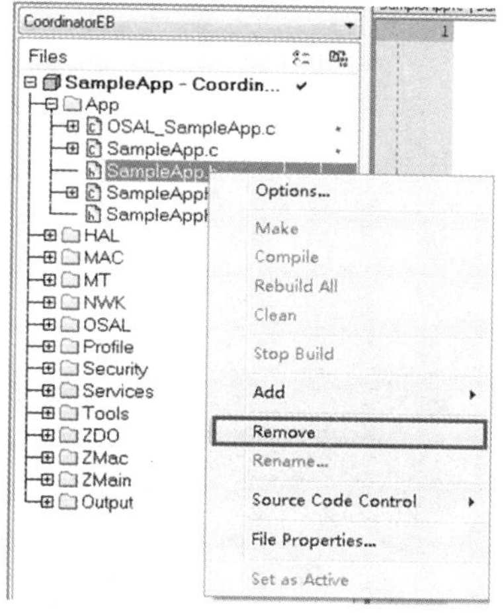

图 4-7　移除 SampleApp.h

2．添加源文件

选择“File”，在弹出的下拉菜单中选择“New”，然后选择“File”命令，将文件保存为 Coordinator.h，以同样的方法新建 Coordinator.c 和 Enddevice.c 文件，文件的保存路径为“C:\Texas Instruments\ZStack-CC2530-2.5.1a\Projects\zstack\Samples\SampleApp\Source”。

选择 SampleApp 工程中的“App”，单击鼠标右键，在弹出的下拉菜单中选择“Add”，然后选择“Add Files”命令，选择刚才新建的三个文件（Coordinator.h、Coordinator.c、Enddevice.c）即可。

3．编写 Coordinator.h 程序

在 Coordinator.h 文件中输入以下代码。

```
/****************************************Coordinator.h************************************/
#ifndef SAMPLEAPP_H
#define SAMPLEAPP_H
#include "ZComDef.h"
#define SAMPLEAPP_ENDPOINT              20
#define SAMPLEAPP_PROFID                0x0F08
#define SAMPLEAPP_DEVICEID              0x0001
#define SAMPLEAPP_DEVICE_VERSION        0
#define SAMPLEAPP_FLAGS                 0
#define SAMPLEAPP_MAX_CLUSTERS          2
#define SAMPLEAPP_PERIODIC_CLUSTERID    1
extern void SampleApp_Init( uint8 task_id );
extern uint16 SampleApp_ProcessEvent( uint8 task_id, uint16 events );
#endif
/*******************************************end*******************************************/
```

说明： Coordinator.h 文件中的代码都是从 SampleApp.h 文件中复制得到的。

4．编写 Coordinator.c 程序

在 Coordinator.c 中输入以下代码。

```
/****************************************Coordinator.c************************************/
#include "OSAL.h"
#include "ZGlobals.h"
#include "AF.h"
#include "ZDApp.h"
#include "Coordinator.h"
#include "OnBoard.h"
#include "hal_lcd.h"
#include "hal_led.h"
#include "hal_key.h"
const cId_t SampleApp_ClusterList[SAMPLEAPP_MAX_CLUSTERS]=
{SAMPLEAPP_PERIODIC_CLUSTERID
};
//用来描述一个 ZigBee 设备节点，称为简单设备描述符
const SimpleDescriptionFormat_t SampleApp_SimpleDesc =
{ SAMPLEAPP_ENDPOINT,
SAMPLEAPP_PROFID,
SAMPLEAPP_DEVICEID,
SAMPLEAPP_DEVICE_VERSION,
SAMPLEAPP_FLAGS,
SAMPLEAPP_MAX_CLUSTERS,
  (cId_t *)SampleApp_ClusterList,
0,
  (cId_t *)NULL
};
endPointDesc_t SampleApp_epDesc;             //节点描述符
uint8 SampleApp_TaskID;                      //任务优先级
uint8 SampleApp_TransID;                     //发送数据包的序列号
void SampleApp_MessageMSGCB( afIncomingMSGPacket_t *pkt );//声明消息处理函数
```

```
29. //任务初始化函数
30. void SampleApp_Init( uint8 task_id )
31. {SampleApp_TaskID = task_id;                    //初始化任务优先级，由协议栈操作系统 OSAL 分配
32. SampleApp_TransID = 0;
33. SampleApp_epDesc.endPoint = SAMPLEAPP_ENDPOINT;
34. SampleApp_epDesc.task_id = &SampleApp_TaskID;
35. SampleApp_epDesc.simpleDesc = (SimpleDescriptionFormat_t *)&SampleApp_SimpleDesc;
36. SampleApp_epDesc.latencyReq = noLatencyReqs;
37. afRegister( &SampleApp_epDesc );}
38. uint16 SampleApp_ProcessEvent( uint8 task_id, uint16 events )
39. {afIncomingMSGPacket_t *MSGpkt;              //定义了一个指向接收消息结构体的指针 MSGpkt
40. if ( events & SYS_EVENT_MSG )
41. { MSGpkt = (afIncomingMSGPacket_t *)osal_msg_receive( SampleApp_TaskID );
42. while ( MSGpkt )
43. { switch ( MSGpkt->hdr.event )
44. {case AF_INCOMING_MSG_CMD:
45. SampleApp_MessageMSGCB( MSGpkt );
46. break;
47. default:
48. break;
49. }
50. osal_msg_deallocate( (uint8 *)MSGpkt );
51. MSGpkt = (afIncomingMSGPacket_t *)osal_msg_receive( SampleApp_TaskID );
52. }
53. return (events ^ SYS_EVENT_MSG);            //返回未处理的事件
54. }
55. }
56. return 0;                                     //丢弃未知的事件
57. }
58. void SampleApp_MessageMSGCB( afIncomingMSGPacket_t *pkt )
59. {unsigned char buffer[3]=" ";
60. switch ( pkt->clusterId )
61. { case SAMPLEAPP_PERIODIC_CLUSTERID:
62. osal_memcpy(buffer,pkt->cmd.Data,3);                    //将接收到的数据复制到缓冲区 buffer 中
63. //判断接收到的数据是否为“WTC”这 3 个字符
64. if((buffer[0]=='W')||(buffer[1]=='T')||(buffer[2]=='C'))
65. { HalLedBlink( HAL_LED_2, 0, 50, 500 ); }                //如果是“WTC”，则使 LED2 灯闪烁
66. else
67. {HalLedSet( HAL_LED_2,HAL_LED_MODE_ON);}      //若不是“WTC”，则点亮 LED2 灯
68. break;
69. }
70. }
/******************************************end******************************************/
```

程序分析：

Coordinator.c 文件中大部分代码是从 SampleApp.c 文件中复制得到的，头文件需要将“#include "SampleApp.h"”与“#include "SampleAppHw.h"”替换为“#include "Coordinator.h"”，即上述代码的第 5 行。

① 第10～13行，SAMPLEAPP_MAX_CLUSTERS是在SampleApp.h文件中定义的宏，这主要是为了与协议栈里面数据的定义格式保持一致，下面代码中的常量都是以宏定义的形式实现的。

② 第31行，初始化任务优先级（任务优先级由协议栈的操作系统OSAL分配）。

③ 第32行，将发送数据包的序列号初始化为0，在ZigBee协议栈中，每发送一个数据包，该序列号自动加1（协议栈里面的数据发送函数会自动完成该功能），因此，在接收端可以通过查看接收数据包的序列号来计算丢包率。

④ 第35～36行，对节点描述符进行初始化，初始化格式较为固定，一般不需要修改。

⑤ 第37行，使用afRegister()函数将节点描述符进行注册，只有注册以后，才可以使用OSAL提供的系统服务。

⑥ 第41行，使用osal_msg_receive()函数从消息队列中接收消息，该消息中包含了指向接收到的无线数据包的指针。

⑦ 第44行，对接收到的消息进行判断，如果接收到了无线数据，则调用第58行的函数对数据进行相应的处理。

⑧ 第50行，将接收到的消息处理完后，就需要释放消息所占据的存储空间，因为在ZigBee协议栈中，接收到的消息是存放在堆上的，所以需要调用osal_msg_deallocate()函数将其占据的堆内存释放，否则容易引起“内存泄漏”。

⑨ 第51行，处理完一个消息后，再从消息队列中接收消息，然后对其进行相应的处理，直到所有消息处理完。

5．修改OSAL_SampleApp.c文件

将“#include "SampleApp.h"”注释掉，然后添加“#include "Coordinator.h"”。

6．设置Enddevice.c文件不参与编译

在“Workspace”的下拉列表框中选择“CoordinatorEB”，然后选择“Enddevice.c”，单击鼠标右键，在弹出的快捷菜单中选择“Options”命令，在弹出的对话框中勾选“Exclude from build”复选框，使得Enddevice.c文件呈灰白显示状态。文件呈灰白显示状态说明该文件不参与编译，ZigBee协议栈正是使用这种方式实现对源文件编译的控制的。

第3步，编写终端节点程序。

在“Workspace”的下拉列表框中选择“EndDeviceEB”，设置Coordinator.c文件不参与编译。在Enddevice.c文件中输入如下代码。

```
/****************************************Enddevice.c************************************/
1.  #include "OSAL.h"
2.  #include "ZGlobals.h"
3.  #include "AF.h"
4.  #include "ZDApp.h"
5.  #include "Coordinator.h"
6.  #include "OnBoard.h"
7.  #include "hal_lcd.h"
8.  #include "hal_led.h"
9.  #include "hal_key.h"
10. const cId_t SampleApp_ClusterList[SAMPLEAPP_MAX_CLUSTERS] =
11. { SAMPLEAPP_PERIODIC_CLUSTERID
12. };
```

```
//用来描述一个 ZigBee 设备节点，与 Coordinator.c 文件中的定义格式一致
const SimpleDescriptionFormat_t SampleApp_SimpleDesc =
{SAMPLEAPP_ENDPOINT,
SAMPLEAPP_PROFID,
SAMPLEAPP_DEVICEID,
SAMPLEAPP_DEVICE_VERSION,
SAMPLEAPP_FLAGS,
0,
 (cId_t *)NULL,
SAMPLEAPP_MAX_CLUSTERS,
 (cId_t *)SampleApp_ClusterList
};
endPointDesc_t SampleApp_epDesc;                    //节点描述符
uint8 SampleApp_TaskID;                             //任务优先级
uint8 SampleApp_TransID;                            //发送数据包的序列号
devStates_t SampleApp_NwkState;                     //保存节点状态
void SampleApp_SendPeriodicMessage( void );         //声明数据发送函数
//任务初始化函数
void SampleApp_Init( uint8 task_id )
{SampleApp_TaskID = task_id;                        //初始化任务优先级
SampleApp_NwkState = DEV_INIT;                      //设备状态初始化
SampleApp_TransID = 0;                              //将发送数据包的序列号初始化为 0
//对节点描述符进行初始化
SampleApp_epDesc.endPoint = SAMPLEAPP_ENDPOINT;
SampleApp_epDesc.task_id = &SampleApp_TaskID;
SampleApp_epDesc.simpleDesc = (SimpleDescriptionFormat_t *)&SampleApp_SimpleDesc;
SampleApp_epDesc.latencyReq = noLatencyReqs;
afRegister( &SampleApp_epDesc );                    //使用 afRegister()函数将节点描述符进行注册
}
//Sample Application 工程事件处理函数
uint16 SampleApp_ProcessEvent( uint8 task_id, uint16 events )
{afIncomingMSGPacket_t *MSGpkt;
if ( events & SYS_EVENT_MSG )
{MSGpkt = (afIncomingMSGPacket_t *)osal_msg_receive( SampleApp_TaskID );
while ( MSGpkt )
{switch ( MSGpkt->hdr.event )
{ //网络中设备状态有变化时的操作
case ZDO_STATE_CHANGE:
SampleApp_NwkState = (devStates_t)(MSGpkt->hdr.status);        //读取节点的设备类型
if ( (SampleApp_NwkState == DEV_END_DEVICE) )
{SampleApp_SendPeriodicMessage();
}
break;
default:
break;
}
osal_msg_deallocate( (uint8 *)MSGpkt );
MSGpkt = (afIncomingMSGPacket_t *)osal_msg_receive( SampleApp_TaskID );
```

```
61.  }
62.  return (events ^ SYS_EVENT_MSG);
63.  }
64.  return 0;
65.  }
66.  //数据发送函数
67.  void SampleApp_SendPeriodicMessage( void )
68.  {unsigned char theMessageData[3] = "WTC";
69.  afAddrType_t    my_DstAddr;
70.  my_DstAddr.addrMode=(afAddrMode_t)Addr16Bit;
71.  my_DstAddr.endPoint=SAMPLEAPP_ENDPOINT;               //初始化端口号
72.  my_DstAddr.addr.shortAddr=0x0000;
73.  AF_DataRequest(&my_DstAddr,&SampleApp_epDesc,SAMPLEAPP_PERIODIC_CLUSTERID,6,the
     MessageData,&SampleApp_TransID,AF_DISCV_ROUTE, AF_DEFAULT_RADIUS);
74.  HalLedBlink(HAL_LED_2,0,50,500);
75.  }
     /****************************************end****************************************/
```

程序分析：

说明：Enddevice.c 文件中大部分代码是从 SampleApp.c 文件中复制得到的，头文件与 Coordinator.c 一样。

① 第 33 行，将设备状态初始化为 DEV_INIT，表示该节点没有连接到 ZigBee 网络。

② 第 52 行，对节点的设备类型进行判断，如果是终端节点（设备类型码为 DEV_END_DEVICE），再执行第 59 行代码，实现无线数据发送。

③ 第 68 行，定义了一个数组 theMessageData，用于存放要发送的数据。

④ 第 69 行，定义了一个 afAddrType_t 类型的变量 my_DstAddr，因为协议栈数据发送函数 AF_ DataRequest()的第一个参数就是这种类型的变量。

⑤ 第 70 行，将发送地址模式设置为单播（Addr16Bit 表示单播）。

⑥ 第 72 行，在 ZigBee 网络中，协调器的网络地址是固定的，为 0x0000。因此，向协调器发送数据时，可以直接指定协调器的网络地址。

⑦ 第 73 行，调用协议栈数据发送函数 AF_DataRequest()进行无线数据的发送。

⑧ 第 74 行，调用 HalLedBlink()函数，使终端节点的 LED2 灯闪烁。

第 4 步，修改 hal_board_cfg.h 文件代码。

当协调器建立网络后，有终端节点加入网络，Z-Stack 协议栈默认设置 ZigBee 模块的第三个灯点亮，但 ZigBee 模块只有 LED1 和 LED2 灯，连接灯对应的是 LED1 灯（P1.0），通信灯对应的是 LED2 灯（P1.1），在此需要根据 ZigBee 模块修改 hal_board_cfg.h 文件。

在“HAL”目录下的“Target\CC2530EB\Config”中打开 hal_board_cfg.h 文件，找到以下代码。

```
/*******************************************************************************************/
/* 1 — Green */
#define LED1_BV                    BV(2)       //BV(0)
#define LED1_SBIT                  P1_2        //P1_0
#define LED1_DDR                   P1DIR
#define LED1_POLARITY              ACTIVE_HIGH
#if defined (HAL_BOARD_CC2530EB_REV17)
/* 2 — Red */
```

```
8.  #define LED2_BV              BV(1)
9.  #define LED2_SBIT            P1_1
10. #define LED2_DDR             P1DIR
11. #define LED2_POLARITY        ACTIVE_HIGH
12. /* 3 — Yellow */
13. #define LED3_BV              BV(0)     //BV(4)
14. #define LED3_SBIT            P1_0      //P1_4
15. #define LED3_DDR             P1DIR
16. #define LED3_POLARITY        ACTIVE_HIGH
17. #endif
    /************************************end******************************************/
```

说明：将第 2 行代码中的 BV(0)改为 BV(2)，第 3 行中的 P1_0 改为 P1_2，第 13 行中的 BV(4)改为 BV(0)，第 14 行中的 P1_4 改为 P1_0，对后面的实训任务做相同的修改。

第 5 步，下载程序、运行。

编译无误后，给 ZigBee 模块上电，在“Workspace”的下拉列表框中选择“CoordinatorEB”，把协调器程序下载到 ZigBee 模块中；在“Workspace”的下拉列表框中选择“EndDeviceEB”，把终端节点程序下载到另一个 ZigBee 模块中。几秒钟后，会发现终端节点与协调器的 LED1 灯点亮，LED2 灯闪烁，这说明协调器已经收到终端节点发送的数据。

任务 4.2　基于 Z-Stack 的串口通信

【任务描述】

搭建 ZigBee 模块与 PC 串口通信系统，在用户应用层任务事件处理函数 SampleApp_ProcessEvent()中实现每隔 5s 向串口发送“Hello NEWLab!”；增加一个应用层新任务，实现由 PC 端发送字符“1”和“2”，控制 ZigBee 模块的 LED2 灯的开与关。

【任务环境】

硬件：NEWLab 平台 1 套、ZigBee 节点板 1 块、PC 1 台。

软件：Windows 7/10，IAR 集成开发环境，Z-Stack 协议栈。

【必备知识点】

1．Z-Stack 操作系统的概念；
2．OSAL 运行机制；
3．OSAL 消息队列；
4．OSAL 添加新任务和事件；
5．OSAL 的 API 函数。

4.2.1　Z-Stack 操作系统的概念

Z-Stack 采用一个基于事件驱动的轮转查询式操作系统，该操作系统名为 OSAL（Operating System Abstraction Layer），中文名为“操作系统抽象层”。Z-Stack 协议栈将底层、网络层等复杂部分屏蔽掉，让程序员通过 API 函数就可以轻松地开发一套 ZigBee 系统。

从本质上讲，OSAL 就是一种支持多任务运行的系统资源分配机制。OSAL 与标准的操作系统还是有一定区别的，OSAL 实现了类似操作系统的某些功能，例如任务切换、提供内存管理等，但 OSAL 并不能称为真正意义上的操作系统。OSAL 系统可提供如下功能。

（1）任务注册、初始化和启动；

（2）任务间的同步、互斥；

（3）中断处理；

（4）存储器分配和管理；

（5）提供定时器功能。

OSAL 负责调度各个任务的运行，如果有事件发生，则会调用相应的事件处理函数进行处理，OSAL 的工作原理示意图如图 4-8 所示。

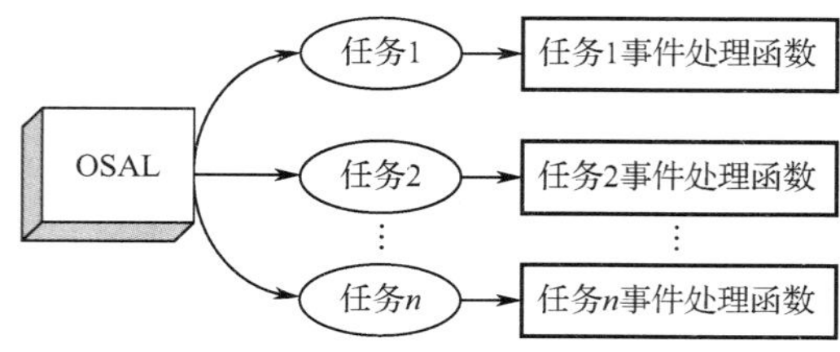

图 4-8　OSAL 的工作原理示意图

下面介绍几个关键的操作系统术语。

1. 资源（Resource）

任务所占用的实体都可以称为资源，如一个变量、数组、结构体等。

2. 共享资源（Shared Resource）

至少可以被两个任务使用的资源称为共享资源，为了防止共享资源被破坏，每个任务在操作共享资源时，必须保证独占该资源。

3. 任务（Task）

任务又称线程，是一个简单的程序的执行过程。在设计任务时，需要将问题尽可能地分成多个任务，每个任务独立实现某种功能，同时赋予一定的优先级，拥有自己的 CPU 寄存器和堆栈空间。一般将任务设计为一个无限循环。

4. 多任务运行（Muti-task Running）

CPU 采用任务调度的方法运行多个任务，例如：有 10 个任务需要运行，每隔 10ms 运行一个任务，由于每个任务运行的时间都很短，任务切换很频繁，这就造成了多任务同时运行的“假象”。实际上，一个时间点只有一个任务在运行。

5. 内核（Kernel）

在多任务系统中，内核负责为每个任务分配 CPU 时间、切换任务、进行任务间的通信等。内核可以大大简化应用系统的程序设计，可以将应用程序分为若干个任务，通过任务切换来实现程序运行。

6. 互斥（Mutual Exclusion）

事件 A 和 B 的交集为空，A 和 B 就是互斥事件，也叫互不相容事件。

多任务间通信的最简单方法是使用共享数据结构，对于单片机系统而言，所有任务共用同一地址的数据，具体表现为全局变量、指针、缓冲区等数据结构。虽然共享数据结构的方法简单，但是必须保证对共享数据结构的写操作具有唯一性。保护共享资源最常用的方法：关中断、使用测试并置位指令（T&S 指令）、禁止任务切换和使用信号量。其中，在 ZigBee

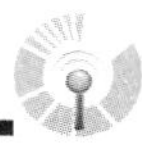

协议栈操作系统中，经常使用的方法是关中断。

7．消息队列（Message Queue）

消息是指收到的事件和数据的一个封装，比如发生了一个事件（收到别的节点发送的消息），这时就会把这个事件所对应的事件号及收到的数据封装成消息，放入消息队列中。

8．事件（Events）

ZigBee 协议栈是由各个层组成的，每层都要处理各种事件，所以为每层定义了一个事件处理函数，可以把这个函数理解为任务，任务从消息队列中提取消息，从消息中提取所发生的具体事件，调用相应的事件处理函数，比如按键处理函数等。

4.2.2 OSAL 运行机制

在 ZigBee 协议栈中，OSAL 负责调度各个任务的运行，如果有事件发生，则会调用相应的事件处理函数进行处理。那么，事件和任务的处理函数是如何建立关系的呢？TI 公司的 OSAL 采用的方法：建立一个事件表，保存各个任务对应的事件，再建立一个函数表，保存各个任务的事件处理函数的地址，然后将这两个表建立某种对应关系，当某一事件发生时则查找函数表，找到对应的事件处理函数即可。这个过程涉及用什么样的数据结构来实现事件表和函数表，以及如何将事件表和函数表建立对应关系，此时，需要明确 TI 公司的 OSAL 中至关重要的三个变量。

1．tasksCnt

该变量保存了任务的总数量，在 OSAL_SampleApp.c 中做如下定义。

```
const uint8 tasksCnt = sizeof( tasksArr ) / sizeof( tasksArr[0] );
```

说明：

① const 是一个 C 语言的关键字，它限定一个变量不允许被改变，产生静态作用。使用 const 在一定程度上可以提高程序的安全性和可靠性。

② “sizeof(tasksArr) / sizeof(tasksArr[0])”用来计算数组 tasksArr 的长度，即任务总数量。

例如：“char a1[] = "abc"; int a2[3]; sizeof(a1);”结果为 4，因字符串末尾还存在一个 NULL 终止符；“sizeof(a2);”结果为 3×4=12（依赖于 int）。

所以，用 sizeof 来求数组元素的个数，通常有下面两种写法。

```
int  c1 = sizeof(a1) / sizeof(char);       //总长度/单个元素的长度（char 型）
int  c2 = sizeof(a2) / sizeof(a2[0]);      //总长度/第一个元素的长度（int 型）
```

2．tasksEvents

这是一个指针，指向了事件表的首地址，在 OSAL_SampleApp.c 中做如下声明。

```
uint16 *tasksEvents;
```

3．tasksArr

这是一个数组，该数组中的每个元素都是一个函数指针（函数的地址），指向了事件处理函数。该数组在 OSAL_SampleApp.c 中定义如下。

```
/*********************************************************************************************/
const pTaskEventHandlerFn tasksArr[] = {
macEventLoop,
nwk_event_loop,
Hal_ProcessEvent,
```

```
5.  #if defined( MT_TASK )
6.  MT_ProcessEvent,
7.  #endif
8.  APS_event_loop,
9.  #if defined ( ZigBee_FRAGMENTATION )
10. APSF_ProcessEvent,
11. #endif
12. ZDApp_event_loop,
13. #if defined ( ZigBee_FREQ_AGILITY ) || defined ( ZigBee_PANID_CONFLICT )
14. ZDNwkMgr_event_loop,
15. #endif
16. SampleApp_ProcessEvent,
17. };
    /*****************************************************************************/
```

说明：

数组 tasksArr 的每个元素都是函数的地址（用函数名表示函数的地址），即该数组的元素都是事件处理函数的函数名，如第 16 行，SampleApp_ProcessEvent 就是通用应用层任务事件处理函数，该函数在 SampleApp.c 文件中定义。

通过 tasksEvents 指针访问事件表的每一项，如果有事件发生，则查找函数表找到事件处理函数进行处理，处理完后，继续访问事件表，查看是否有事件发生，无限循环。从这个意义上说，OSAL 是一种基于事件驱动的轮转查询式操作系统。事件驱动是指发生事件后采取相应的处理方法，轮转查询指的是不断查询是否有事件发生。

在 main()函数中，直接调用 osal_run_system()函数时，Z-Stack 协议栈才算真正地运行起来，下面探究 osal_run_system()和 SampleApp_ProcessEvent()函数是如何被调动起来的。

1．分析 osal_run_system()函数

在 main()函数中，可以找到 void osal_start_system(void)函数，进入该函数，可以发现其中的 osal_run_system()函数如下。

```
/*****************************************************************************/
void osal_run_system( void )
{uint8 idx = 0;
osalTimeUpdate();
Hal_ProcessPoll();
do {
if (tasksEvents[idx])
{break;
}
} while (++idx < tasksCnt);
if (idx < tasksCnt)
 {uint16 events;
 halIntState_t intState;
 HAL_ENTER_CRITICAL_SECTION(intState);
 events = tasksEvents[idx];
 tasksEvents[idx] = 0;
 HAL_EXIT_CRITICAL_SECTION(intState);
 activeTaskID = idx;
```

```
18.    events = (tasksArr[idx])( idx, events );
19.    activeTaskID = TASK_NO_TASK;
20.    HAL_ENTER_CRITICAL_SECTION(intState);
21.    tasksEvents[idx] |= events;
22.    HAL_EXIT_CRITICAL_SECTION(intState);
23.    }
24.  #if defined( POWER_SAVING )
25.  else
26.  {osal_pwrmgr_powerconserve();
27.  }
28.  #endif
29.  #if defined (configUSE_PREEMPTION) && (configUSE_PREEMPTION == 0)
30.  {osal_task_yield();
31.  }
32.  #endif
33.  }
     /***************************************************************************/
```

说明：

（1）分析第 13 行、第 20 行 HAL_ENTER_CRITICAL_SECTION(intState)函数和第 16 行、第 22 行 HAL_EXIT_CRITICAL_SECTION(intState)函数，在 hal_mcu.h 中可以查到如下代码。

```
     /***************************************************************************/
1.   #define HAL_ENABLE_INTERRUPTS()              st( EA = 1; )
2.   #define HAL_DISABLE_INTERRUPTS()             st( EA = 0; )
3.   #define HAL_INTERRUPTS_ARE_ENABLED()         (EA)
4.   typedef unsigned char halIntState_t;
5.   #define HAL_ENTER_CRITICAL_SECTION(x)        st( x = EA;   HAL_DISABLE_INTERRUPTS(); )
6.   #define HAL_EXIT_CRITICAL_SECTION(x)         st( EA = x; )
     /***************************************************************************/
```

① 第 5 行 HAL_ENTER_CRITICAL_SECTION(x)函数的作用是把原先的中断状态 EA 赋给 x，然后关中断，以便后面可以恢复原先的中断状态。目的是在访问共享变量时，保证变量不被其他任务同时访问。

② 第 6 行 HAL_EXIT_CRITICAL_SECTION(x)函数的作用是跳出上面的中断临界状态，恢复原先的中断状态，相当于开中断。

（2）第 14 行代码“events = tasksEvents[idx];”，在 OSAL_SampleApp.c 文件中声明了 uint16 *tasksEvents。一定要弄清楚*tasksEvents 与 tasksEvents[idx]之间的关系，在 C 语言中，指向数组的指针变量可以带下标，所以 tasksEvents[idx]等价于*(tasksEvents + idx)。因此，tasksEvents[idx]中存的是数据而不是地址（指针）。

（3）在第 11 行代码“uint16 events;”中定义了事件变量，该变量是 16 位的二进制变量（uint16 占 2 个字节）。如：在 ZComDef.h 文件中，定义新的无线数据接收事件 AF_INCOMING_MSG_CMD 为 0x1A；在 MT.h 文件中，定义串口接收事件 CMD_SERIAL_MSG 为 0x01。

不同的任务，事件值可以相同，例如：“tasksEvents[0]=0x01;”“tasksEvents[1]=0x01;”都是可行的，但表示的意义不同，前者表示第 1 个任务的事件为 0x01，后者表示第 2 个任务的事件为 0x01。

（4）在系统初始化时，系统将所有任务的事件初始化为 0。第 6 行代码通过 tasksEvents[idx]是否为 0 来判断是否有事件发生，若发生了，则跳出循环。

（3）第 15 行代码“tasksEvents[idx] = 0;”用于清除任务 idx 的事件（指针变量值为 NULL）。

（4）第 18 行代码“events = (tasksArr[idx])(idx, events);”调用对应任务的事件处理函数，每个任务都有一个事件处理函数，这个函数需要处理若干个事件。

（5）第 21 行代码“tasksEvents[idx] |= events;”调用第 18 行代码，每次只处理一个事件，若一个任务有多个事件响应，则把返回的未处理的任务事件添加到当前任务中再进行处理。

2．分析 SampleApp_ProcessEvent()函数

通过分析 osal_run_system()函数可知：“events = (tasksArr[idx])(idx, events);”调用对应任务的事件处理函数，并返回未处理的事件给变量 events。怎样返回未处理的事件呢？下面深入分析 SampleApp_ProcessEvent()函数。

```
/*********************************************************************************
函数名称：SampleApp_ProcessEvent
*功    能：SampleApp 的任务事件处理函数。
入口参数：task_id，由 OSAL 分配的任务 ID。
* events：准备处理的事件，可包含多个事件。
出口参数：无。
返 回 值：尚未处理的事件。
*********************************************************************************/
uint16 SampleApp_ProcessEvent( uint8 task_id, uint16 events )
{afIncomingMSGPacket_t *MSGpkt;
if ( events & SYS_EVENT_MSG )
{MSGpkt = (afIncomingMSGPacket_t *)osal_msg_receive( SampleApp_TaskID );
while ( MSGpkt )
{switch ( MSGpkt->hdr.event )
{//ZDO 状态改变事件
case ZDO_STATE_CHANGE:
SampleApp_NwkState = (devStates_t)(MSGpkt->hdr.status);//读取设备状态
//若设备是协调器、路由器或终端节点
if ( (SampleApp_NwkState == DEV_ZB_COORD)
|| (SampleApp_NwkState == DEV_ROUTER)
|| (SampleApp_NwkState == DEV_END_DEVICE) )
{//触发发送“Hello NEWLab!”信息的事件 SAMPLEAPP_SEND_PERIODIC_MSG_EVT
osal_start_timerEx( SampleApp_TaskID,
SAMPLEAPP_SEND_PERIODIC_MSG_EVT,
SAMPLEAPP_SEND_PERIODIC_MSG_TIMEOUT);
}
else
{
}
break;
default:
break;
}
// 释放存储器
osal_msg_deallocate( (uint8 *)MSGpkt );
```

```
28. //获取下一个系统消息事件
29. MSGpkt = (afIncomingMSGPacket_t *)osal_msg_receive( SampleApp_TaskID );
30. }
31. // 返回未处理的事件
32. return (events ^ SYS_EVENT_MSG);
33. }
34. //触发发送“Hello NEWLab!”信息的事件 SAMPLEAPP_SEND_PERIODIC_MSG_EVT
35. if ( events & SAMPLEAPP_SEND_PERIODIC_MSG_EVT )
36. {  // 发送数据到串口
37. HalUARTWrite(HAL_UART_PORT_0,"Hello NEWLab!\r\n",15);
38. //再次触发发送“Hello NEWLab!”信息的事件 SAMPLEAPP_SEND_PERIODIC_MSG_EVT
39. osal_start_timerEx(SampleApp_TaskID, SAMPLEAPP_SEND_PERIODIC_MSG_EVT,
40.  (SAMPLEAPP_SEND_PERIODIC_MSG_TIMEOUT + (osal_rand() & 0x00FF)) );
41. // 返回未处理的事件
42. return (events ^ SAMPLEAPP_SEND_PERIODIC_MSG_EVT);
43. }
44. // 丢弃未知事件
45. return 0;
46. }
    /*************************************************************************************/
```

说明：

（1）函数的总体功能：使用 osal_msg_receive(SampleApp_TaskID)函数从消息队列中接收一个消息（消息包括事件和相关数据），使用 switch-case 语句或 if 语句来判断事件类型，然后调用相应的事件处理函数。

（2）第 3 行和第 35 行两个 if 语句，用于判断事件类型，其中 SYS_EVENT_MSG 包含了很多事件，所以采用 switch-case 语句再次判断不同的事件。

（3）第 29 行，再次从消息队列中接收有效消息（与第 4 行代码功能相同），然后返回 while (MSGpkt)重新处理事件，直到没有等待消息为止。

（4）第 32 行和第 42 行都使用异或运算，返回未处理的事件。例如：此时 events=0x0005，进入 SampleApp_ProcessEvent()函数后，第 3 行 if 语句无效，会跳到第 35 行 if 语句，SAMPLEAPP_SEND_PERIODIC_MSG_EVT 的值为 0x0001，events^0x0001=0x0004，即第 42 行会返回 0x0004。可见异或运算可以将处理完的事件清除掉，仅留下未处理的事件。

（5）SYS_EVENT_MSG 与 AF_INCOMING_MSG_CMD 的内在关系。

在 ZigBee 协议栈中，事件可以是用户定义的事件，也可以是协议栈内部已经定义的事件，SYS_EVENT_MSG 就是协议栈内部定义的事件之一，SYS_EVENT_MSG 定义如下。

```
#define    SYS_EVENT_MSG    0x8000
```

由于协议栈定义的事件为系统强制事件，SYS_EVENT_MSG 是一个事件集合，主要包括以下几个事件。

① AF_INCOMING_MSG_CMD：表示收到了一个新的无线数据事件。

② ZDO_STATE_CHANGE：表示当网络状态发生变化时，会产生该事件。如有节点加入网络时，该事件就有效，还可以进一步判断加入的设备是协调器、路由器还是终端节点。

③ KEY_CHANGE：表示按键事件。

④ ZDO_CB_MSG：表示每个注册的 ZDO 响应消息。

⑤ AF_DATA_CONFIRM_CMD：调用 AF_DataRequest()发送数据时，有时需要确认信息，该事件与此有关。

到此，将 OSAL 的运行机制总结为以下四点。

➢ OSAL 是一种基于事件驱动的轮转查询式操作系统，事件有效才调用相应任务的事件处理函数。
➢ 通过不断地查询事件表（tasksEvents[idx]），判断是否有事件发生，如果有则查找函数表（tasksArr[idx]），调用事件处理函数。
➢ 事件表用数组来表示，数组的每个元素对应一个任务的事件，一般为用户定义的事件，最好用一位二进制数表示一个事件，那么一个任务最多可以有 16 个事件（因为 events 是 uint16 类型的）。例如：0x01 表示串口接收新数据，0x02 表示读取温度数据，0x04 表示读取湿度数据等，但是不用 0x03、0xFE 等数值表示事件。
➢ 函数表用指针数组来表示，数组的每个元素是相应任务的事件处理函数的首地址（函数指针）。

4.2.3 OSAL 消息队列

通常某些事件的发生，会同时产生一些附加数据，这就需要将事件和数据封装成一个消息，将消息发送到消息队列中，然后使用 osal_msg_receive(SampleApp_TaskID)函数从消息队列中得到消息。

OSAL 维护一个消息队列，每个消息都会被放入该消息队列中，每个消息都包括一个消息头 osal_msg_hdr_t 和用户自定义的消息内容。在 OSAL.h 中 osal_msg_hdr_t 结构体的定义如下。

```
/************************************************************************************/
typedef struct
{ void     *next;
uint16 len;
uint8   dest_id;
} osal_msg_hdr_t;
/************************************************************************************/
```

4.2.4 OSAL 添加新任务和事件

在 ZigBee 协议栈应用程序开发时，经常需要添加新的任务及其对应的事件，添加方法如下。

（1）在任务的函数表中添加新任务。
（2）编写新任务的初始化函数。
（3）定义新任务的全局变量和事件。
（4）编写新任务的事件处理函数。

1．在任务的函数表中添加新任务

在 OSAL_SampleApp.c 文件中，找到任务的函数表代码。

```
/************************************************************************************/
const pTaskEventHandlerFn tasksArr[] = {
macEventLoop,                      // 介质访问控制层任务事件处理函数
nwk_event_loop,                    // 网络层任务事件处理函数
Hal_ProcessEvent,                  // 硬件抽象层任务事件处理函数
```

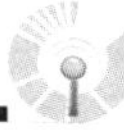

```
5.  #if defined( MT_TASK )
6.  MT_ProcessEvent,                    // 监控测试任务事件处理函数
7.  #endif
8.  APS_event_loop,                     // 应用程序支持子层任务事件处理函数
9.  #if defined ( ZIGBEE_FRAGMENTATION )
10. APSF_ProcessEvent,                  //APSF 任务事件处理函数
11. #endif
12. ZDApp_event_loop,                   //ZigBee 设备应用任务事件处理函数
13. #if defined ( ZIGBEE_FREQ_AGILITY ) || defined ( ZIGBEE_PANID_CONFLICT )
14. ZDNwkMgr_event_loop,                // 网络层任务事件处理函数
15. #endif
16. SampleApp_ProcessEvent,             // 用户应用层任务事件处理函数，由用户自己编写
17. #if defined (ADDTASK)
18. AddTask_Event,                      // 增加的任务事件处理函数
19. #endif
20. };
/*********************************************************************************/
```

说明：在数组 tasksArr 的后面添加第 16 行代码，这是新任务的事件处理函数名。

2．编写新任务的初始化函数

在 OSAL_SampleApp.c 文件中，找到任务的初始化函数。

```
/*********************************************************************************
* 函数名称：osalInitTasks
* 功　　能：初始化系统中的每个任务。
* 入口参数：无。
* 出口参数：无。
* 返 回 值：无。
*********************************************************************************/
void osalInitTasks( void )
{uint8 taskID = 0;
tasksEvents = (uint16 *)osal_mem_alloc( sizeof( uint16 ) * tasksCnt);
osal_memset( tasksEvents, 0, (sizeof( uint16 ) * tasksCnt));
macTaskInit( taskID++ );
nwk_init( taskID++ );
Hal_Init( taskID++ );
#if defined( MT_TASK )
MT_TaskInit( taskID++ );
#endif
APS_Init( taskID++ );
#if defined ( ZIGBEE_FRAGMENTATION )
APSF_Init( taskID++ );
#endif
ZDApp_Init( taskID++ );
#if defined ( ZIGBEE_FREQ_AGILITY ) || defined ( ZIGBEE_PANID_CONFLICT )
ZDNwkMgr_Init( taskID++ );
#endif
#ifndef ADDTASK
SampleApp_Init( taskID );
```

```
21. #else
22. SampleApp_Init( taskID++ );
23. AddTask_Init(taskID);
24. #endif
25. }
/*****************************************************************************************/
```

说明：要将新任务的初始化函数添加在 osalInitTasks(void)函数的后面，如第 20 行代码。值得注意的是，任务的函数表 tasksArr 中的元素（事件处理函数名）排列顺序与任务的初始化函数 osalInitTasks(void)中的任务初始化子函数排列顺序是一一对应的，不允许错位。变量 taskID 是任务编号，有非常严格的自上到下的递增顺序，最后一个任务的 taskID 值不需要“++”，因为后面没有任务。

3．定义新任务的全局变量和事件

为了保证 osalInitTasks(void)函数能分配到任务 ID，必须给每个任务定义一个全局变量。所以在 SampleApp.c 文件中，定义了 uint8 SampleApp_TaskID 变量，并在 void SampleApp_Init(taskID)函数中赋值，即“SampleApp_TaskID = task_id;”。在 SampleApp.h 文件中定义事件，格式如下。

```
#define SAMPLEAPP_SEND_PERIODIC_MSG_EVT 0x0001
```

4．编写新任务的事件处理函数

在 SampleApp_ProcessEvent()函数中编写事件处理代码，详见之前对该函数的分析。

4.2.5 OSAL 的 API 函数

ZigBee 协议栈支持多任务运行，任务间同步、互斥等都需要相应的 API（应用编程接口，Application Programming Interface）函数来支持。总体来说，OSAL 提供了 8 个方面的 API 函数，分别是消息管理、任务同步、时间管理、中断管理、任务管理、内存管理、电源管理和非易失性闪存管理。由于 API 函数很多，下面只选取部分经典的进行介绍。

1．消息管理 API 函数

消息管理有关的 API 函数主要用于处理任务间消息的交换，主要包括为任务分配消息缓存、释放消息缓存、发送消息和接收消息等。

① 为任务分配消息缓存。

函数原型：uint8 *osal_msg_allocat(uint16 len)

功能描述：为消息分配缓存空间，函数中的形参 len 表示需要分配存储空间的大小。

② 释放消息缓存。

函数原型：uint8 osal_msg_deallocate(uint8 *msg_ptr)

功能描述：为消息释放空间，函数中的形参 msg_ptr 表示消息的指针。

③ 发送消息。

函数原型：uint8 osal_msg_send(uint8 destination_task, uint8 *msg_ptr)

功能描述：把一个任务的消息发送到消息队列。

④ 接收消息。

函数原型：uint8 *osal_msg_receive(uint8 task_id)

功能描述：一个任务从消息队列中接收属于自己的消息。

2．任务同步 API 函数

任务同步 API 函数主要用于任务间的同步，允许一个任务等待某个事件的发生。

函数原型：uint8　osal_set_event(uint8 task_id, uint16 event_flag)

功能描述：运行一个任务来设置某个事件。

3．时间管理 API 函数

函数原型：uint8　osal_stop_timerEx(uint8 task_id, uint16 event_id)

功能描述：停止已经启动的定时器。

4．中断管理 API 函数

外部中断和任务的接口。这些 API 函数允许一个任务为每个中断分配指定的服务程序，这些中断能被允许或禁止。在服务程序内，可为其他的任务设置事件。

5．任务管理 API 函数

用于管理 OSAL 中的任务，包括系统任务和用户自定义任务的创建、管理和信息处理等。

6．内存管理 API 函数

该 API 函数描绘了简单的存储分配系统，允许动态存储分配。

7．电源管理 API 函数

描写 OSAL 的电源管理系统。当 OSAL 安全地关闭接收器与外部硬件并使处理器进入休眠模式时，该系统提供向应用/任务通告该事务的方式。

4.2.6　任务实训步骤

第 1 步，打开 Z-Stack 的 SampleApp.eww 工程文件。

具体操作方法参考任务 4.1。

第 2 步，编写协调器程序。

复制 4.1.3 节中的协调器程序，在此基础上进行修改，由于代码较多，在此只对关键部分代码进行分析。

（1）向串口发送“Hello NEWLab!”，在 void SampleApp_Init(uint8 task_id)函数中增加以下代码。

```
/*****************************************************************************************/
1.    halUARTCfg_t   uartConfig;
2.    uartConfig.configured=TRUE;
3.    uartConfig.baudRate=HAL_UART_BR_115200;
4.    uartConfig.flowControl=FALSE;
5.    uartConfig.callBackFunc=NULL;
6.    HalUARTOpen(HAL_UART_PORT_0,&uartConfig);
/*****************************************************************************************/
```

说明：

① 第 1 行，ZigBee 协议栈中对串口的配置是使用 halUARTCfg_t 结构体来实现的，在此定义 halUARTCfg_t 结构体类型变量 uartConfig。

② 第 2～5 行，设置串口初始化有关的参数，如波特率大小、是否打开串口、是否使用流控、设置回调函数等。

③ 第 6 行，使用 HalUARTOpen()函数对串口进行初始化。

在程序中定义设备的网络状态变量：devStates_t SampleApp_NwkState，在 SampleApp_Init()函数中增加将网络状态初始化为无连接状态的代码：“SampleApp_NwkState=DEV_INIT;”，然后通过用户应用层任务事件处理函数 SampleApp_ProcessEvent()实现向串口发送数据。涉及的函数如下。

```
/*********************************************************************************************/
uint16 SampleApp_ProcessEvent( uint8 task_id, uint16 events )
{ afIncomingMSGPacket_t *MSGpkt;
if ( events & SYS_EVENT_MSG )
{MSGpkt = (afIncomingMSGPacket_t *)osal_msg_receive( SampleApp_TaskID );
while ( MSGpkt )
{switch ( MSGpkt->hdr.event )
{//ZDO 状态改变事件
case ZDO_STATE_CHANGE:
SampleApp_NwkState = (devStates_t)(MSGpkt->hdr.status);//读取设备状态
//若设备是协调器、路由器或终端节点
if ( (SampleApp_NwkState == DEV_ZB_COORD)
  || (SampleApp_NwkState == DEV_ROUTER)
  || (SampleApp_NwkState == DEV_END_DEVICE) )
{//触发发送“Hello NEWLab!”信息的事件 SAMPLEAPP_SEND_PERIODIC_MSG_EVT
osal_start_timerEx( SampleApp_TaskID,
SAMPLEAPP_SEND_PERIODIC_MSG_EVT,
SAMPLEAPP_SEND_PERIODIC_MSG_TIMEOUT );
}
else
{
}
break;
default:
break;
}
// 释放存储器
osal_msg_deallocate( (uint8 *)MSGpkt );
//获取下一个系统消息事件
MSGpkt = (afIncomingMSGPacket_t *)osal_msg_receive( SampleApp_TaskID );
}
// 返回未处理的事件
return (events ^ SYS_EVENT_MSG);
}
//触发发送“Hello NEWLab!”信息的事件 SAMPLEAPP_SEND_PERIODIC_MSG_EVT
if ( events & SAMPLEAPP_SEND_PERIODIC_MSG_EVT )
{ //发送数据到串口
  HalUARTWrite(HAL_UART_PORT_0,"Hello NEWLab!\r\n",15);
  //再次触发发送“Hello NEWLab!”信息的事件 SAMPLEAPP_SEND_PERIODIC_MSG_EVT
osal_start_timerEx(SampleApp_TaskID,SAMPLEAPP_SEND_PERIODIC_MSG_EVT,(SAMPLEAPP_
SEND_PERIODIC_MSG_TIMEOUT + (osal_rand() & 0x00FF)) );
//返回未处理的事件
```

```
41.  return (events ^ SAMPLEAPP_SEND_PERIODIC_MSG_EVT);
42.  }
43.  //丢弃未知事件
44.  return 0;
45.  }
     /****************************************************************************/
```

说明：第 16～17 行，用于开启一个定时器。当定时 5s 时，SAMPLEAPP_SEND_PERIODIC_MSG_EVT 事件将在 SampleApp_TaskID 任务中设置。

（2）添加应用层新任务，控制 LED2 灯。

打开 OSAL_SampleApp.c 文件，在任务数组 const pTaskEventHandlerFn tasksArr 中增加任务事件处理函数 AddTask_Event()，在任务初始化函数 void osalInitTasks(void)中增加新任务的初始化函数 AddTask_Init(task_id)，同时需要在预编译里添加“ADDTASK”。在 Coordinator.c 文件中增加部分关键代码如下。

```
/****************************************************************************/
unsigned char buf[10];                        //存放从串口读取的数据
#if defined (ADDTASK)
byte AddTask_ID;                              //任务 ID
#define AddTask_ev1     0x0001                //事件 1
//#define AddTask_ev2     0x0002              //事件 2
#endif
/*********************************** LOCAL FUNCTIONS*****************************/
#if defined (ADDTASK)
/****************************************************************************/
* 函数名称：AddTask_Init
* 功    能：初始化函数。
* 入口参数：task_id 是由 OSAL 分配的任务 ID，该 ID 用来发送消息和设定定时器。
* 出口参数：无。
* 返 回 值：无。
*****************************************************************************/
void AddTask_Init(byte task_id)
{ AddTask_ID=task_id;
 osal_set_event(AddTask_ID,AddTask_ev1);          //设置任务的事件标志 1
 //osal_set_event(AddTask_ID,AddTask_ev2);        //设置任务的事件标志 2
}
/****************************************************************************
* 函数名称：AddTask_Event
* 功    能：任务事件处理函数。
* 入口参数：task_id 是由 OSAL 分配的任务 ID。
*           events 是准备处理的事件，该变量是一个位图，可包含多个事件。
* 出口参数：无。
* 返 回 值：尚未处理的事件。
*****************************************************************************/
uint16 AddTask_Event(byte task_id,uint16 events)
{ (void)task_id;
HalUARTRead(0,buf,1);                                //从串口读取数据
if ( events & AddTask_ev1 )                          //事件 1
{ if(buf[0]=='1')                                    //如果为字符“1”，则使 LED2 灯点亮
```

```
{ HalLedSet( HAL_LED_2,HAL_LED_MODE_ON);
}else if(buf[0]=='2')                         //如果为字符“2”，则使 LED2 灯熄灭
{HalLedSet( HAL_LED_2,HAL_LED_MODE_OFF);
}
//调用系统延时，1s 后再设置任务的事件标志 1
osal_start_timerEx(task_id, AddTask_ev1,1000);
return (events ^ AddTask_ev1);                // 清任务标志
}
// if ( events & AddTask_ev2 )                //事件 2
// {
//        HalLedBlink( HAL_LED_2, 0, 50, 1000 );  //使 LED2 灯闪烁
//调用系统延时，2s 后再设置任务的事件标志 2
//    osal_start_timerEx(task_id, AddTask_ev2,2000);
//    return (events ^ AddTask_ev2);          // 清任务标志
// }
/* 丢弃未知事件 */
return 0;
}
#endif
/*******************************************************************************************/
```

第 3 步，下载程序、运行。

编译无误后，把协调器程序下载到 ZigBee 模块中。打开串口调试软件，打开串口，设置波特率为 115200bps，然后在串口调试窗口中会不断换行显示字符串“Hello NEWLab!”；在串口调试窗口中输入字符“1”，单击“发送”按钮，ZigBee 模块的 LED2 灯会点亮；在串口调试窗口中输入字符“2”，单击“发送”按钮，ZigBee 模块的 LED2 灯会熄灭。

任务 4.3　基于绑定的无线灯光控制

【任务描述】

采用两个 ZigBee 模块，将它们固定在 NEWLab 实训平台上，其中一个 ZigBee 模块作为控制节点（灯模块），另一个作为终端节点（开关模块）。通过编写程序实现功能要求：触发灯模块 SW6 按键，使其处于允许绑定状态；然后触发开关模块 SW6 按键，申请绑定；再触发开关模块 SW7 按键，控制灯模块上的 LED1 灯亮或灭；再触发开关模块 SW3 按键，取消绑定。

【任务环境】

硬件：NEWLab 平台 1 套、ZigBee 节点板 2 块、PC 1 台。

软件：Windows 7/10，IAR 集成开发环境，Z-Stack 协议栈。

【必备知识点】

1．绑定过程；

2．Z-Stack 的 LED 灯驱动；

3．Z-Stack 的按键驱动。

4.3.1　绑定过程

1．绑定的定义

绑定是一种控制两个或者多个设备应用层之间信息流传递的机制。绑定允许应用程序发

送一个数据包而不需要知道目标设备的短地址（此时将目标设备的短地址设置为无效地址0xFFFE），应用程序支持子层从它的绑定表中确定目标设备的短地址，然后将数据发送给目标应用或者目标组，如果在绑定表中找到的短地址不止一个，协议栈会向所有找到的短地址发送数据。

举个例子，在一个灯光网络中，有多个开关和灯光设备，每个开关可以控制一个或以上的灯光设备。在这种情况下，需要在每个开关中建立绑定服务。这使得开关中的应用服务在不知道灯光设备确切的目标地址时，可以顺利地向灯光设备发送数据包。

配置设备绑定服务，有两种机制可供选择。

（1）如果目标设备的扩展地址（64 位地址）已知，可通过调用 zb_BindDeviceRequest()函数建立绑定条目。

（2）如果目标设备的扩展地址未知，可实施一个“按键”机制实现绑定。这时，目标设备将首先进入一个允许绑定的状态，并通过 zb_AllowBindResponse()函数对配对请求做出响应，然后在源节点中执行 zb_BindDeviceRequest()函数（目标地址设为无效）可实现绑定。

此外，使用节点外部的委托工具（通常是协调器）也可实现绑定服务。请注意，绑定服务只能在“互补”设备之间建立，就是只有分别在两个节点的简单描述符结构体（simple descriptor structure）中，同时注册了相同的命令标识符（command_id）并且方向相反（一个属于输出指令“output”，另一个属于输入指令“input”），才能成功建立绑定。

绑定是基于设备应用层端点的绑定，且绑定只能在互为“补充”的设备间创建。也就是说，当两个设备已经在它们的简单描述符结构体中登记为一样的命令标识符，并且一个设备作为输入，另一个设备作为输出时，绑定才能成功。

如图 4-9 所示，设备 1 和设备 2 建立了绑定关系，这里的绑定是基于端点的绑定。在设备 1 中端点号为 3 的开关 1 与设备 2 中端点号为 5、7、8 的灯建立了绑定；设备 1 中端点号为 2 的开关 2 与设备 2 中端点号为 17 的灯建立了绑定。

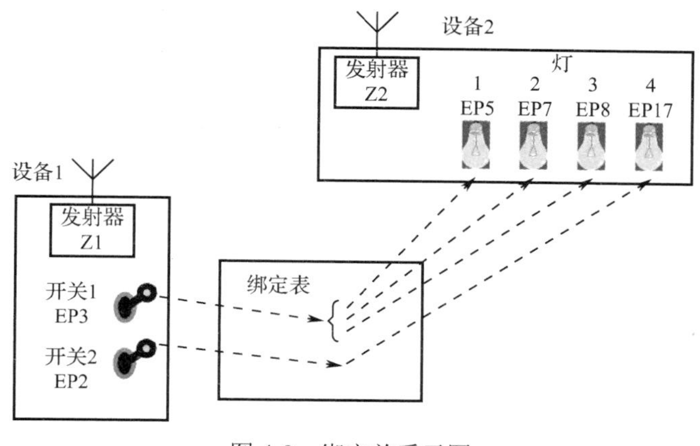

图 4-9 绑定关系示图

2. 绑定的方式

建立一个绑定表格有四种方式可供选择。

（1）两个节点分别通过“按键”机制调用 ZDP_EndDeviceBindReq()函数。

此种方式是指在一定时间内两个节点都通过按键（其他方式也可以）触发调用 ZDP_EndDeviceBindReq()函数。

这种绑定方式的特点：调用函数将向协调器发出绑定请求（具体如何调用及参数设置请

查看协议栈相关代码)，如果在 16s（协议栈默认）内两个节点都执行了这个函数，协调器就会帮忙实现绑定。绑定表存在 outcluster 部分，即这两个节点一个输出控制命令，一个接收控制命令，绑定表存在输出控制命令中。

小贴士

这种绑定方式需要协调器，否则无法完成；但是一旦绑定成功，便不再需要协调器，协调器只是帮忙绑定的第三方；虽然叫作绑定终端，但是不局限于终端，路由器一样可用；重复上述操作会解除绑定，相当于一个逆过程。

（2）Match 方式。

Match 方式是指一个节点可以通过调用 afSetMatch()函数允许或禁止本节点被匹配（协议栈默认允许，可以手工关闭），然后另外一个节点在一定的时间内发起 ZDP_MatchDescReq()请求，允许匹配的节点会响应这个请求，发起的节点在接收到响应的时候就会自动处理绑定。

这种绑定方式的特点是：不需要其他节点帮忙，在网络中的节点之间就可以实现，但是前提是它们一定要匹配，即一方的输出簇至少有一个是另外一方的输入簇，这种方式在很多时候用起来比较方便。

小贴士

如果同时有多个节点（一个节点上的多个端点也一样）处于允许匹配状态，那么发出请求的这个节点可能会收到很多满足匹配条件的响应，发起请求的节点需要在收到响应的处理上多下功夫。

（3）ZDP_BindReq()和 ZDP_UnbindReq()方式。

ZDP_BindReq()和 ZDP_UnbindReq()方式是指应用程序通过调用这两个函数实现绑定和解绑定。这种方式要让 A 和 B 绑定到一起，还需要一个节点 C。例如：若要 A 控制 B，那么这种方式由 C 发出绑定请求或解绑定请求命令给 A，这个过程遵循发给哪个节点，则哪个节点处理绑定并负责存储绑定表，A 在接收到请求的时候直接处理绑定，即添加绑定表项，同时 A 的绑定表里面有了关于控制 B 的记录，并且这种方式可以实现一个节点绑定到一个组上去。

需要注意的是，这种绑定方式需要知道 A 和 B 的长地址。

（4）手工管理绑定表。

手工管理绑定表是指通过应用程序调用诸如 bindAddEntry()函数（在 BindingTable.h 文件中定义，具体实现被封装了）来实现手工管理绑定表，这种方式自由度很大，也不需要别的节点参与，但是应用程序要做的工作多一些，整个绑定表由用户自己决定。

需要注意的是，这种方式需要事先知道被绑定节点的信息，如短地址、端点号、输入簇和输出簇等信息，否则用户无法填写函数参数。

4.3.2 Z-Stack 的 LED 灯驱动

TI 公司开发的 Z-Stack 协议栈中，包括 LED1、LED2、LED3、LED4 灯控制代码，但是这些代码仅适合 TI 公司的开发板。如果用户要使自己项目中的 LED 灯显示，则必须修改 Z-Stack 协议栈中的 LED 灯驱动程序。另外，Z-Stack 协议栈中对 LED 硬件操作的函数有很多，主要操作函数如表 4-1 所示。

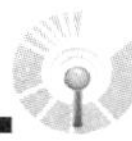

表 4-1　主要操作函数

函　数　名	功　　能
HAL_TURN_OFF_LED1 ( )	熄灭 LED1 灯，LED1 可修改为 LED1～LED4 中的任意一个
HAL_TURN_ON_LED1( )	点亮 LED1 灯，LED1 可修改为 LED1～LED4 中的任意一个
HAL_TOGGLE_LED1( )	翻转 LED1 灯，LED1 可修改为 LED1～LED4 中的任意一个
HalLedSet (uint8 leds, uint8 mode)	1．形参 leds 可为 HAL_LED_1\2\3\4\ALL 中的任意一个。 2．形参 mode 可为 HAL_LED_MODE_BLINK\FLASH\TOGGLE\ON\OFF 中的任意一个。 举例：HalLedSet (HAL_LED_1, HAL_LED_MODE_ON)，表示点亮 LED1 灯
HalLedBlink (uint8 leds, uint8 numBlinks, uint8 percent, uint16 period)	1．形参 leds 可为 HAL_LED_1\2\3\4\ALL 中的任意一个。 2．形参 numBlinks 为闪烁次数，如：10 为闪烁 10 次，0 为无限次闪烁。 3. 形参 percent 为每个周期的占空比，即一定时间内 LED 灯亮的时间占百分之几，形参 period 为周期。 举例 1：HalLedBlink (HAL_LED_4, 0, 50, 500)，表示 LED4 灯无限次闪烁，50 为百分之五十，就是亮灭时间各一半；500 为周期，就是 0.5s。 举例 2：HalLedBlink (HAL_LED_ALL,10, 50, 500)，表示使 LED1、LED2、LED3 和 LED4 灯全部同时闪烁 10 次，并且闪烁 10 次之后全部熄灭

在“HAL\Include”目录下的 hal_led.h 文件中，定义了 LED 灯相关的参数，包括 4 个 LED 灯和状态参数。

```
/*************************************************************************************/
/* LEDS - The LED number is the same as the bit position */
#define HAL_LED_1        0x01
#define HAL_LED_2        0x02
#define HAL_LED_3        0x04
#define HAL_LED_4        0x08
#define HAL_LED_ALL      (HAL_LED_1 | HAL_LED_2 | HAL_LED_3 | HAL_LED_4)
/* Modes */
#define HAL_LED_MODE_OFF        0x00
#define HAL_LED_MODE_ON         0x01
#define HAL_LED_MODE_BLINK      0x02
#define HAL_LED_MODE_FLASH      0x04
#define HAL_LED_MODE_TOGGLE     0x08
/* Defaults */
#define HAL_LED_DEFAULT_MAX_LEDS         4
#define HAL_LED_DEFAULT_DUTY_CYCLE       5
#define HAL_LED_DEFAULT_FLASH_COUNT      50
#define HAL_LED_DEFAULT_FLASH_TIME       1000
/*************************************************************************************/
```

在“HAL\Target\Config”目录下的 hal_board_cfg.h 文件中，有 LED 硬件相关的宏定义，这些代码都是根据 TI 公司自己的开发板定义的。

```
/*************************************************************************************/
/* 1 — Green */
#define LED1_BV           BV(0)       //LED1 灯位于第 0 位
#define LED1_SBIT         P1_0        //LED1 灯端口为 P1_0
```

```
4.   #define LED1_DDR              P1DIR          //P1 端口方向寄存器，设置 P1_0 为输出
5.   #define LED1_POLARITY         ACTIVE_HIGH //高电平有效
6.   #if defined (HAL_BOARD_CC2530EB_REV17)
7.   /* 2 — Red */
8.   #define LED2_BV               BV(1)
9.   #define LED2_SBIT             P1_1
10.  #define LED2_DDR              P1DIR
11.  #define LED2_POLARITY         ACTIVE_HIGH
12.  /* 3 — Yellow */
13.  #define LED3_BV               BV(4)
14.  #define LED3_SBIT             P1_4
15.  #define LED3_DDR              P1DIR
16.  #define LED3_POLARITY         ACTIVE_HIGH
17.  #endif
     /*************************************************************************************/
```

说明：

TI 公司的 CC2530EM 评估开发板主要有 rev13 和 rev17 两个版本，在硬件上稍有一点不同，默认为 rev17 版本，所以程序的第 6 行有一个条件编译，即 rev13 版本只有 LED1 灯，而 rev17 版本有 LED1～LED3 灯。

需要注意的是，评估开发板的 LCD 引脚定义与 LED 引脚定义有冲突，在“HAL\Target\Drivers”目录下的 hal_lcd. c 文件中，定义了 LCD 的引脚。

```
/*************************************************************************************/
/* LCD Control lines */
#define HAL_LCD_MODE_PORT 0
#define HAL_LCD_MODE_PIN    0
#define HAL_LCD_RESET_PORT 1
#define HAL_LCD_RESET_PIN    1
#define HAL_LCD_CS_PORT 1
#define HAL_LCD_CS_PIN    2
/*************************************************************************************/
```

从上述程序可知，LCD 与 LED 共用了 P1_1 引脚，所以在同时使用 LCD 和 LED 时，需要更改 P1_1 引脚。若不使用 LCD，可以在 hal_board_cfg. h 文件中将默认的#define HAL_LCD TRUE 修改为#define HAL_LCD FALSE。

在 hal_ board_cfg. h 文件中，定义了对 LED 硬件操作的宏，虽然 Z-Stack 各层对 LED 灯有点亮、熄灭、翻转、闪烁等操作，但都是用这些宏来操作的，具体代码如下（关键部分）。

```
/*************************************************************************************/
#define HAL_TURN_OFF_LED1()          st( LED1_SBIT = LED1_POLARITY (0); )
#define HAL_TURN_OFF_LED2()          st( LED2_SBIT = LED2_POLARITY (0); )
#define HAL_TURN_OFF_LED3()          st( LED3_SBIT = LED3_POLARITY (0); )
#define HAL_TURN_OFF_LED4()          HAL_TURN_OFF_LED1()
#define HAL_TURN_ON_LED1()           st( LED1_SBIT = LED1_POLARITY (1); )
#define HAL_TURN_ON_LED2()           st( LED2_SBIT = LED2_POLARITY (1); )
#define HAL_TURN_ON_LED3()           st( LED3_SBIT = LED3_POLARITY (1); )
#define HAL_TURN_ON_LED4()           HAL_TURN_ON_LED1()
#define HAL_TOGGLE_LED1() st( if (LED1_SBIT) { LED1_SBIT = 0; } else { LED1_SBIT = 1;} )
#define HAL_TOGGLE_LED2() st( if (LED2_SBIT) { LED2_SBIT = 0; } else { LED2_SBIT = 1;} )
```

```
#define HAL_TOGGLE_LED3() st( if (LED3_SBIT) { LED3_SBIT = 0; } else { LED3_SBIT = 1;} )
#define HAL_TOGGLE_LED4()              HAL_TOGGLE_LED1()
#define HAL_STATE_LED1()               (LED1_POLARITY (LED1_SBIT))
#define HAL_STATE_LED2()               (LED2_POLARITY (LED2_SBIT))
#define HAL_STATE_LED3()               (LED3_POLARITY (LED3_SBIT))
#define HAL_STATE_LED4()               HAL_STATE_LED1()
/**************************************************************************/
```

4.3.3 Z-Stack 的按键驱动

Z-Stack 协议栈中提供了轮询和中断两种按键控制方式，其中轮询按键控制方式是指每隔一定时间检测按键状态，并进行相应处理；中断按键控制方式是指采用按键触发外部中断，并进行相应处理。

Z-Stack 协议栈默认使用轮询按键控制方式，如果觉得此方式处理按键不够灵敏，可以修改为中断按键控制方式。

Z-Stack 协议栈中定义了 1 个 Joystick 游戏摇杆和 2 个独立按键，其中 Joystick 游戏摇杆方向键采用 ADC 接口、中心键采用 TTL 接口，方向键与 CC2530 的 AN6（P0.6）相连。摇杆方向改变，抽头的阻值随之变化，CC2530 的 ADC 采样的值就会发生变化，从而得知摇杆的方向。中心键与 CC2530 的 P2.0 相连。独立按键中仅有 SW6 按键为宏定义，即与 CC2530 的 P0.1 相连，SW7 需用户补充。

1．Z-Stack 的按键宏定义

（1）在“HAL\Include”目录下的 hal_key.h 文件中，对按键进行基本的配置。

```
/**************************************************************************/
#define HAL_KEY_ INTERRUPT_DISABLE      0x00  //中断禁止宏定义
#define HAL_KEY_ INTERRUPT_ENABLE       0x01  //中断使能宏定义
#define HAL_KEY_STATE_NORMAL            0x00  //按键处于正常状态
#define HAL KEY STATE SHIFT             0x01  //按键处于 SHIFT 状态
/**************************************************************************/
```

（2）在“HAL\Target\Drivers”目录下的 hal_key.c 文件中，对按键进行具体的配置。注意：只有采用中断按键控制方式响应按键，才能使用以下代码来配置按键输入端口。

```
/**************************************************************************/
/* 配置按键和摇杆的中断状态寄存器*/
#define HAL_KEY_ CPU_ PORT_0 _IF P0IF
#define HAL_KEY_ CPU_PORT_ 2_IF P2IF
/*按键 SW6 与 P0.1 相连，并进行端口配置*/
#define HAL_KEY_SW_6_PORT   P0
#define HAL_KEY_SW_6_BIT    BV(1)
#define HAL_KEY_SW_6_SEL    P0SEL
#define HAL_KEY_ SW_6_DIR   P0DIR
/*中断边沿配置*/
#define HAL_KEY_SW_6_EDGEBIT   BV(0)
#define HAL_KEY_SW_ 6_EDGE     HAL_KEY_FALLING_EDGE
/* SW6 中断配置*/
#define HAL_KEY_SW_6_IEN       IEN1
#define HAL_KEY_SW_6_JENBIT    BV(5)
#define HAL_KEY_SW_6_ICTL      P0IEN
```

```
#define HAL_KEY_SW_6_ICTLBIT    BV(1)
#define HAL_KEY_SW_6_PXIFG      P0IFG
/* Joystick move at P2. 0—Joystick 中心键（中键）与 P2.0 相连，并进行端口配置*/
/*****************************************************************************/
```

（3）在“HAL\Target\Config”目录下的 hal_board_cfg. h 文件中，对按键进行配置。注意：只有采用轮询按键控制方式响应按键，才能使用以下代码来配置按键输入端口。

```
/*****************************************************************************/
#define ACTIVE_LOW              !
#define ACTIVE_HIGH             !!
/* SW6 按键*/
#define PUSH1_BV                BV(1)
#define PUSH1_SBIT              P0_1
#if defined (HAL_BOARD_CC2530EB_REV17)
#define PUSH1_POLARITY      ACTIVE_HIGH
#elif defined (HAL_BOARD_CC2530EB_REV13)
#define PUSH1_POLARITY      ACTIVE_LOW
#else
#error Unknown Board Indentifier
#endif
/*****************************************************************************/
```

2．Z-Stack 的按键初始化代码分析

（1）分析 HalDriverInit()函数。

Z-Stack 协议栈中有关硬件初始化的代码均集中在 HalDriverInit()函数中，如定时器、ADC、DMA、按键等硬件初始化都在该函数中。HalDriverInit()函数是在 main()函数中被调用的，在“HAL\Common”目录下的 hal_drivers.c 中定义的。HalDriverInit()函数的相关代码如下。

```
/*****************************************************************************/
void HalDriverInit (void)
{ /*  定时器  */
#if (defined HAL_TIMER) && (HAL_TIMER == TRUE)
#error "The hal timer driver module is removed."
#endif
/* ADC */
#if (defined HAL_ADC) && (HAL_ADC == TRUE)
HalAdcInit();
#endif
/* DMA */
#if (defined HAL_DMA) && (HAL_DMA == TRUE)
// Must be called before the init call to any module that uses DMA.
HalDmaInit();
#endif
……
/* LED */
#if (defined HAL_LED) && (HAL_LED == TRUE)
HalLedInit();
#endif
/* UART */
```

```
21.  #if (defined HAL_UART) && (HAL_UART == TRUE)
22.  HalUARTInit();
23.  #endif
24.  /* 按键 */                                   //按键驱动
25.  #if (defined HAL_KEY) && (HAL_KEY == TRUE)
26.  HalKeyInit();
27.  #endif
28.  ……
29.  }
     /*******************************************************************************/
```

说明：

① 所有初始化函数被调用之前都要进行条件判断，第 25 行是按键的条件判断语句，Z-Stack 协议栈默认使用按键，初始化条件有效。因为在“HAL\Target\CC2530EB\config”目录下的 hal_board_cfg. h 文件中有如下代码。

```
/*******************************************************************************/
/* Set to TRUE enable KEY usage, FALSE disable it */
#ifndef HAL_KEY
#define HAL_KEY TRUE
#endif
/*******************************************************************************/
```

② Z-Stack 协议栈中含有摇杆代码，使用 ADC 采集摇杆的输出电压，进而判断摇杆的方向。同样，在“HAL\Target\CC2530EB\config”目录下的 hal_board_cfg.h 中有 ADC 的预定义代码。

```
/*******************************************************************************/
/* Set to TRUE enable ADC usage, FALSE disable it */
#ifndef HAL_ADC
#define HAL_ADC TRUE
#endif
/*******************************************************************************/
```

因此，Z-Stack 协议栈在默认条件下，既可以使用普通的独立按键，又可以使用模拟量输出的摇杆。

（2）分析 HalKeyInit()函数。

```
/*******************************************************************************/
void HalKeyInit( void )
{   /* Initialize previous key to 0 */
    halKeySavedKeys = 0;          / *初始化全局变量的值为 0，用来保存按键的值*/
     pHalKeyProcessFunction=NULL;
    HalKeyConfigured=FALSE;
    HAL_KEY_SW_6_SEL &= ~(HAL_KEY_SW_6_BIT); /*  设置 SW6 按键端口为 GPIO */
    HAL_KEY_SW_6_DIR &= ~(HAL_KEY_SW_6_BIT); /*  设置 SW6 按键端口为输入方向*/
……
}
/*******************************************************************************/
```

说明：

需要注意 3 个重要的全局变量：halKeySavedKeys、pHalKeyProcessFunction、HalKeyConfigured。

① halKeySavedKeys 是全局变量，用来保存按键的值，初始化值为 0，如第 3 行代码。

② pHalKeyProcessFunction 是全局变量，它是指向按键处理函数的指针，若有按键响应，则调用按键处理函数，并对按键进行处理，初始化值为 NULL，在按键配置函数中对其进行配置。

③ HalKeyConfigured 是全局变量，用来标志按键是否被配置，初始化时没有配置按键，所以初始化值为 FALSE。

（3）分析 InitBoard(uint8 level) 函数。

InitBoard (uint8 level) 函数为板载初始化函数，在 main()函数中被调用，在“ZMain”目录下的 OnBoard. c 文件中定义。

```
/*******************************************************************************/
1.  void InitBoard( uint8 level )
2.  { if ( level == OB_COLD )
3.  {…}
4.  else   // !OB_COLD
5.  {   /* Initialize key stuff */
6.  HalKeyConfig(HAL_KEY_INTERRUPT_ENABLE, OnBoard_KeyCallback);
7.  }
8.  }
/*******************************************************************************/
```

说明：

InitBoard(uint8 level) 函数在 main()函数中被调用 2 次，第 1 次为 InitBoard(OB_COLD)，即第 2 行 if 语句有效；第 2 次为 InitBoard(OB_READY)，即第 4 行 else 语句有效，从而运行第 6 行代码，对按键进行配置，决定采用轮询还是中断按键控制方式，默认情况下采用轮询按键控制方式。若要配置为中断按键控制方式，可以将 HalKeyConfig()函数的第一个参数 HAL_KEY_INTERRUPT_ DISABLE 修改为 HAL _KEY_ INTERRUPT_ENABLE。

（4）分析 HalKeyConfig(bool interruptEnable, halKeyCBack_t cback)函数。

该函数在“HAL\Target\Drivers”目录下的 hal_key.c 文件中定义。

```
/*******************************************************************************/
void HalKeyConfig (bool interruptEnable, halKeyCBack_t cback)
{Hal_KeyIntEnable = interruptEnable;
pHalKeyProcessFunction = cback;                                 /* 注册回调函数*/
if (Hal_KeyIntEnable)
{…
if (HalKeyConfigured == TRUE)
{osal_stop_timerEx(Hal_TaskID, HAL_KEY_EVENT);                  /* 如果激活则取消轮询*/
}
}
else
{ HAL_KEY_SW_6_ICTL &= ~(HAL_KEY_SW_6_ICTLBIT);                 /* 关闭中断*/
HAL_KEY_SW_6_IEN &= ~(HAL_KEY_SW_6_IENBIT);                     /* 清零中断标志 */
osal_set_event(Hal_TaskID, HAL_KEY_EVENT);
}
HalKeyConfigured = TRUE;                                        /* 按键配置已有效 */
}
/*******************************************************************************/
```

说明：

① 若采用中断按键控制方式，则第 4 行 if 语句有效；若采用轮询按键控制方式，则第 10 行 else 语句有效。第 6 行对 HalKeyConfigured 赋 TRUE，表示已经进行了按键配置。

② Z-Stack 协议栈默认采用轮询按键控制方式，第 13 行代码触发 HAL_KEY_ EVENT 事件，其任务 ID 是 Hal_TaskID。若在 OSAL 循环运行中检测到 HAL_KEY_EVENT 事件发生了，则调用 HAL 层的事件处理函数 Hal_ProcessEvent( )，该函数在“HAL\Common”目录下的 hal_drivers. c 文件中。触发 HAL_KEY_EVENT 事件标志着开始了按键的轮询工作。

③ 如果采用中断按键控制方式，则需要配置中断触发方式，如上升沿有效，还是下降沿有效，以及中断使能。

④ 需要注意的是，如果采用中断按键控制方式，在程序中并没有触发类似 HAL_KEY_ EVENT 事件，但当有按键被按下时，中断会响应，就会调用按键的处理函数。

3. Z-Stack 轮询按键控制方式的代码分析

（1）分析 Hal_ProcessEvent()函数。

在初始化和配置按键之后，会触发 HAL _KEY_EVENT 事件，若 OSAL 检测到该事件，则调用 HAL 层的事件处理函数 Hal_ProcessEvent()，该函数在“HAL\Common”目录下的 hal_drivers.c 文件中。

```
/****************************************************************************************/
1.  uint16 Hal_ProcessEvent( uint8 task_id, uint16 events )
2.  { …
3.  if ( events & SYS_EVENT_MSG )
4.  { … }
5.  if (events & HAL_KEY_EVENT)
6.  {
7.  #if (defined HAL_KEY) && (HAL_KEY == TRUE)
8.  HalKeyPoll();
9.  if (!Hal_KeyIntEnable)
10. {osal_start_timerEx( Hal_TaskID, HAL_KEY_EVENT, 100);
11. }
12. #endif // HAL_KEY
13. return events ^ HAL_KEY_EVENT;
14. }
15. …
16. }
/****************************************************************************************/
```

说明：

① 第 5 行代码用于判断 HAL_KEY_EVENT 事件是否有效，若有效，则调用按键轮询函数 HalKeyPoll()，以检测按键是否被按下（相当于单片机中的扫描按键功能）。

② 由于采用非中断方式（即轮询按键控制方式），因此第 9 行 if 语句有效，运行第 10 行代码中的 osal_start_timerEx()函数，其作用是 100ms 之后再次触发 HAL_KEY_EVENT 事件。该事件再次被触发，OSAL 就会检测到该事件，则会再次调用 HAL 层的事件处理函数 Hal_ProcessEvent()，又会调用按键轮询函数 HalKeyPoll()和 osal_start_timerEx ()函数，从而再过 100ms 又会触发 HAL_KEY_EVENT 事件。如此循环触发 HAL_KEY_EVENT 事件，达到每隔 100ms 调用一次按键轮询函数 HalKeyPoll()的目的，进行按键动态扫描。

（2）分析 HalKeyPoll()函数。

HalKeyPoll()函数在“HAL\Target”目录下的 hal_key.c 文件中，其作用是检测是否有按键被按下。

```
/*********************************************************************************/
1.  void HalKeyPoll (void)
2.  { uint8 keys = 0;
3.  if (HAL_KEY_JOY_MOVE_PORT & HAL_KEY_JOY_MOVE_BIT)
4.  // { keys = halGetJoyKeyInput();   }
5.  if (HAL_PUSH_BUTTON1())
6.  {keys |= HAL_KEY_SW_6;
7.  }
8.  if (HAL_PUSH_BUTTON2())
9.  {keys |= HAL_KEY_SW_7;
10. }
11. if (HAL_PUSH_BUTTON3())
12. {keys |= HAL_KEY_SW_3;
13. }
14. /* If interrupts are not enabled, previous key status and current key status are compared to find out if a key has changed status. */
15. if (!Hal_KeyIntEnable)
16. {if (keys == halKeySavedKeys)
17. {return;
18. }
19. halKeySavedKeys = keys;
20. }
21. else
22. {   }
23. /* Invoke Callback if new keys were depressed */
24. if (keys && (pHalKeyProcessFunction))
25. { (pHalKeyProcessFunction) (keys, HAL_KEY_STATE_NORMAL);
26. }
27. }
/*********************************************************************************/
```

说明：

① 在 Z-Stack 协议栈原始代码中，第 5～7 行代码是在第 22 行之后的，为什么要把它提到前面去呢？因为在非中断方式下，第 15 行语句有效，当运行第 17 行时就退出了 HalKeyPoll()函数，所以在轮询按键控制方式下，一定要把 if (HAL_PUSH_BUTTON1())语句提前。

② 若没有采用摇杆，则建议注释掉第 4 行代码。

③ 第 5 行代码 if (HAL_PUSH_BUTTON1())用于判断 SW6 按键是否被按下，若被按下，则 HAL_PUSH_BUTTON1()为 1；反之，为 0。在“HAL\Target\CC2530EB\Config”目录下的 hal_board_cfg. h 文件中，HAL_PUSH_BUTTON1()定义如下。

```
/*********************************************************************************/
#define ACTIVE_LOW          !
#define ACTIVE_HIGH         !!
/* S1 */
#define PUSH1_BV            BV(2)
```

```
5.  #define PUSH1_SBIT              P0_1
6.  #if defined (HAL_BOARD_CC2530EB_REV17)
7.  #define PUSH1_POLARITY          ACTIVE_LOW   //ACTIVE_HIGH
8.  #elif defined (HAL_BOARD_CC2530EB_REV13)
9.  #define PUSH1_POLARITY          ACTIVE_LOW
10. #else
11. #define HAL_PUSH_BUTTON1()      (PUSH1_POLARITY (PUSH1_SBIT))
    /****************************************************************************/
```

HAL_PUSH_BUTTON1()等价于 PUSH1_POLARITY (PUSH1_SBIT)等价于(!P0_1)。即第5行代码 if(HAL_PUSH_BUTTON1())等价于 if(!P0_1)。注意：!!即双非为正，相互抵消，所以当按键被按下时（P0_1 为低电平），if (HAL_PUSH_BUTTON1())等价于 if(!0)，若该语句有效，则把 HAL_KEY_SW_6(0x20)赋给局部变量 keys。

④ 第 8 行，非中断方式有效，如果读取的按键值为上次的按键值（第 15 行 if 语句有效），则运行第 16 行代码直接返回不进行按键处理。如果第 16 行 if 语句无效，即读取的按键值与上次的按键值不相同，则运行第 19 行代码把读取的按键值保存到全局变量 halKeySavedKeys 之中，以便下一次比较。

⑤ 第 24 行，用回调函数处理按键代码。若 keys 值不为 0，且在按键配置函数 HalKeyConfig()中配置了回调函数 OnBoard_KeyCallback()，所以第 24 行 if (keys && (pHalKeyProcessFunction))中的两个条件都为真，即运行第 25 行(pHalKeyProcessFunction) (keys, HAL_KEY_STATE_NORMAL)回调函数，相当于调用“ZMain”目录下的 OnBoard.c 文件中的 OnBoard_KeyCallback()函数。

（3）分析 OnBoard_KeyCallback()函数。

```
   /****************************************************************************/
1. void OnBoard_KeyCallback ( uint8 keys, uint8 state )
2. {uint8 shift;
3.  (void)state;                          //解决参数未使用的编译警告问题
4. shift = (keys & HAL_KEY_SW_6) ? true : false;
5. if ( OnBoard_SendKeys( keys, shift ) != ZSuccess )
6. {if ( keys & HAL_KEY_SW_1 )
7. {     }
8. ...}}
   /****************************************************************************/
```

说明：

① OnBoard_KeyCallback (uint8 keys, uint8 state)函数的作用是将按键信息传到应用层，在第 5 行调用 OnBoard_SendKeys(keys, shift)函数做进一步处理。

② 第 4 行，将 SW6 按键作为“Shift”键，配合其他按键使用。

③ 第 6 行开始，可以编写 SW1～SW6 各按键的处理代码，Z-Stack 协议栈默认条件下，此处没有代码，用户可以添加。

（4）分析 OnBoard_SendKeys()函数。

该函数在“ZMain”目录下的 OnBoard.c 文件中定义，其作用是将按键的值和按键的状态进行“打包”，发送到注册过的按键层。

```
/****************************************************************************/
uint8 OnBoard_SendKeys( uint8 keys, uint8 state )
{   keyChange_t *msgPtr;
```

```
3.  if ( registeredKeysTaskID != NO_TASK_ID )
4.  {
5.  msgPtr = (keyChange_t *)osal_msg_allocate( sizeof(keyChange_t) );
6.  if ( msgPtr )
7.  {msgPtr->hdr.event = KEY_CHANGE;
8.  msgPtr->state = state;
9.  msgPtr->keys = keys;
10. osal_msg_send( registeredKeysTaskID, (uint8 *)msgPtr );}
11. return ( ZSuccess );}
12. else
13. return ( ZFailure );}
    /*************************************************************************************/
```

说明：

① 第 3 行是按键注册判断。在 Z-Stack 协议栈中若要使用按键，必须先对按键进行注册，并且按键仅能注册给一个层。在 SimpleApp 工程中，在 sapi.c 文件中的 void SAPI_Init(byte task_id) 函数中调用 RegisterForKeys(sapi_TaskID) 函数，进行按键注册。在 SampleApp 工程中，在 SampleApp.c 文件中的 void SampleApp_Init(uint8 task_id)函数中调用 RegisterForKeys (SampleApp_TaskID)函数进行按键注册。按键注册函数在“ZMain”目录下的 OnBoard.c 文件中。

```
    /*************************************************************************************/
1.  uint8 RegisterForKeys( uint8 task_id )
2.  {
3.  if ( registeredKeysTaskID == NO_TASK_ID )
4.  {registeredKeysTaskID = task_id;
5.  return ( true );}
6.  else
7.  return ( false );}
    /*************************************************************************************/
```

其中，对于第 3 行代码，如果按键没有注册，则全局变量 registeredKeysTaskID 的初始化值，即为 NO_TASK_ID，则运行第 4 行代码，进行按键注册。实际上，按键注册就是通过函数把任务 ID 赋给全局变量 registeredKeysTaskID 实现的。

②第 10 行，发送数据。在确定按键已经注册的前提下，将包括按键值和按键状态在内的信息封装到信息包 msgPtr 中，再调用 osal_msg_send (registeredKeysTaskID, (uint8 *)msgPtr) 函数，将按键信息发送到注册按键的应用层。在应用层将触发 KEY_CHANGE 事件，OSAL 检测到该事件，则会调用应用层的事件处理函数 SAPI_ProcessEvent(byte task_id, uint16 events)（SimpleApp 工程）或者 SampleApp_ProcessEvent(uint8 task_id, uint16 events) （SampleApp 工程）。

（5）分析 SAPI_ProcessEvent(byte task_id, uint16 events)函数。

该函数在“App”目录下的 sapi.c 文件中定义，在以轮询按键控制方式处理按键过程中，最终触发了应用层的事件处理函数。

```
    /*************************************************************************************/
1.  uint16 SAPI_ProcessEvent( byte task_id, uint16 events )
2.  {   osal_event_hdr_t *pMsg;
3.      afIncomingMSGPacket_t *pMSGpkt;
4.      afDataConfirm_t *pDataConfirm;
```

```
5.  …
6.  case KEY_CHANGE:
7.  #if ( SAPI_CB_FUNC )
8.  zb_HandleKeys( ((keyChange_t *)pMsg)->state, ((keyChange_t *)pMsg)->keys );
9.  #endif
10. break;
11. …
12. return 0;   }
    /************************************************************************************/
```

说明：

SAPI_CB_FUNC 已进行了预定义，所以第 7 行代码有效，故第 8 行 zb_HandleKeys()函数被调用，进一步处理按键。

（6）分析 zb_HandleKeys(uint8 shift, uint8 keys)函数。

该函数在“App”目录下的 SimpleController.c 文件中定义，包含按键的功能代码。

```
    /************************************************************************************/
1.  void zb_HandleKeys( uint8 shift, uint8 keys )
2.  {uint8 startOptions;
3.  uint8 logicalType;
4.  // Shift is used to make each button/switch dual purpose.
5.  if ( 0 )
6.  { if ( keys & HAL_KEY_SW_1 )
7.  …
8.  else
9.  { if ( keys & HAL_KEY_SW_6 )
10. …   } }
    /************************************************************************************/
```

说明：

① 上述程序省略了部分代码，但关键代码还是保留了。第 3 行为“Shift”键对应的 6 个按键的功能代码（注意：由于没有使用“Shift”键，因此把第 5 行的 if 条件设置为 0，即第 5～8 行永远不会运行）。

② 第 9～10 行，对应的 6 个按键的功能代码，用户可以根据需要编写。

4.3.4 任务实训步骤

第 1 步，分析 SimpleApp 工程初始化。

1．打开 SimpleApp 工程

双击“\ZStack-CC2530-2.5.1a\Projects\zstack\Samples\SimpleApp\CC2530DB”目录下的 SimpleApp.eww 工程文件，打开 SimpleApp 工程。SimpleApp 工程包括两个应用，都是采用绑定方式进行无线数据收发的，具体如下。

（1）LED 开关灯应用。“Workspace”栏内有“SimpleSwitchEB”和“SimpleControllerEB”两个设备，其中，“SimpleSwitchEB”为终端节点，用于申请加入绑定，控制“SimpleControllerEB”设备上的 LED 灯亮或灭；“SimpleControllerEB”为控制节点，用于协调器或路由器，负责允许其他设备申请与其绑定。

（2）收集传感器数据应用。“Workspace”栏内有“SimpleSensorEB”和“SimpleCollectorEB”

两个设备，其中，“SimpleSensorEB”为终端节点（传感器节点），用于申请加入绑定，收集节点的片内温度和电压，发送给收集节点；“SimpleCollectorEB”为控制节点（收集节点），用于协调器或路由器，负责允许其他设备申请与其绑定，收集传感器节点相关信息。

2．启动 SimpleApp 工程

SimpleApp 工程有“HOLD_AUTO_START”和“REFLECTOR”两个编译选项，前者使 SimpleApp 工程以非自动方式启动选项，后者指该工程使用绑定功能选项。

（1）在 ZDO 层初始化。

在“ZDO”目录下的 ZDApp.c 文件中，ZDApp_Init()函数内有如下代码。

```
/**************************************************************************************/
void ZDApp_Init( uint8 task_id )
{   …
if ( devState != DEV_HOLD )
{ ZDOInitDevice( 0 );   }
else
{ ZDOInitDevice( ZDO_INIT_HOLD_NWK_START );
HalLedBlink ( HAL_LED_4, 0, 50, 500 );
}
…
}
/**************************************************************************************/
```

（2）在应用层初始化。

在“App”目录下的 sapi.c 文件中，SAPI_Init(byte task_id)函数调用 osal_set_event(task_id, ZB_ENTRY_EVENT)函数，其作用是将事件 ZB_ENTRY_EVENT 交给应用层事件处理函数 uint16 SAPI_ProcessEvent(byte task_id, uint16 events)处理，其中的部分关键代码如下。

```
/**************************************************************************************/
1.  if ( events & ZB_ENTRY_EVENT )
2.  {uint8 startOptions;
3.  #if ( SAPI_CB_FUNC )
4.  zb_HandleOsalEvent( ZB_ENTRY_EVENT );
5.  #endif
6.  // LED off cancels HOLD_AUTO_START blink set in the stack
7.  HalLedSet (HAL_LED_4, HAL_LED_MODE_OFF);
8.  zb_ReadConfiguration( ZCD_NV_STARTUP_OPTION, sizeof(uint8), &startOptions );
9.  if ( startOptions & ZCD_STARTOPT_AUTO_START )
10. {zb_StartRequest();
11. }
12. else
13. {
14. HalLedBlink(HAL_LED_2, 0, 50, 500);
15. }
16. return (events ^ ZB_ENTRY_EVENT );
17. }
/**************************************************************************************/
```

说明：

① 第 8 行，读出 ZCD_ NV_ STARTUP_OPTION，并存入变量 startOptions 中。

② 第 10 行，第 1 次启动 SimpleApp 工程时，ZCD_NV_STARTUP_OPTION 选项的值不等于 ZCD_STARTOPT_AUTO_START，所以第 9 行的 if 语句不成立，执行第 12 行代码，使 LED2 灯闪烁。

（3）测试 SimpleApp 工程启动。

在“Workspace”栏内选择“SimpleControllerEB”，编译下载程序，在 ZigBee 模块上可以看到 LED2 灯闪烁。注意：首次启动 SimpleApp 工程才会出现这种现象，即表示协议栈事件循环已经运行，但网络还没有建立，需要通过按键事件来决定设备是协调器、路由器还是终端节点。如果按下按键，网络建立了，再启动，则没有 LED2 灯闪烁的现象。

第 2 步，控制节点允许建立绑定。

以 LED 开关灯应用为例，来分析控制节点建立绑定的全过程。其实，在收集传感器数据应用中，绑定的操作过程也是一样的。

1. 分析控制节点中的簇（cluster）

在“App”目录下的 SimpleController.c 中，定义了一个输入簇 TOGGLE_LIGHT_CMD_ID，这个簇与开关节点的同名输出簇配合使用，目的是建立绑定关系。一个簇实际上是一些相关命令和属性的集合，这些命令和属性一起被定义为一个应用接口。

```
/****************************************************************************/
#define NUM_OUT_CMD_CONTROLLER                    0
#define NUM_IN_CMD_CONTROLLER                     1
const cId_tzb_InCmdList[NUM_IN_CMD_CONTROLLER] ={TOGGLE_LIGHT_CMD_ID};
//#define   TOGGLE_LIGHT_CMD_ID   1
/****************************************************************************/
```

2. 控制节点配置

对于控制节点来说，需要通过按键来将其设置为协调器。注意：采用中断按键控制方式触发 SW6（P1.2）和 SW7（P1.3）按键。

（1）SimpleController.c 中的按键处理函数。

若触发按键事件，则调用 zb_HandleKey()函数，关键代码如下。

```
/****************************************************************************/
void zb_HandleKeys( uint8 shift, uint8 keys )
{ ……
if (0)
{ ……  }
else
{ if ( keys & HAL_KEY_SW_6 )
{ if ( myAppState == APP_INIT   )
{
// Key 1 starts device as a coordinator
zb_ReadConfiguration( ZCD_NV_LOGICAL_TYPE, sizeof(uint8), &logicalType );
if ( logicalType != ZG_DEVICETYPE_ENDDEVICE )
{logicalType = ZG_DEVICETYPE_COORDINATOR;
zb_WriteConfiguration(ZCD_NV_LOGICAL_TYPE, sizeof(uint8), &logicalType);
}
zb_ReadConfiguration( ZCD_NV_STARTUP_OPTION, sizeof(uint8), &startOptions );
startOptions = ZCD_STARTOPT_AUTO_START;
```

```
17. zb_WriteConfiguration( ZCD_NV_STARTUP_OPTION, sizeof(uint8), &startOptions );
18. zb_SystemReset();
19. }
20. else
21. {zb_AllowBind( myAllowBindTimeout );    }
22. }
23. if ( keys & HAL_KEY_SW_7 )
24. { if ( myAppState == APP_INIT )
25. {
26. // Key 2 starts device as a router
27. zb_ReadConfiguration( ZCD_NV_LOGICAL_TYPE, sizeof(uint8), &logicalType );
28. if ( logicalType != ZG_DEVICETYPE_ENDDEVICE )
29. {   logicalType = ZG_DEVICETYPE_ROUTER;
30. zb_WriteConfiguration(ZCD_NV_LOGICAL_TYPE, sizeof(uint8), &logicalType);
31. }
32. zb_ReadConfiguration( ZCD_NV_STARTUP_OPTION, sizeof(uint8), &startOptions );
33. startOptions = ZCD_STARTOPT_AUTO_START;
34. zb_WriteConfiguration( ZCD_NV_STARTUP_OPTION, sizeof(uint8), &startOptions );
35. zb_SystemReset();
36. }
37. ……
38. }
    /*****************************************************************************/
```

说明：

① Z-Stack 协议栈原始代码中的第 6 行和第 23 行是用来检测 if (keys & HAL_KEY_SW_1) 和 if (keys & HAL_KEY_SW_2)的，但是 ZigBee 模块上没有对应的 SW1 按键和 SW2 按键，所以只能用 SW6 按键和 SW7 按键代替它们。

② 由于 Z-Stack 协议栈默认将 SW6 按键作为“Shift”键使用，因此第 3 行 if (shift)修改为 if(0)。

③ 在第 1 次启动控制节点时，如果触发 SW6 按键，则第 6 行和第 7 行两个 if 语句有效。第 12～13 行代码的作用是使控制节点为协调器，写入 ZCD_NV_LOGICAL_TYPE 项值为 ZG_DEVICETYPE_COORDINATOR。第 15～17 行代码的作用是写入 ZCD_NV_STARTUP_OPTION 项值为 ZCD_STARTOPT_AUTO_START，以后启动时就不需要以 HOLD_AUTO_START 方式启动。第 18 行，重新启动系统，则重新进行 ZDO 层和应用的初始化，可以看到 LED2 灯不再闪烁，ZigBee 网络已建立。

④ 当 ZigBee 网络建立后，会触发 ZDO_STATE_CHANGE 事件，事件处理函数 uint16 SAPI_ProcessEvent(byte task_id, uint16 events)在“App”目录下的 sapi.c 文件中，会调用 SAPI_StartConfirm(ZB_SUCCESS)函数，从而调用“App”目录下的 SimpleController.c 文件中的 zb_StartConfirm(uint8 status)函数，并且运行“myAppState = APP_START;”语句。因此，当第 1 次启动控制节点后，第 2 次触发 SW6 按键时，第 6 行 if 语句有效，但是第 7 行 if (myAppState == APP_INIT)语句无效，则运行 21 行代码，调用 zb_AllowBind (myAllowBindTimeout)函数。

⑤ 在第 1 次启动控制节点时，如果触发 SW7 按键，则把控制节点设置为路由器，原理与触发 SW6 按键相似。

（2）zb_AllowBind()允许绑定请求函数。

切记：在控制节点第 1 次启动时，需要触发 SW6 按键两次，才可以调用该函数；如果非第 1 次启动，只要触发 SW6 按键一次，就可以调用该函数。

```
/*****************************************************************************/
1.  void zb_AllowBind ( uint8 timeout )
2.  {osal_stop_timerEx(sapi_TaskID, ZB_ALLOW_BIND_TIMER);
3.  if ( timeout == 0 )
4.  {afSetMatch(sapi_epDesc.simpleDesc->EndPoint, FALSE);}
5.  else
6.  {afSetMatch(sapi_epDesc.simpleDesc->EndPoint, TRUE);
7.  if ( timeout != 0xFF )
8.  {if ( timeout > 64 )
9.  {timeout = 64;}
10. osal_start_timerEx(sapi_TaskID, ZB_ALLOW_BIND_TIMER, timeout*1000);
11. }
12. }
13. return;
14. }
/*****************************************************************************/
```

说明：

① 第 1 行，参数 timeout 是目标设备进入绑定模式持续的时间（单位为 s）。如果设置为 0xFF，则该设备在任何时候都允许进入绑定模式；如果设置为 0x00，则取消目标设备允许进入绑定模式。如果设定的时间大于 64s，则默认为 64s。

② 第 4 行，允许或禁止设备响应 ZDO 的描述符匹配请求。afSetMatch(uint8 ep, uint8 action)函数不对外发送数据，只等待设备发来数据进行匹配，参数如下。

- 参数 ep：端点。
- 参数 action：允许（TRUE）或者禁止（FALSE）匹配。
- 返回值：TRUE 或者 FALSE。

③ 第 10 行，若设定的时间不是 0xFF，则表明要在规定的时间（timeout）内进行匹配，触发 ZB_ALLOW_BIND_TIMER 事件定时，定时时间到，就关闭 ZDO 描述符匹配。在“App”目录下的 sapi.c 文件中的 uint16 SAPI_ProcessEvent(byte task_id, uint16 events)函数中有如下代码，其中第 2 行表示关闭 ZDO 描述符匹配。

```
/*****************************************************************************/
1.  if ( events & ZB_ALLOW_BIND_TIMER )
2.  {afSetMatch(sapi_epDesc.simpleDesc->EndPoint, FALSE);
3.   return (events ^ ZB_ALLOW_BIND_TIMER); }
/*****************************************************************************/
```

④ 如果设定的时间是 0xFF，则表明在任何时候都允许匹配，第 7 行 if 语句无效，不会调用第 10 行代码，直接退出函数。

第 3 步，开关节点（端口设备）申请绑定。

1．分析开关节点中的簇（cluster）

在“App”目录下的 SimpleSwitch.c 文件中，定义了一个输入簇 TOGGLE_LIGHT_CMD_ID，这个簇与控制节点的同名输入簇配合使用来建立绑定关系。

```
/************************************************************************************/
#define NUM_OUT_CMD_SWITCH                      1
#define NUM_IN_CMD_SWITCH                       0
const cId_tzb_OUTCmdList[NUM_OUT_CMD_SWITCH] = {   TOGGLE_LIGHT_CMD_ID };
/************************************************************************************/
```

2．开关节点配置

对于开关节点来说，需要通过按键来将其设置为终端节点。注意：采用中断按键控制方式触发 SW3（P1.4）、SW6（P1.2）、SW7（P1.3）按键动作。

（1）SimpleSwitch.c 文件中的按键处理函数。

触发按键事件后，调用 zb_HandleKey()函数，关键代码如下。

```
/************************************************************************************/
void zb_HandleKeys( uint8 shift, uint8 keys )
{   uint8 startOptions;
  uint8 logicalType;
  if ( 0 )
  { …… }
  else
  {
  if ( keys & HAL_KEY_SW_6 )
  { if ( myAppState == APP_INIT )
     {
          logicalType = ZG_DEVICETYPE_ENDDEVICE;
          zb_WriteConfiguration(ZCD_NV_LOGICAL_TYPE, sizeof(uint8), &logicalType);
          zb_ReadConfiguration(ZCD_NV_STARTUP_OPTION,sizeof(uint8), startOptions );
          startOptions = ZCD_STARTOPT_AUTO_START;
          zb_WriteConfiguration(ZCD_NV_STARTUP_OPTION,sizeof(uint8), startOptions );
          zb_SystemReset();
      }
    else
      {
       zb_BindDevice(TRUE, TOGGLE_LIGHT_CMD_ID, NULL);
      }
   }
    if ( keys & HAL_KEY_SW_7 )
    {   if ( myAppState == APP_INIT )
         {
          logicalType = ZG_DEVICETYPE_ENDDEVICE;
          zb_WriteConfiguration(ZCD_NV_LOGICAL_TYPE, sizeof(uint8), &logicalType);
          zb_ReadConfiguration(ZCD_NV_STARTUP_OPTION,sizeof(uint8), startOptions );
          startOptions = ZCD_STARTOPT_AUTO_START;
          zb_WriteConfiguration(ZCD_NV_STARTUP_OPTION,sizeof(uint8),&startOptions );
          zb_SystemReset();
         }
      else
         {
           zb_SendDataRequest( 0xFFFE, TOGGLE_LIGHT_CMD_ID, 0, (uint8 *)NULL,
```

```
36.                         myAppSeqNumber, 0, 0 );
37.             }
38.         }
39.         if ( keys & HAL_KEY_SW_3)
40.         {
41.           zb_BindDevice(FALSE, TOGGLE_LIGHT_CMD_ID, NULL);
42.         }
43.     }
44. }
/*****************************************************************************************/
```

该函数与 SimpleContoller.c 文件中的按键处理函数大同小异，不同点如下。

① ZigBee 协议栈默认代码是检测 SW1、SW2 和 SW3 按键的，由于 ZigBee 模块上只有一个按键，所以用 SW6 按键（P1.2）代替 SW1 按键，用 SW7 按键（P1.3）代替 SW2 按键，SW3 按键不变，但 SW3 按键对应的引脚为 P1.4。

② 在第 1 次启动开关节点时，如果触发 SW6 按键，则写入 ZCD_NV_LOGICAL_TYPE 项值为 ZG_DEVICETYPE_ENDDEVICE，以后启动时就不需要以 HOLD_AUTO_START 方式启动。

③ 在第 1 次启动开关节点时，触发 SW7 按键或者触发 SW6 按键，效果一样。

④ 第 1 次触发 SW6 按键之后，控制节点已建立了网络，再次触发 SW6 按键，则执行第 20 行代码，调用 zb_BindDevice (TRUE, TOGGLE_LIGHT_CMD_ID, NULL)函数，申请绑定。

⑤ 若绑定之后，触发 SW7 按键，则调用 zb_SendDataRequest()函数，向控制节点发送命令，控制节点上的 LED 灯闪烁。其中，形参 0xFFFE 是发送地址，专用于绑定模式。控制节点会调用 SimpleController.c 文件中的 zb_ReceiveDataIndication()函数对其进行处理，代码如下。

```
/*****************************************************************************************/
void zb_ReceiveDataIndication( uint16 source, uint16 command, uint16 len, uint8 *pData    )
{ if (command == TOGGLE_LIGHT_CMD_ID)
{
HalLedSet(HAL_LED_1, HAL_LED_MODE_TOGGLE);
}
}
/*****************************************************************************************/
```

⑥ 触发 SW3 按键，则删除绑定。

（2）zb_BindDevice()函数。

Z-Stack 协议栈提供两种可用的方法来配置设备绑定，一种目标设备的扩展地址是已知的，另一种目标设备的扩展地址是未知的。SimpleApp 工程的 LED 开关灯应用和收集传感器数据应用都是用后一种方法绑定的，在此仅分析扩展地址是未知的绑定方法。详见 void zb_BindDevice (uint8 create, uint16 commandId, uint8 *pDestination) 函数（用于创建或删除绑定）。参数 create 为 TRUE 表示创建绑定，为 FALSE 表示删除绑定。参数 commandId 为命令 ID。参数*pDestination 为扩展地址，若为 NULL，则表示目标设备的扩展地址是未知的；若为具体地址，则表示目标设备的扩展地址是已知的。

第 4 步，测试绑定效果。

（1）在“Workspace”栏内选择“SimpleControllerEB”工程，参照上述内容配置 SW6 和 SW7 按键，编译下载到 ZigBee 模块（控制节点）中，此时 LED2 灯闪烁。

（2）在“Workspace”栏内选择“SimpleSwitchEB”工程，参照上述内容配置 SW3、SW6

和 SW7 按键，编译下载到 ZigBee 模块（开关节点）中，此时 LED2 灯闪烁。

（3）触发控制节点 SW6，LED2 灯熄灭；再触发 SW6，控制节点处于允许绑定状态。

（4）触发开关节点 SW6，LED2 灯熄灭；再触发 SW6，开关节点申请绑定。

（5）触发开关节点 SW7，控制节点 LED1 灯翻转，即每触发 SW7 一次，控制节点 LED1 灯状态会翻转一次，由亮变灭，或由灭变亮。

（6）触发开关节点 SW3，取消绑定。

任务 4.4　基于 Z-Stack 的串口透传

【任务描述】

采用两个 ZigBee 模块，一个作为协调器（ZigBee 模块 1），另一个作为终端节点（ZigBee 模块 2），分别与计算机 A 和计算机 B 的串口相连（如果没有两台计算机，也可以接到同一台计算机不同的串口上）。在一台计算机的串口调试软件中输入“NEWLab1”，单击“发送”按钮；则在另一台计算机的串口调试软件上会显示“NEWLab1”信息，同时要求在该台计算机上回复“NEWLab2”，回复的信息要求在对方的计算机上能显示，实现无线串口透传效果。

【任务环境】

硬件：NEWLab 平台 2 套、ZigBee 节点板 2 块、PC 2 台。

软件：Windows 7/10，IAR 集成开发环境，Z-Stack 协议栈。

【必备知识点】

1．单播；

2．组播；

3．广播。

4.4.1　单播

在 ZigBee 无线传感器网络中，数据通信方式主要有单播、组播和广播三种，用户可以根据通信的需要灵活采用某种通信方式。

1．单播的定义

单播表示网络中两个节点之间进行数据发送与接收的过程，类似于某次会议中任意两位参会者之间的交流。这种方式必须已知发送节点的网络地址。

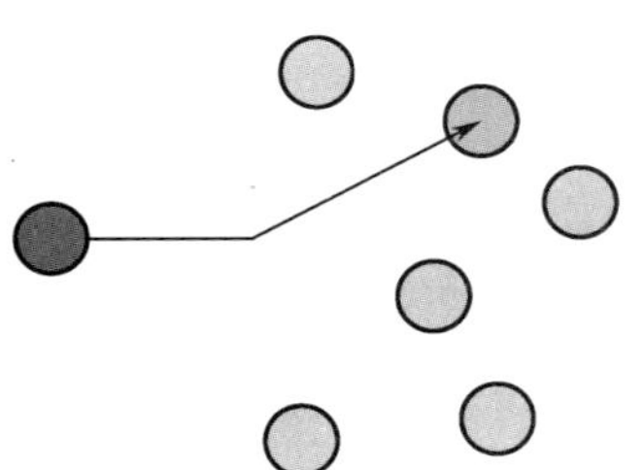

图 4-10　单播关系示意图

单播是客户端与服务器之间的点到点连接。“点到点”指每个客户端都从服务器接收远程流。仅当客户端发出请求时，才发送单播流。单播是在一个发送者和一个接收者之间通过网络进行的通信，可以应用于通信、计算机等领域。单播关系示意图如图 4-10 所示。

在 IPv4 网络中，0.0.0.0～223.255.255.255 属于单播地址范围。

2．单播的优缺点

（1）优点

➢ 服务器能及时响应客户端的请求。

➢ 服务器针对每个客户端不同的请求发送不同的数据，容易实现个性化服务。

（2）缺点

➢ 服务器针对每个客户端发送数据流，服务器流量=客户端数量×单个客户端流量；在客户端数量大、每个客户端流量大的流媒体应用中服务器将不堪重负。

➢ 现有的网络带宽是金字塔型结构，城际、省际主干带宽仅仅相当于其所有用户带宽之和的 5%。如果全部使用单播协议，将使主干网络不堪重负。现在的 P2P 应用经常使主干网络阻塞，只要有 5%的客户在全速使用网络，其他人便不可能再分得带宽，而将主干网络带宽扩展 20 倍几乎不可能。

3. 单播的应用

单播在网络中得到了广泛的应用，网络上绝大部分的数据都是以单播的形式传输的，只是一般网络用户不知道而已。例如，在收发电子邮件、浏览网页时，必须与邮件服务器、Web 服务器建立连接，此时使用的就是单播传输方式。但是通常使用“点对点通信”代替“单播”，因为“单播”一般与“多播”和“广播”相对应使用。单播数据流传播示意图如图 4-11 所示。

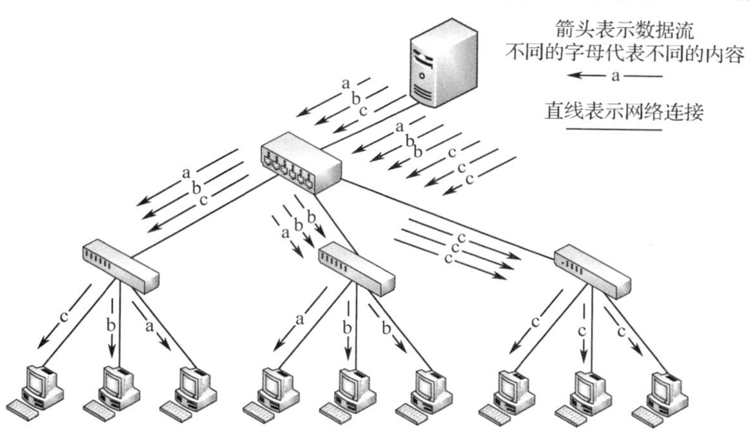

图 4-11　单播数据流传播示意图

4.4.2　组播

组播类似于会议中有人主题发言以后，各小组进行讨论，只有本小组的成员才能听到相关的讨论内容，不属于本小组的成员听不到相关讨论内容。

1. 组播的定义

组播，又称多播，使用这种方式必须确定节点的组号；组播的使用策略是最高效的，因为消息在每条网络链路上只需传递一次，而且只有在链路分叉的时候，消息才会被复制。当以单播的形式把消息传递给多个接收者时，必须向每个接收者都发送一份数据副本，由此产生的多余副本将导致发送效率低下，且缺乏可扩展性。不过，许多流行的协议用限制接收者数量的方式弥补了这一不足。组播关系示意图如图 4-12 所示。

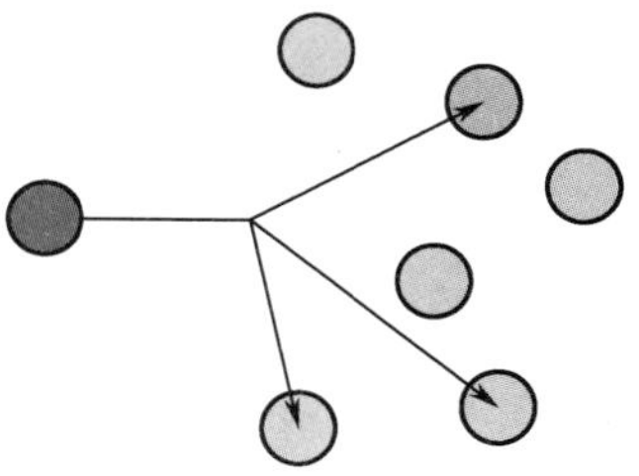

图 4-12　组播关系示意图

组播地址的范围为 224.0.0.0～239.255.255.255。

小贴士

尽管IP多播是一个令人非常满意的概念模型，但它对于网络内部的状态需求要比仅提供尽力而为服务的IP单播模型大得多——这一点已经遭到了一些人的批评。更糟的是，到目前为止还没有一种机制能保证IP多播模型可以被扩展到足以容纳数以百万计的发送者和多播组的程度，而这往往是使完全通用的多播应用成为商用互联网中的实际应用的必要条件。人们为扩展多播以适应大型网络所做的努力集中在较为简单的、只存在单个源端的情况——这种情况的计算貌似更加简单一些。

由于以上及经济方面的原因，IP多播在商用互联网上用得并不多。其他一些不基于IP多播的多播技术（如互联网中继交谈和PSYC）反而很受欢迎。尽管它们可能不如IP多播设计得那么精巧，但它们更为实用，而且在存在大量小规模的组的情况下更具有扩展性。

2. 组播的优缺点

（1）优点

- 需要相同数据流的客户端加入相同的组共享一条数据流，减轻了服务器的负载。
- 由于组播协议是根据接收者的需要对数据流进行复制、转发的，所以服务器的总带宽不受客户端带宽的限制。IP协议允许有2亿6千多万个（268435456）组播，所以其提供的服务可以非常丰富。
- 此协议和单播协议一样允许在Internet宽带网上传输。

（2）缺点

- 与单播协议相比其没有纠错机制，发生丢包、错包后难以弥补，但可以通过一定的容错机制和QoS加以弥补。
- 现行网络虽然都支持组播的传输，但在客户认证、QoS（指一个网络能够利用各种基础技术为指定的网络通信提供更好服务的能力，是一种网络安全机制，一种用来解决网络延迟和阻塞等问题的技术）等方面还需要完善。

3. 组播的应用

在组播传输方式中，信息的发送者称为“组播源”，信息的接收者称为该信息的“组播组”，支持组播信息传输的所有路由器称为“组播路由器”。加入同一组播组的接收者可以广泛分布在网络中的任何地方，即组播组没有地域限制。需要注意的是，组播源不一定属于组播组，它向组播组发送数据，自己不一定是接收者。多个组播源可以同时向一个组播组发送报文。组播数据流传播示意图如图4-13所示。

（1）点对多点应用

点对多点应用指一个发送者和多个接收者的应用形式，这是最常见的组播应用形式。

典型的应用包括如下几种。

① 媒体广播：如演讲、演示、会议等按日程进行的事件。传统媒体分发信息通常采用电视和广播，这类应用通常需要一个或多个速率恒定的数据流，当采用多个数据流（如语音和视频）时，它们之间往往需要同步，并且相互之间有不同的优先级。往往要求有较高的带宽、较小的延时抖动，但是对绝对延时的要求不是很高。

② 媒体推送：如新闻标题、天气变化、运动比分等一些非商业关键性的动态变化的信息的传播。对带宽要求较低，对延时也没有什么要求。

③ 信息缓存：如网站信息、执行代码和其他基于文件的分布式复制或缓存更新。对带宽

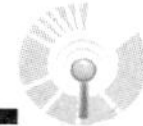

的要求一般，对延时的要求也一般。

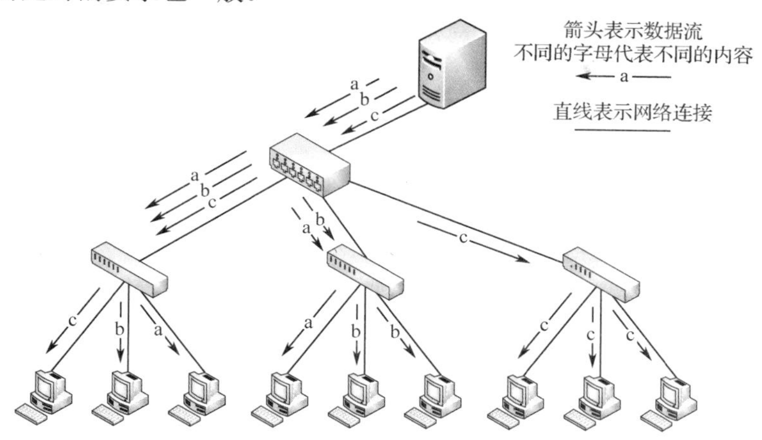

图 4-13　组播数据流传播示意图

④ 事件通知：如网络时间、组播会话日程、随机数字、密钥、配置更新、有效范围的网络警报或其他有用信息的传播。对带宽的需求有所不同，但是一般比较低，对延时的要求也一般。

⑤ 状态监视：如股票价格、传感设备、安全系统、生产信息或其他实时信息的监控。对带宽的要求根据采样周期和精度有所不同，可能会有恒定速率带宽或突发带宽要求，通常对带宽和延时的要求一般。

（2）多点对多点应用

多点对多点应用指多个发送者和多个接收者的应用形式。通常每个接收者可以接收多个发送者发送的数据，同时，每个发送者可以把数据发送给多个接收者。

典型应用包括如下几种。

① 多点会议：通常音/视频和白板应用构成多点会议应用。在多点会议中，不同的数据流拥有不同的优先级。传统的多点会议采用专门的多点控制单元来协调和分配它们，采用组播可以直接由任意一个发送者向所有接收者发送数据，多点控制单元用来控制当前发言权。这类应用对带宽和延时要求都比较高。

② 资源同步：如日程、目录、信息等分布数据库的同步，对带宽和延时的要求一般。

③ 并行处理：如分布式并行处理，对带宽和延时的要求都比较高。

④ 协同处理：如共享文档的编辑，对带宽和延时的要求一般。

⑤ 远程学习：实际上是媒体广播应用加上对上行数据流（允许学生向老师提问）的支持，对带宽和延时的要求一般。

⑥ 讨论组：类似于基于文本的多点会议，还可以提供一些模拟的表达。

⑦ 分布式交互模拟（DIS）：对带宽和延时的要求较高。

⑧ 多人游戏：一种带讨论组能力的简单分布式交互模拟，对带宽和延时的要求都比较高。

（3）多点对点应用

多点对点应用指多个发送者和一个接收者的应用形式。通常是双向请求响应应用，任何一端（多点或点）都有可能发起请求。

典型应用包括如下几种。

① 资源查找：如服务定位，对带宽的要求较低，对延时的要求一般。

② 数据收集：点对多点应用中状态监视应用的反向过程，可能由多个传感设备把数据发

回给一个数据收集主机。对带宽的要求根据采样周期和精度有所不同，可能会有恒定速率带宽或突发带宽要求，通常对带宽和延时的要求一般。

③ 网络竞拍：拍卖者拍卖产品，而多个竞拍者把标价发回给拍卖者。

④ 信息询问：询问者发送一个询问，所有被询问者返回应答。通常对带宽的要求较低，对延时不太敏感。

⑤ Juke Box：如支持准点播的音/视频倒放。通常接收者采用“带外”协议机制（如HTTP、RTSP、SMTP，也可以采用组播方式）发送倒放请求给一个调度队列。对带宽的要求较高，对延时的要求一般。

目前组播技术还有许多未解决的问题，如组播安全、组播拥塞控制、组播状态聚集、组播流量计费、无拥塞控制、数据包重复、数据包的无序交付等。

4.4.3 广播

广播表示一个节点发送的数据包，网络中所有节点都可以收到。类似于会议中，有人主题发言时，每位参会者都可以听到。

1．广播的定义

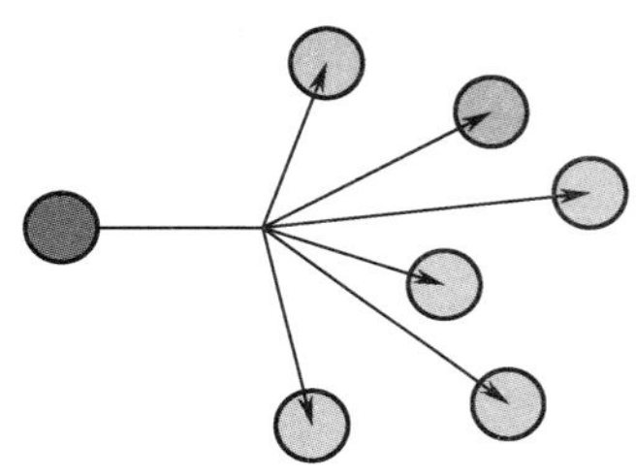
图4-14 组播关系示意图

广播是指封包在计算机网络中传输时，目的地址为网络中所有设备的一种传输方式。实际上，这里所说的“所有设备”也是限定在一个范围之中的，称为“广播域”。并非所有的计算机网络都支持广播，如X.25网络和帧中继都不支持广播，也没有在整个互联网范围中的广播。IPv6亦不支持广播，广播相应的功能由多播代替。通常，广播都是限制在局域网中的，如以太网或令牌环网。因为广播在局域网中造成的影响远比在广域网中小得多。组播关系示意图如图4-14所示。

广播地址：以太网和IPv4都用全1的地址表示广播，分别是ff:ff:ff:ff:ff:ff和255.255.255.255。

2．广播的优缺点

（1）优点

- 网络设备简单，维护简单，布网成本低。
- 由于服务器不用向每个客户端单独发送数据，所以服务器流量负载极低。

（2）缺点

- 无法针对每个客户端的要求及时提供个性化服务。
- 网络允许服务器提供的数据带宽有限，客户端的最大带宽=服务总带宽。如有线电视的客户端的线路支持100个频道（如果采用数字压缩技术，理论上可以提供500个频道），即使服务商有更大的财力配置更多的发送设备，改成光纤主干网络，也无法超过此极限。也就是说无法向众多客户提供更加多样化、个性化的服务。
- 广播禁止在Internet宽带网上传输。

3．广播的应用

广播分为第2层广播和第3层广播。

第2层广播也称硬件广播，用于在局域网内向所有的节点发送数据，通常不会穿过局域

网的边界（路由器），除非它变成一个单播。广播的目的地址是一个二进制的全 1 或者十六进制的全 F 的 IP 地址（255.255.255.255）。

广播（第 3 层）用于在这个网络内向所有的节点发送数据。第 3 层广播也支持平面的老式广播。广播信息是指以某个广播域所有主机为目的地址的信息，称为网络广播，它们的所有的主机位均为 ON。广播数据流传播示意图如图 4-15 所示。

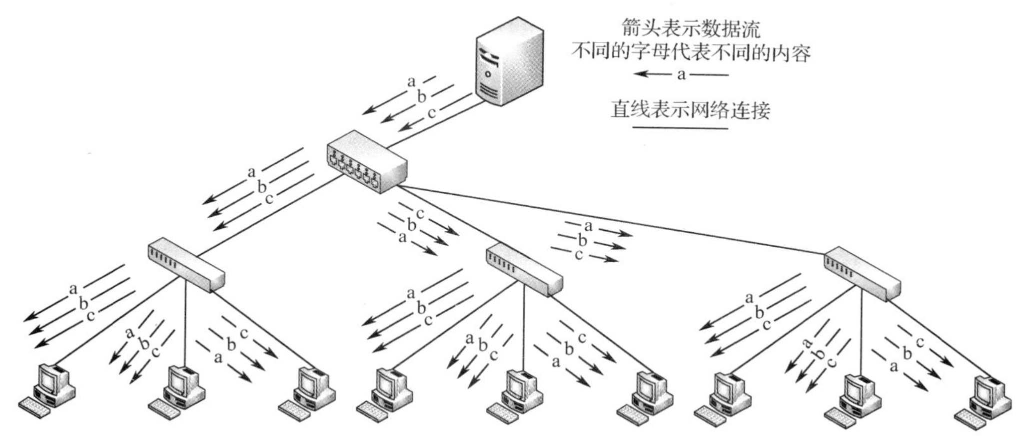

图 4-15　广播数据流传播示意图

广播的主要应用领域有私家车广播、收音机、节目录制（播音室、混响室）等。通过无线电波传送节目的称为无线广播，通过导线传送节目的称为有线广播。

4.4.4　任务实训步骤

第 1 步，打开 Z-Stack 的 SampleApp.eww 工程文件。

在"C:\Texas Instruments\ZStack-CC2530-2.5.1a\Projects\zstack\Samples\SampleApp\CC2530DB"目录下找到 SampleApp.eww 工程文件，双击打开。

第 2 步，协调器通过串口向 PC 发送数据。

（1）通过串口线，把协调器与 PC 连接起来。

（2）编写协调器的程序。采用 MT 层配置串口，简化操作流程，因此协调器程序主要包括串口初始化、任务注册和数据发送三个部分。

1．串口初始化

串口初始化，即配置串口号、波特率、流控、校验位等，在 hal_uart.c 文件中可以找到串口初始化、发送、接收等函数。此处采用更为简单的串口通信方法，即利用 ZigBee 协议栈的 MT 层来配置串口。具体初始化方法如下。

（1）在 SampleApp. c 文件中，添加"#include "MT_UART. h""语句。

（2）在 SampleApp. c 文件中，找到 void SampleApp_Init(uint8 task_id)函数，并在该函数中输入"MT_UartInit( );"，如下所示。

```
/*****************************************************************************/
void SampleApp_Init( uint8 task_id )
{    SampleApp_TaskID = task_id;
SampleApp_NwkState = DEV_INIT;
SampleApp_TransID = 0;
MT_UartInit();        //*************串口初始化****************
```

```
6.    ……}
      /*******************************************************************************/
```

（3）进入 MT_UartInit()函数，进行相应的串口配置。MT_UartInit()函数的关键代码如下。

```
      /*******************************************************************************/
1.    void MT_UartInit ()
2.    { halUARTCfg_t uartConfig;
3.    App_TaskID = 0;
4.    /* UART Configuration */
5.    uartConfig.configured= TRUE;
6.    uartConfig.baudRate= MT_UART_DEFAULT_BAUDRATE;
7.    uartConfig. flowControl= MT_UART_DEFAULT_OVERFLOW;
8.    uartConfig. flowControlThreshold = MT_UART_DEFAULT_THRESHOLD;
9.    uartConfig.rx.maxBufSize = MT_UART_DEFAULT_MAX_RX_BUFF;
10.   uartConfig.tx.maxBufSize = MT_UART_ DEFAULT_MAX_TX_BUFF;
11.   uartConfig.idleTimeout =MT_UART_DEFAULT_IDLE_TIMEOUT;
12.   uartConfig.intEnable = TRUE;
13.   #if defined (ZTOOL_P1) II defined (ZTOOL_P2)
14.   uartConfig.callBackFunc = MT_UartProcessZToolData;
15.   #elif defined (ZAPP_P1) II defined (ZAPP_P2)
16.   uartConfig.callBackFunc = MT_UartProcessZAppData;
17.   #else
18.   uartConfig.callBackFunc = NULL;
19.   #endif
20.   /* Start UART */
21.   #if defined (MT_UART_DEFAULT_PORT)
22.   HalUARTOpen (MT_UART_DEFAULT_PORT, &uartConfig);
23.   #else
24.   /* Silence IAR compiler warning */
25.     (void)uartConfig;
26.   #endif
      /*******************************************************************************/
```

说明：

① 第6行的作用是配置波特率，用鼠标右击查看其定义，可以在 mt_uart. h 文件中看到如下代码。

```
#define MT_UART_DEFAULT_BAUDRATE    HAL_UART_BR_38400
```

默认的波特率是 38400bps，把它修改为 115200bps，即把 HAL_UART_BR_38400 修改为 HAL_UART_BR_115200。

② 第7行是串口的流控配置，用鼠标右击查看其定义，可在 mt_uart. h 文件中看到如下代码。

```
#define MT UART DEFAULT_OVERFLOW      TRUE
```

默认采用流控，本实训任务不采用流控，所以将 TRUE 修改为 FALSE。

③ 第13～26行是条件编译代码，根据预先定义的 ZTOOL 或者 ZAPP 选择不同的函数。其中 ZTOOL 和 ZAPP 后面的 P1 和 P2 表示串口 0 和串口 1。在“Option”→“C/C++”的“CompilerPreprocessor”中，可以看到默认添加了 ZTOOL_P1 预编译，即表示采用 ZTOOL 和串口 0。把其他不需要的 MT 和 LCD 预编译项注释掉，即在预编译项前面加一个“x”，如 xMT_TASK、xMT_SYS_FUNS、xMT_ZDO_FUNC、xLCD_SUPPORTED=DEBUG 等。

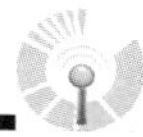

2．串口任务注册、数据发送

在 SampleApp.c 文件中，找到 void SampleApp_Init(uint8 task_id)函数，输入“MT_UartRegiesterTaskID(task_id);”和“HalUARTWrite (0, "NEWLab\n",7);”两行代码。

3．向协调器烧录程序

每复位一次协调器，都会向 PC 发送一次数据，则在串口调试软件中显示一行“NEWLab”字符，如图 4-16 所示。注意：在 IAR 的“Workspace”栏要记得选择“CoordinatorEB”（协调器），再编辑、烧录。

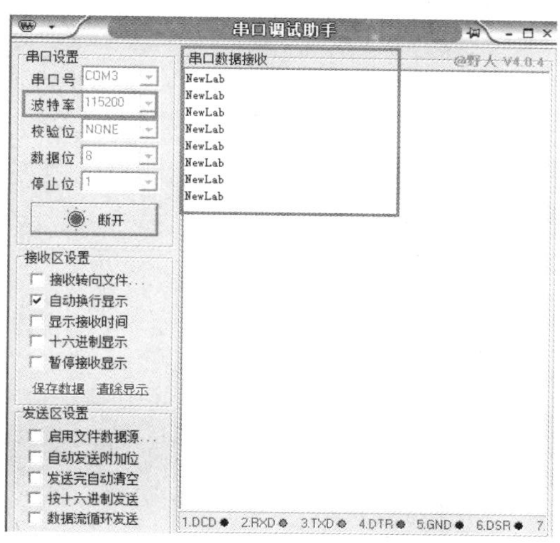

图 4-16 协调器向 PC 发送串口数据

第 3 步，协调器接收 PC 的串口数据。

（1）由于在“Option”→“C/C++”的“CompilerPreprocessor”中，默认添加了 ZTOOL_P1 预编译，即表示采用 ZTOOL 和串口 0，所以串口的回调函数是 MT_UartProcessZToolData()，而不是 MT_UartProcessZAppData()。在 MT_UartInit()函数中，用鼠标右击 MT_UartProcessZToolData，从弹出的快捷菜单中选择“go to definition of”命令，打开串口的回调函数，定义如下。

```
/***************************************************************************************/
void MT_UartProcessZToolData ( uint8 port, uint8 event )
{uint8   ch;
uint8   bytesInRxBuffer;
 (void)event;
while (Hal_UART_RxBufLen(port))
{HalUARTRead (port, &ch, 1);
switch (state)
{case SOP_STATE:
if (ch == MT_UART_SOF)
state = LEN_STATE;
break;
case LEN_STATE:
LEN_Token = ch;
tempDataLen = 0;
/* Allocate memory for the data */
```

```
pMsg = (mtOSALSerialData_t *)osal_msg_allocate( sizeof ( mtOSALSerialData_t ) +
MT_RPC_FRAME_HDR_SZ + LEN_Token );
if (pMsg)
{
pMsg->hdr.event = CMD_SERIAL_MSG;
pMsg->msg = (uint8*)(pMsg+1);
pMsg->msg[MT_RPC_POS_LEN] = LEN_Token;
state = CMD_STATE1;
}
else
{state = SOP_STATE;
return;
}
break;
case CMD_STATE1:
pMsg->msg[MT_RPC_POS_CMD0] = ch;
state = CMD_STATE2;
break;
case CMD_STATE2:
pMsg->msg[MT_RPC_POS_CMD1] = ch;
/* If there is no data, skip to FCS state */
if (LEN_Token)
{state = DATA_STATE;
}
else
{state = FCS_STATE;
}
break;
case DATA_STATE:
/* Fill in the buffer the first byte of the data */
pMsg->msg[MT_RPC_FRAME_HDR_SZ + tempDataLen++] = ch;
/* Check number of bytes left in the Rx buffer */
bytesInRxBuffer = Hal_UART_RxBufLen(port);
/* If the remain of the data is there, read them all, otherwise, just read enough */
if (bytesInRxBuffer <= LEN_Token - tempDataLen)
{HalUARTRead (port, &pMsg->msg[MT_RPC_FRAME_HDR_SZ + tempDataLen], bytesInRxBuffer);
tempDataLen += bytesInRxBuffer;
}
else
{HalUARTRead (port, &pMsg->msg[MT_RPC_FRAME_HDR_SZ + tempDataLen], LEN_Token - tempDataLen);
tempDataLen += (LEN_Token - tempDataLen);
}
/* If number of bytes read is equal to data length, time to move on to FCS */
if ( tempDataLen == LEN_Token )
state = FCS_STATE;
break;
case FCS_STATE:
```

```
63. FSC_Token = ch;
64. /* Make sure it's correct */
65. if ((MT_UartCalcFCS ((uint8*)&pMsg->msg[0], MT_RPC_FRAME_HDR_SZ + LEN_Token) ==
FSC_Token))
66. {osal_msg_send( App_TaskID, (byte *)pMsg );
67. }
68. else
69. {
70. osal_msg_deallocate ( (uint8 *)pMsg );
71. }
72. /* Reset the state, send or discard the buffers at this point */
73. state = SOP_STATE;
74. break;
75. default:
76. break;
77. } } }
/*****************************************************************************************/
```

说明：

① 串口回调函数的原理：串口接收的数据先被装入缓冲区，再从缓冲区中读取、校验，封装成一个消息发给 OSAL，该消息包括串口数据接收事件、数据长度和数据。

② 第 5 行中的 Hal_UART_RxBufLen(port)表示接收缓冲区数据长度。

③ 第 7～14 行采用状态机，用 switch…case 语句进行判断。接收的每个字节数据共有 6 种状态，即数据帧头（SOP_STATE）、数据长度（LEN_STATE）、命令低字节（CMD_STATE1）、命令高字节（CMD_STATE2）、数据（DATA_STATE）和校验码（FCS_STATE）。

④ 第 16 行，为串口数据消息 pMsg 分配空间，空间大小为 mtOSALSerialData_t 结构体自身大小、MT_RPC_FRAME_HDR_SZ（3 个字节，包括数据长度的 1 个字节、命令低字节和命令高字节）和 LEN_Token（数据占据空间的大小）的总和。

⑤ 串口从 PC 接收到数据后的处理过程如下。

- 接收串口数据，判断起始码是否为 0xFE。
- 读取数据长度后，给串口数据消息 pMsg 分配内存。
- 给 pMsg 封装数据。
- 把 pMsg 打包成消息发给 OSAL 处理。
- 释放数据消息内存。

（2）根据串口回调函数可知，PC 必须按照固定的格式发送数据，包括数据帧头、校验码等，可是本任务要像聊天软件一样发送字符、文字等内容，很难参照该串口数据结构发送数据，所以此处要简化串口回调函数。具体函数如下。

```
/*****************************************************************************************/
void MT_UartProcessZToolData ( uint8 port, uint8 event )
{uint8 flag=0,i=0,DataLen=0;              //定义 flag 为收到数据标志位，DataLen 为数据长度
uint8 DataBuf[128];                       //串口缓冲区默认最大为 128 字节，这里用最大字节
 (void)event;
while(Hal_UART_RxBufLen(port))            //接收缓冲区数据长度，检查是否收到数据
{   HalUARTRead(port,&DataBuf[DataLen],1);    //一个一个地读取，存入 DataBuf 中
DataLen++;
flag=1;
```

```
9.  }
10. if(flag)            //收到数据，并将全部数据存入 DataBuf 中
11. { pMsg = (mtOSALSerialData_t *)osal_msg_allocate( sizeof ( mtOSALSerialData_t ) +1 + DataLen );
12.                                              //分配内存空间
13. pMsg->hdr.event = CMD_SERIAL_MSG;        //注册时间号 CMD_SERIAL_MSG
14. pMsg->msg = (uint8*)(pMsg+1);            //定位数据位置，把数据定位到结构体数据部分
15. pMsg->msg[0] = DataLen;                  //发给 OSAL 的数据包第 1 个字节的空间为数据长度
16. for(i=0;i<DataLen;i++)
17. {    pMsg->msg[i+1] = DataBuf[i]; }
18. osal_msg_send(App_TaskID,(byte *)pMsg);  //把数据包发送到 OSAL
19. osal_msg_deallocate ( (uint8 *)pMsg );   //清空申请的内存空间
20. }  }
    /*************************************************************************************/
```

说明：

① 发给 OSAL 的串口数据包仅包括数据长度和数据内容。

② 第 11 行，给串口数据消息 pMsg 分配空间，空间大小为 mtOSALSerialData_t 结构体自身大小+1（用于记录长度的数据）+数据内容长度。

（3）在 SampleApp.c 文件中，修改、增加如下代码。

① 在 SampleApp.c 中，增加“#include "MT_UART.h"”和“#include "MT. h"”语句。

② 在事件处理函数 SampleApp_ProcessEvent()中增加第 12～14 行粗体代码。

```
    /*************************************************************************************/
1.  uint16 SampleApp_ProcessEvent( uint8 task_id, uint16 events )
2.  { afIncomingMSGPacket_t *MSGpkt;
3.  (void)task_id;
4.  if ( events & SYS_EVENT_MSG )
5.  { MSGpkt = (afIncomingMSGPacket_t *)osal_msg_receive( SampleApp_TaskID );
6.  while ( MSGpkt )
7.  {switch ( MSGpkt->hdr.event )
8.  { case KEY_CHANGE:
9.  SampleApp_HandleKeys(((keyChange_t *)MSGpkt)->state, ((keyChange_t *)MSGpkt) ->keys );
10. break;
11. …
12. case CMD_SERIAL_MSG;
13. SampleApp_SerialMSG((mtOSALSerialData_t *)MSGpkt);
14. break;
15. …        }
    /*************************************************************************************/
```

说明：

- 第 12 行，CMD_SERIAL_MSG 是串口接收数据事件，由 MT_UART 传给 OSAL 的事件。
- 第 13 行，SampleApp_SerialMSG((mtOSALSerialData_t *)MSGpkt)是串口接收事件处理函数，并将 afIncomingMSGPacket_t 结构体类型消息转化为 mtOSALSerialData_t 结构体类型。

③ 在 SampleApp.c 中，对 SampleApp_SerialMSG()函数进行声明，如以下第 5 行代码所示。

```
/*****************************************************************************/
void SampleApp_HandleKeys( uint8 shift, uint8 keys );
void SampleApp_MessageMSGCB( afIncomingMSGPacket_t *pckt );
void SampleApp_SendPeriodicMessage( void );
void SampleApp_SendFlashMessage( uint16 flashTime );
void SampleApp_SerialMSG(mtOSALSerialData_t *SeMsg);
/*****************************************************************************/
```

④ 在 SampleApp.c 中，对 SampleApp_SerialMSG()函数进行定义，代码如下。

```
/*****************************************************************************/
1.  void SampleApp_SerialMSG(mtOSALSerialData_t *SeMsg)
2.  { HalUARTWrite(0,&SeMsg->msg[1],SeMsg->msg[0]);   //发送数据
3.    HalUARTWrite(0,"\n",1);   //发送换行符
4.  }
/*****************************************************************************/
```

说明：

第 2 行，将串口接收到的数据发回 PC，以验证协调器接收的 PC 的数据。因为 SeMsg->msg 中的数据格式是“第 0 位为数据长度，第 1 位以后为数据内容”，所以数据的首地址为&SeMsg -> msg[1]，数据的长度为 SeMsg ->msg [0]。

（4）编译、下载程序，在串口调试软件中输入字符、汉字等内容，单击“发送”按钮，则可以在串口调试软件的接收窗口中收到同样的字符、汉字等内容，如图 4-17 所示。

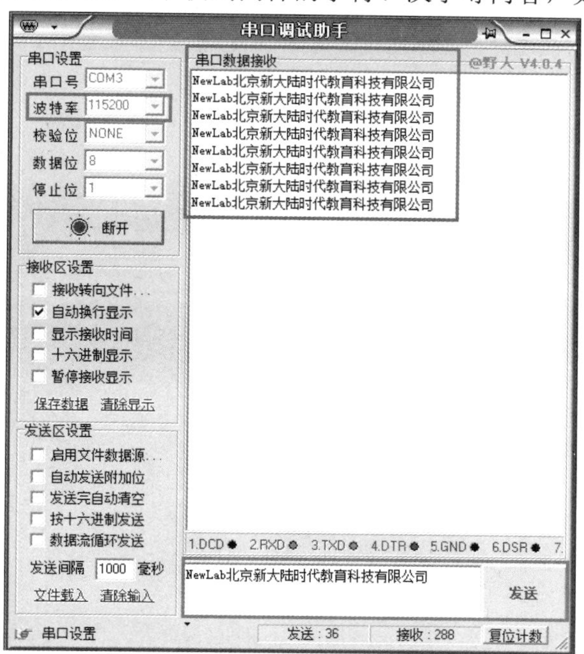

图 4-17　串口收到的数据发回 PC

第 4 步，协调器与终端节点之间以无线数据透传，并在 PC 端显示对方的信息。

（1）将协调器和终端节点分别通过串口线与 PC 相连，可以用 USB 转串口线把两个模块都与一台 PC 相连。若采用 NEWLab 平台，则将终端节点放到平台上，并把 NEWLab 平台的串口与 PC 串口相连，然后把平台的串口旋转到“通信模式”；再用串口线把协调器与 PC 连接起来。

（2）在第 3 步的基础上，编写协调器代码。

① 在 SampleApp.c 文件中，把不需要的代码注释掉，具体如下。

```
/*******************************************************************************/
1.  //   HalUARTWrite(0,"NEWLab\n",7);   //串口初始化时，发送数据到 PC 端
2.  case ZDO_STATE_CHANGE:   //有设备加入网络
3.  SampleApp_NwkState = (devStates_t)(MSGpkt->hdr.status);
4.  if ( (SampleApp_NwkState == DEV_ZB_COORD)   //判断是协调器、路由器，还是终端节点
5.     || (SampleApp_NwkState == DEV_ROUTER)
6.     || (SampleApp_NwkState == DEV_END_DEVICE) )
7.  {
8.  // osal_start_timerEx( SampleApp_TaskID,
9.  // SAMPLEAPP_SEND_PERIODIC_MSG_EVT,
10. // SAMPLEAPP_SEND_PERIODIC_MSG_TIMEOUT );
11. }
/*******************************************************************************/
```

说明：

- 第 1 行代码在 void SampleApp_Init(uint8 task_id)函数中，上电后，PC 不会显示“NEWLab”信息。
- 由于注释了第 8～10 行，因此协调器建立网络或终端节点加入网络，都不会启动 SAMPLEAPP_SEND_PERIODIC_MSG_ EVT 事件。

② 在 SampleApp.c 文件中，void SampleApp_SerialMSG (mtOSALSerialData_t *SeMsg)函数的功能是：协调器（终端节点）把接收的串口数据通过无线方式发送给终端节点（协调器），具体代码修改如下。

```
/*******************************************************************************/
void SampleApp_SerialMSG(mtOSALSerialData_t *SeMsg)
{ //   HalUARTWrite(0,&SeMsg->msg[1],SeMsg->msg[0]);  //发送数据，在此注释掉
 //   HalUARTWrite(0,"\n",1);                        //发送换行符，在此注释掉
if ( AF_DataRequest( &SampleApp_Periodic_DstAddr, &SampleApp_epDesc,
    SAMPLEAPP_SERIAL_CLUSTERID,    //定义 ID 号，用于接收方判断，值为 4
    SeMsg->msg[0],                 //无线发送数据长度
    &SeMsg->msg[1],                //待发送数据首地址
    &SampleApp_TransID,
    AF_DISCV_ROUTE,
    AF_DEFAULT_RADIUS ) == afStatus_SUCCESS )
   {  }
   else
   {  }// Error occurred in request to send.
}
/*******************************************************************************/
```

③ 在 SampleApp.c 文件中，SampleApp_MessageMSGCB(afIncomingMSG Packet_t *pkt)函数的功能是：协调器（终端节点）把无线接收的数据上传给 PC 显示。

```
/*******************************************************************************/
void SampleApp_MessageMSGCB( afIncomingMSGPacket_t *pkt )
{ uint16 flashTime;
switch ( pkt->clusterId )
{ case SAMPLEAPP_PERIODIC_CLUSTERID:
```

```
5.  //HalUARTWrite(0,"I get data\n",11);
6.  break;
7.  case SAMPLEAPP_FLASH_CLUSTERID:
8.  flashTime = BUILD_UINT16(pkt->cmd.Data[1], pkt->cmd.Data[2] );
9.  HalLedBlink( HAL_LED_4, 4, 50, (flashTime / 4) );
10. break;
11. case SAMPLEAPP_SERIAL_CLUSTERID:          //无线串口发来的数据
12. HalUARTWrite(0, &pkt->cmd.Data[0],pkt->cmd.DataLength);
13. //把无线串口发来的数据上传给 PC 显示
14. HalUARTWrite(0,"\n",1);   //发送换行符
15. break;
16. default:
17. break;
18. } }
    /*************************************************************************************/
```

说明；

➢ SampleApp_MessageMSGCB(afIncomingMSGPacket_t *pkt) 是在函数 SampleApp_ProcessEvent()中被调用的，当接收无线数据事件有效时，立刻调用该函数，如下所示。

```
/*************************************************************************************/
…
case AF_INCOMING_MSG_CMD:
SampleApp_MessageMSGCB( MSGpkt );
break;
…
/*************************************************************************************/
```

➢ 无线数据包是用 afIncomingMSGPacket_t 结构体封装的，pkt->cmd. DataLength 表示数据长度，&pkt->cmd. Data [0]表示数据的首地址。

➢ 用 switch…case 语句查询 pkt->clusterId 的值，SAMPLEAPP_SERIAL_ CLUSTERID 有效，所以执行第 12～15 行代码。

③ 修改 LED 灯驱动程序，因为 NEWLab 平台的 ZigBee 无线模块的连接指示灯与 ZigBee 协议栈的默认设置不同。选中“HAL”目录下的“Target”→“config”文件夹内的 hal_board_cfg.h 文件，具体代码修改如下。

```
/*************************************************************************************/
/* 1 — Green */
#define LED1_BV             BV(4)            //把 BV(0)修改为 BV(4)
#define LED1_SBIT           P1_4             //把 P1_0 修改为 P1_4
#define LED1_DDR            P1DIR            //P1 端口的方向寄存器
#define LED1_POLARITY       ACTIVE_HIGH
#if defined (HAL_BOARD_CC2530EB_REV17)
/* 2 — Red */
#define LED2_BV             BV(1)
#define LED2_SBIT           P1_1
#define LED2_DDR            P1DIR
#define LED2_POLARITY       ACTIVE_HIGH
/* 3 — Yellow */
#define LED3_BV             BV(0)            //把 BV(4)修改为 BV(0)
```

```
14.  #define LED3_SBIT          P1_0            //把 P1_4 修改为 P1_0
15.  #define LED3_DDR           P1DIR           //P1 端口的方向寄存器
16.  #define LED3_POLARITY      ACTIVE_HIGH     //ACTIVE_HIGH 定义为“!!”，即高电平
/**************************************************************************/
```

说明：由于 NEWLab 平台的 ZigBee 无线模块的连接指示灯采用了 P1.0 脚，而 ZigBee 协议栈的默认设置是 P1.4，因此把第 2～3 行和第 13～14 行修改为上述程序。

④ 为协调器编译、下载程序。

➢ 在“Workspace”栏内选择“CoordinatorEB”，然后编译程序，把程序下载到协调器中。

➢ 在“Workspace”栏内选择“EndDeviceEB”，然后编译程序，把程序下载到协调器中。

第 5 步，测试协调器与终端节点之间无线数据透传效果。

（1）先给协调器上电，等待协调器上网络连接指示灯点亮后，再给终端节点上电，过一会儿，终端节点上的网络连接指示灯也会点亮。

（2）在协调器连接的 PC 上打开串口调试软件（命名为协调器串口调试软件），选择串口通信端口 COM5（该端口是 USB 转串口），选择波特率为 115200bps、数据位为 8、校验位为无、停止位为 1，然后打开串口。

（3）在终端节点连接的 PC 上打开串口调试软件（命名为终端节点串口调试软件），选择串口通信端口 COM1，其他设置与第（2）步相同。

（4）在终端节点串口调试软件的发送区输入“NEWLab1”，单击“发送”按钮，则在协调器串口调试软件的接收区显示“NEWLab1”信息，如图 4-18 所示。

图 4-18　协调器串口调试软件发送与接收信息效果

（5）在协调器串口调试软件的发送区输入“NEWLab2”，单击“发送”按钮，则在终端节点串口调试软件的接收区显示“NEWLab2”信息，如图 4-19 所示。

图 4-19　终端节点串口调试软件发送与接收信息效果

任务 4.5　基于 Z-Stack 的模拟量传感器采集系统

【任务描述】

由 1 个光照传感器、2 个 ZigBee 模块组成实训系统，其中 ZigBee 模块一个为协调器，另一个为终端节点。协调器通过串口线与 PC 相连，将光照传感模块插到 ZigBee 模块上，终端节点每隔一定时间采集一次温度，并通过无线传输给协调器；协调器接收温度信息之后，通过串口上传 PC，在 PC 上的串口调试软件中显示。

【任务环境】

硬件：NEWLab 平台 1 套、光照传感器 1 个、ZigBee 节点板 2 块、PC 1 台。

软件：Windows 7/10，IAR 集成开发环境，Z-Stack 协议栈，串口调试软件。

【必备知识点】

1．ZigBee 无线网络地址管理；

2．ZigBee 协议栈网络拓扑结构；

3．ZigBee Sensor Monitor 介绍。

4.5.1　ZigBee 无线网络地址管理

开发 ZigBee 无线传感器网络，必须熟练掌握 Z-Stack 协议栈的网络管理，主要包括节点网络地址和 MAC 地址、父节点网络地址和父节点 MAC 地址、网络拓扑结构等。

在 ZigBee 网络中，设备地址有 64 位 IEEE 地址和 16 位网络地址两种。

1．64 位 IEEE 地址

64 位 IEEE 地址是全球唯一的，每个 CC2530 单片机的 IEEE 地址都是在出厂时就已经定义好的，可以用编程软件 SmartRF Flash Programmer 修改设备的 IEEE 地址。64 位 IEEE 地址又称 MAC 地址，或者扩展地址。

2．16 位网络地址

16 位网络地址的作用是在网络中标识不同的设备，可以作为数据传输的目的地址或源地址，就像快递单上的收件地址。16 位网络地址又称逻辑地址，或者短地址。协调器在建立网络以后使用 0x0000 作为自己的网络地址，网络地址是 16 位的，因此一个网络中最多可以有 65536 个设备。当有设备加入网络时，其父节点按照一定的算法计算，并为该设备分配网络地址。

3．节点相关地址查询

Z-Stack 协议栈提供了相关函数可以查询节点的网络地址、MAC 地址，父节点网络地址及父节点的 MAC 地址等内容。

1）查询本节点有关地址信息

（1）查询节点网络地址函数：uint16 NLME_GetShortAddr(void)，函数返回值为该节点的网络地址。

（2）查询节点 MAC 地址函数：bye *NLME_GetExtAddr(void)，函数返回值为指向该节点 MAC 地址的指针。

（3）查询父节点网络地址函数：uint16 NLME_GetCoorShortAddr(void)，函数返回值为父节点的网络地址。

（4）查询父节点 MAC 地址函数：void NLME_GetCoorExtAddr(byte *buf)，函数返回值为指向存放父节点 MAC 地址的缓冲区的指针。

2）查询网络中其他节点的有关地址信息

已知某节点的网络地址，查询该节点的 IEEE 地址（MAC 地址），或者已知某节点的 IEEE 地址（MAC 地址），查询该节点的网络地址。例如：ZDP_IEEEAddrReq(uint16 shortAddr, byte ReqType, byte StartIndex, byte SecurityEnable)函数，其功能就是已知网络地址查询 IEEE 地址等信息。

4.5.2 ZigBee 协议栈网络拓扑结构

ZigBee 作为一种距离短、功耗低、数据传输速率低的无线网络技术，是介于无线标记和蓝牙之间的技术方案，在传感器网络等领域应用非常广泛，这得益于它强大的组网能力。ZigBee 协议栈定义了星形、树形、Mesh（网状）三种网络拓扑结构，可以根据实际项目需要来选择合适的 ZigBee 网络拓扑结构，三种 ZigBee 网络拓扑结构各有优势，各自特点如下。

- 星形网络拓扑结构：所有节点（路由器和终端节点）只能与协调器进行通信。
- 树形网络拓扑结构：终端节点与父节点通信，路由器可与子节点和父节点通信。
- 网状网络拓扑结构：所有节点都是对等实体，任意两点之间都可以通信。

1．星形网络拓扑结构介绍

ZigBee 网络支持多种网络拓扑结构，最典型的是星形网络拓扑结构。星形网络由一个协调器和多个终端节点组成。在星形网络中，所有的通信都是通过协调器转发的。这样的拓扑结构有三个缺点：一是会增加协调器的负载，对协调器的性能要求很高；二是协调协作都通

过协调器的话，会极大地增加系统的延时，使得系统的实时性受到影响；三是单一节点被破坏会造成整个网络的瘫痪，降低了网络的鲁棒性。

在三种网络拓扑结构中，星形网络是最简单的一种，它包含一个 Coordinator（协调器）和一系列的 End Device（终端节点）。每个终端节点只能和协调器进行通信。如果需要在两个终端节点之间进行通信，必须通过协调器进行信息的转发，即 ZigBee 终端节点（精简功能节点）仅与其父节点（协调器）进行通信。这些终端节点的功能相对较少，因为它们不需要路由功能。因此，对程序闪存、数据存储器 RAM 及闪存的要求也大大降低，适应于低成本、低功耗的设计。星形网络拓扑结构如图 4-20 所示。

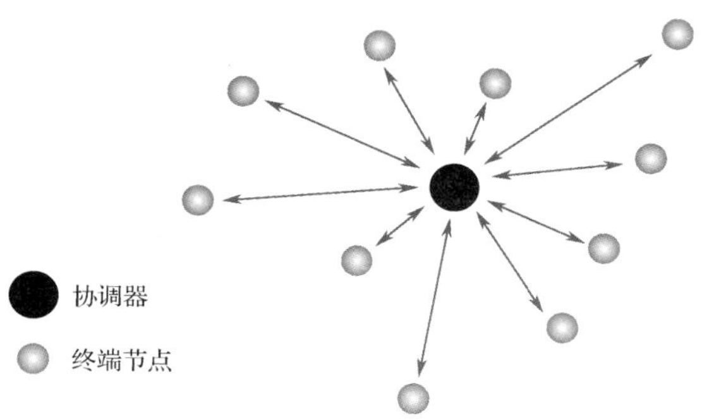

图 4-20　星形网络拓扑结构

小贴士

除了星形网络，ZigBee 还支持树形和网状（Mesh）等对等网络，在对等网络中，也存在一个 PAN 协调器，但是它已经不是网络的主控制器，而是主要起发起网络和组网的作用。在对等网络中，一个设备在另一个设备的通信范围之内，它们就可以互相通信。因此，对等网络拓扑结构统一构成较为复杂的网络结构。对等网络拓扑结构主要在工业检测和控制、无线传感器网络、供应物资跟踪、农业智能化及安全监控方面有广泛的应用。在网络中，各个设备之间发送消息时，使用了多跳传输，以增大网络的覆盖范围。其中，组网的路由协议采用了无线自组网按需距离矢量路由协议，无论是星形网络还是对等网络，每个独立的 PAN 都有一个唯一的标志 PANID，用以在同一个网络内节点之间的互相识别和通信。

2. 树形网络拓扑结构介绍

树形网络包括一个 Coordinator（协调器）及一系列的 Router（路由器）和 End Device（终端节点）。协调器连接一系列的路由器和终端节点，它的子节点的路由器也可以连接一系列的路由器和终端节点，这样可以重复多个层级。树形网络拓扑结构如图 4-21 所示。

从图 4-21 可以看出，树形网络从总线型网络演变而来，其形状像一棵倒置的树，顶端是树根，树根以下带分支，每个分支还可带子分支。它是总线型网络的扩展，是在总线型网络上加上分支形成的，其传输介质可有多条分支，但不形成闭合回路。树形网络是一种分层网，其结构可以对称，联系固定，具有一定容错能力，一般一个分支和节点的故障不影响另一个分支和节点的工作，任何一个节点送出的信息都可以传遍整个传输介质，也是广播式网络。一般树形网络上的链路具有一定的专用性，不需要对原网做任何改动就可以扩充工作站。它是一种层次结构，节点按层次连接，信息交换主要在上下节点之间进行，相邻节点或同层节点之间一般不进行数据交换。把整个电缆连接成树形，树枝层每个分支点都有一台计算机，数据依次往下传递。其优点是布局灵活，但是故障检测较为复杂。

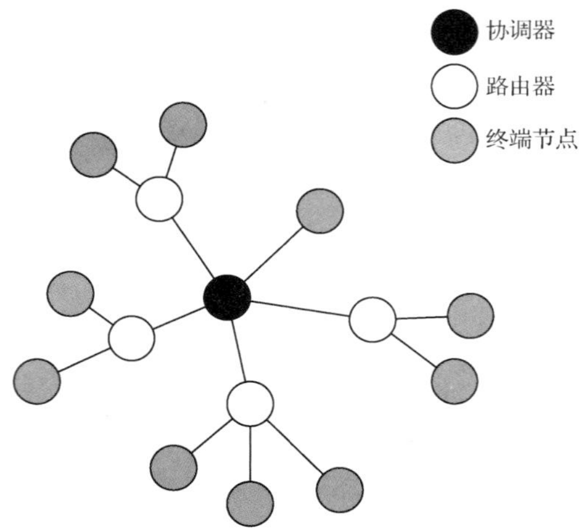

图 4-21　树形网络拓扑结构

其具有较强的可折叠性，非常适用于构建主干网络，还能够有效地保护布线。与星形网络相比，其有许多相似的优点，但是比星形网络的扩展性更高。

树形网络拓扑结构的优点如下。

（1）易于扩展。

（2）故障隔离较容易。

树形网络拓扑结构的缺点：各个节点对根的依赖性过大。

3. 网状网络拓扑结构介绍

网状网络包含一个协调器和一系列的路由器和终端节点。这种网络的形式和树形网络相同，但是，网状网络具有更加灵活的信息路由规则，在可能的情况下，路由器之间可以直接通信。这种路由机制使得通信变得更有效率，而且一旦一个路由路径出现了问题，信息可以自动地沿着其他的路由路径进行传输。网状网络拓扑结构如图 4-22 所示。

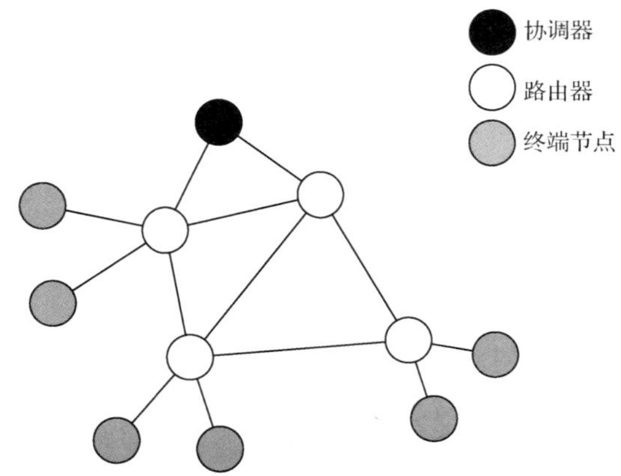

图 4-22　网状网络拓扑结构

网状网络拓扑结构的优点如下。

（1）网络可靠性高，一般通信子网中任意两个节点之间，存在着两条或两条以上的通信

路径，这样，当一条通信路径发生故障时，还可以通过另一条通信路径把信息送至节点。

（2）可组建成各种形状，采用多种通信信道，多种传输速率。

（3）网络内节点共享资源比较容易。

（4）可改善线路的信息流量分配。

（5）可选择最佳路径，传输延迟时间短。

网状网络拓扑结构的缺点如下。

（1）控制复杂，软件复杂。

（2）线路费用高，不易扩充。

（3）在以太网中，如果设置不当，会造成广播风暴，严重时可能使网络完全瘫痪。

网状网络拓扑结构一般用于 Internet 骨干网，使用路由算法来计算发送数据的最佳路径。

4. 三种网络拓扑结构特点比较

三种网络拓扑结构各有优缺点，在选择上主要考虑网络有效距离、复杂度、可靠性和反应时间等因素，三种网络拓扑结构在以上 4 个性能指标上的对比如图 4-23 所示。

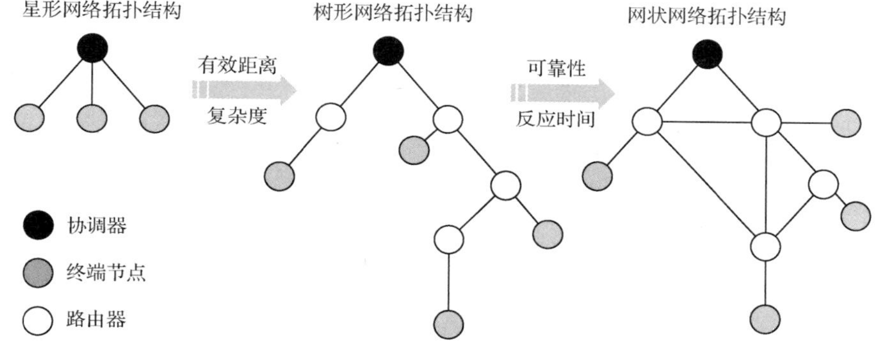

图 4-23　三种网络拓扑结构性能对比

（1）星形网络拓扑结构的缺点是节点之间的数据路由只有唯一的一条路径。协调器有可能成为整个网络的瓶颈。

（2）树形网络拓扑结构的缺点是信息只有唯一的路由通道。另外信息的路由是由协议栈处理的，整个路由过程对于应用层是完全透明的。

（3）网状网络拓扑结构具有强大的功能，网络可以通过“多级跳”的方式来通信；该拓扑结构还可以组成极为复杂的网络；网络具备自组织、自愈功能。其优点是减少了消息延时，增强了可靠性，缺点是需要更多的存储空间。

4.5.3　ZigBee Sensor Monitor 介绍

TI 公司提供的 ZigBee Sensor Monitor 软件，可直观地显示网络的拓扑结构、采集的（温度）数据、节点地址等信息。

首先在 PC 上安装 ZigBee Sensor Mintior 软件，再将协调器的串口与 PC 连接起来，启动 ZigBee Sensor Monitor，启动界面如图 4-24 所示。

选择正确的 COM 口，开启协调器电源，单击工具栏，可以看到节点变成红色，表示连接上了协调器，如图 4-25 所示。

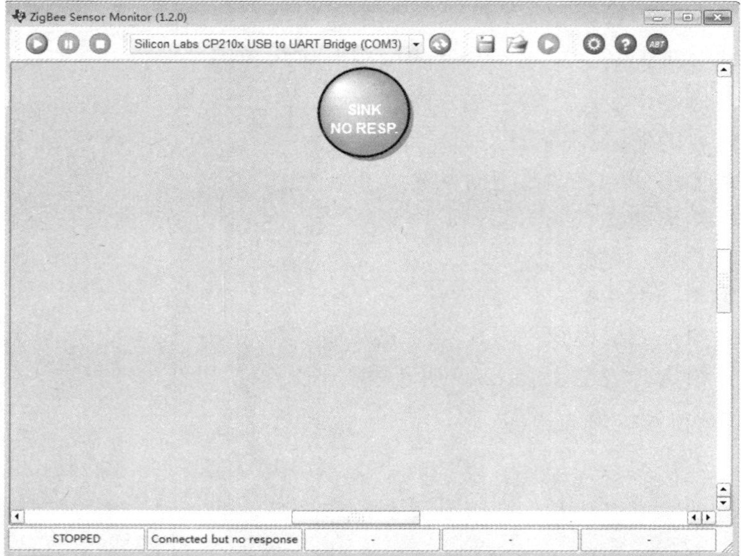

图 4-24　ZigBee Sensor Monitor 启动界面

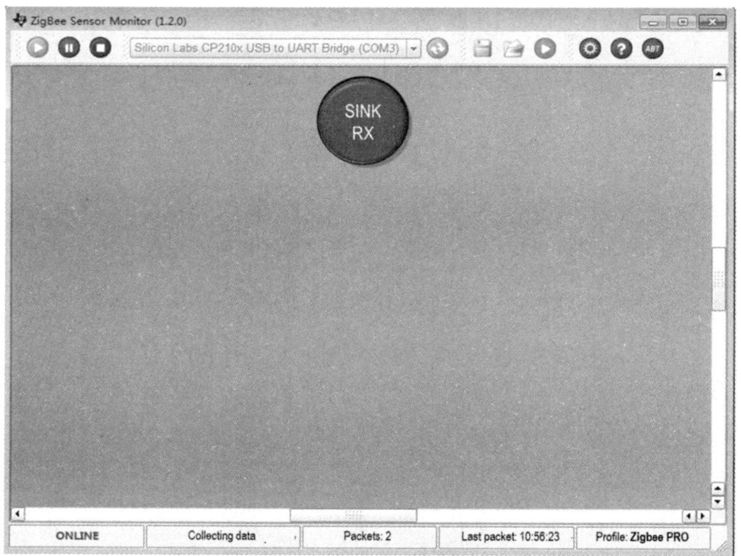

图 4-25　ZigBee Sensor Monitor 连接成功

接着给网络中其他节点上电，就可直观地显示网络拓扑结构，如图 4-26 所示。

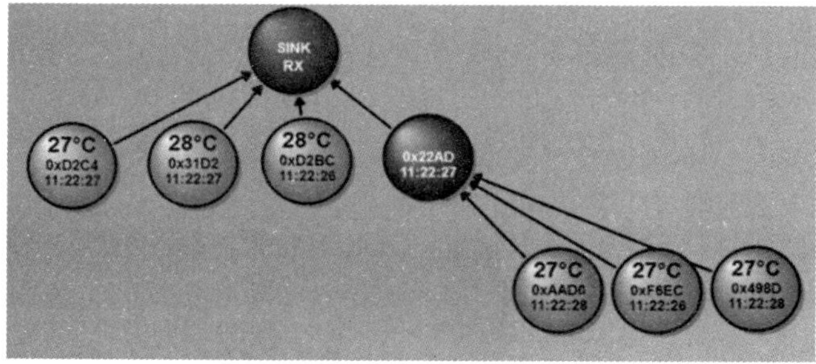

图 4-26　ZigBee Sensor Monitor 显示的网络拓扑结构

➢ 第一行为节点的传感数据，默认是温度值。

➢ 第二行为节点的短地址。

➢ 第三行为最后一次收到数据的时间。

ZigBee Sensor Monitor 显示的信息量虽然有限，但可以直观地显示网络拓扑结构，可用于演示和学习。详细使用手册请参看“ZigBee Sensor Monitor User's Guide”，安装软件后在安装目录中就可找到，如图 4-27 所示。

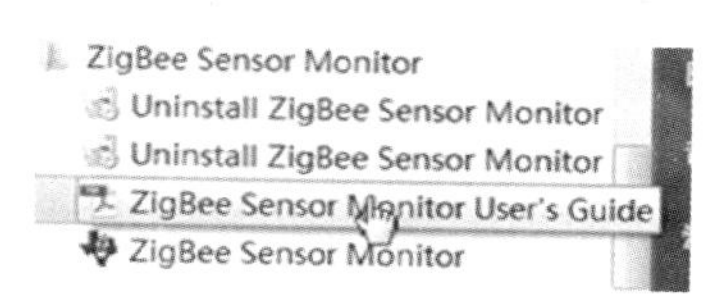

图 4-27　ZigBee Sensor Monitor 详细使用手册

4.5.4　任务实训步骤

第 1 步，编写终端程序。

（1）在“\Projects\zstack\Samples\SampleApp\ CC2530DB”目录下找到 SampleApp.eww 工程文件，打开该工程。

（2）新建源文件，并将其命名为“EndSensors.c”，保存到“\Samples\ SampleApp\Source”目录下，并把 SampleApp.c 文件中内容复制到 EndSensors.c 文件中。

（3）在“Workspace”栏内选择“EndDeviceEB”，用鼠标右击“App”目录下的“SampleApp.c”，在弹出的快捷菜单中选中“Option”命令，弹出如图 4-28 所示的对话框，勾选“Exclude from build”复选框，再单击“OK”按钮，把 SampleApp.c 文件排除在 EndDeviceEB 工程之外，如图 4-28 所示。

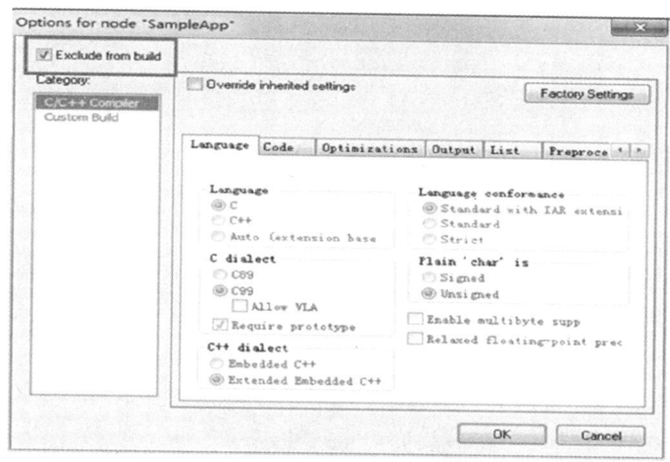

图 4-28　排除不需要编译的源文件

（4）为 EndDeviceEB 工程添加文件。把 get_adc.c 和 get_adc.h 两个文件复制到“\Samples\ SampleApp\Source”目录下，并把 EndSensors.c 和 hal_get_adc.c 两个文件添加到“App”目录下。

（5）修改 EndSensors.c 文件。

① 增加头文件。在 EndSensors.c 文件中添加“#include "get_adc.h"”语句。

② 在 uint16 SampleApp_ProcessEvent(uint8 task_id, uint16 events)函数中，当有终端节点加入网络时，定时 5s 启动 SAMPLEAPP_SEND_PERIODIC_MSG_EVT 事件。

```
/*********************************************************************************/
uint16 SampleApp_ProcessEvent( uint8 task_id, uint16 events )
```

```
{afIncomingMSGPacket_t *MSGpkt;
 (void)task_id;
if ( events & SYS_EVENT_MSG )
{MSGpkt = (afIncomingMSGPacket_t *)osal_msg_receive( SampleApp_TaskID );
while ( MSGpkt )
{switch ( MSGpkt->hdr.event )
{
case KEY_CHANGE:
SampleApp_HandleKeys( ((keyChange_t *)MSGpkt)->state, ((keyChange_t *)MSGpkt)->keys );
break;
// Received when a messages is received (OTA) for this endpoint
case AF_INCOMING_MSG_CMD:
SampleApp_MessageMSGCB( MSGpkt );
break;
// Received whenever the device changes state in the network
case ZDO_STATE_CHANGE:
SampleApp_NwkState = (devStates_t)(MSGpkt->hdr.status);
if ( (SampleApp_NwkState == DEV_ZB_COORD)
|| (SampleApp_NwkState == DEV_ROUTER)
|| (SampleApp_NwkState == DEV_END_DEVICE) )
{
osal_start_timerEx( SampleApp_TaskID,
SAMPLEAPP_SEND_PERIODIC_MSG_EVT,
SAMPLEAPP_SEND_PERIODIC_MSG_TIMEOUT );
}
else
{
}
break;
default:
break;
}
// Release the memory
osal_msg_deallocate( (uint8 *)MSGpkt );
// Next - if one is available
MSGpkt = (afIncomingMSGPacket_t *)osal_msg_receive( SampleApp_TaskID );
}
// return unprocessed events
return (events ^ SYS_EVENT_MSG);
}
// Send a message out - This event is generated by a timer
//    (setup in SampleApp_Init()).
if ( events & SAMPLEAPP_SEND_PERIODIC_MSG_EVT )
{
SampleApp_SendPeriodicMessage();
// Setup to send message again in normal period (+ a little jitter)
osal_start_timerEx( SampleApp_TaskID, SAMPLEAPP_SEND_PERIODIC_MSG_EVT,
  (SAMPLEAPP_SEND_PERIODIC_MSG_TIMEOUT + (osal_rand() & 0x00FF)) );
```

```
50.  // return unprocessed events
51.  return (events ^ SAMPLEAPP_SEND_PERIODIC_MSG_EVT);
52.  }
53.  // Discard unknown events
54.  return 0;
55.  }
     /*********************************************************************************/
```

说明：

➢ 当有终端节点加入网络后，ZDO_STATE_CHANGE 事件有效，由于终端节点的变量 SampleApp_NwkState 为 DEV_END_DEVICE，所以第 19～21 行的 if 语句有效，则调用第 23～25 行的定时启动事件函数。

➢ 定时 5s 后，SAMPLEAPP_SEND_PERIODIC_MSG_EVT 事件被启动，则第 44 行 if 语句有效，调用第 46 行 SampleApp_SendPeriodicMessage()函数，并且再次调用定时启动事件函数，如第 48～49 行，目的是每隔 5s 周期性地启动 SAMPLEAPP_SEND_PERIODIC_MSG_EVT 事件，使得 SampleApp_SendPeriodicMessage()函数被周期性地调用，该函数内定义了 A/D 采样相关函数。

③ void SampleApp_SendPeriodicMessage()函数完成 A/D 数据采集、换算、无线发送等功能。

```
     /*********************************************************************************/
1.   void SampleApp_SendPeriodicMessage( void )
2.   {    uint8 pTxData[128];
3.   uint16 sensor_val;
4.   sensor_val = get_adc();
5.   //   printf_str(pTxData,"光照电压：%d.%02dV\r\n",sensor_val/100,sensor_val%100);
6.   pTxData[0] = sensor_val/100 + 0x30;
7.   pTxData[1] = 0x2E;
8.   pTxData[2] =( sensor_val%100)/10 + 0x30;
9.   pTxData[3] = sensor_val%10 + 0x30;
10.  if ( AF_DataRequest( &SampleApp_Periodic_DstAddr, &SampleApp_epDesc,
11.  SAMPLEAPP_PERIODIC_CLUSTERID,
12.  4,
13.  pTxData,
14.  &SampleApp_TransID,
15.  AF_DISCV_ROUTE,
16.  AF_DEFAULT_RADIUS ) == afStatus_SUCCESS )
17.  {    }
18.  else
19.  {    }
20.  }
     /*********************************************************************************/
```

说明：

➢ 第 4 行，调用 A/D 转换函数 get_adc()后，将 sensor_val 的十进制值转换为 ASCII 码，存入数组 pTxData 中。

➢ 第 10～19 行，将数据发送给协调器。

第 2 步，编写协调器程序。

（1）在“Workspace”栏内选择“CoordinatorEB”，用鼠标右击“App”目录下的“get_adc.c”，

在弹出的快捷菜单中选中“Option”命令，弹出对话框，勾选“Exclude from build”复选框，单击“OK”按钮，把 get_adc.c 文件排除在 CoordinatorEB 工程之外。同理，将“App”目录下的 EndSensors.c 文件排除编译。

（2）在 SampleApp.c 文件中，编写无线接收函数，并将无线接收的数据上传给 PC。

① 串口初始化、任务注册、发送“NEWLab”测试信息。在 SampleApp.c 文件中，添加“#include "MT_UART.h"”语句；在 void SampleApp_Init(uint8 task_id)函数中输入 MT_UartInit()、MT_UartRegisterTaskID(task_id)和 HalUARTWrite(0,"NEWLab1"\n,7)代码。

② 进入 MT_UartInit()函数，进行相应的串口配置，MT_UartInit()函数关键代码如下。

```
/*********************************************************************************/
1.  void MT_UartInit ()
2.  { halUARTCfg_t uartConfig;
3.  App_TaskID = 0;
4.  /* UART Configuration */
5.  uartConfig.configured= TRUE;
6.  uartConfig.baudRate= MT_UART_DEFAULT_BAUDRATE;
7.  uartConfig. flowControl= MT_UART_DEFAULT_OVERFLOW;
8.  uartConfig. flowControlThreshold = MT_UART_DEFAULT_THRESHOLD;
9.  uartConfig.rx.maxBufSize = MT_UART_DEFAULT_MAX_RX_BUFF;
10. uartConfig.tx.maxBufSize = MT_UART_ DEFAULT_MAX_TX_BUFF;
11. uartConfig.idleTimeout =MT_UART_DEFAULT_IDLE_TIMEOUT;
12. uartConfig.intEnable = TRUE;
13. #if defined (ZTOOL_P1) II defined (ZTOOL_P2)
14. uartConfig.callBackFunc = MT_UartProcessZToolData;
15. #elif defined (ZAPP_P1) II defined (ZAPP_P2)
16. uartConfig.callBackFunc = MT_UartProcessZAppData;
17. #else
18. uartConfig.callBackFunc = NULL;
19. #endif
20. /* Start UART */
21. #if defined (MT_UART_DEFAULT_PORT)
22. HalUARTOpen (MT_UART_DEFAULT_PORT, &uartConfig);
23. #else
24. /* Silence IAR compiler warning */
25.   (void)uartConfig;
26. #endif
/*********************************************************************************/
```

说明：

➢ 第 6 行配置波特率，用鼠标右击查看其定义，可以在 mt_uart. h 文件中看到如下代码。

```
#define MT_UART_DEFAULT_BAUDRATE    HAL_UART_BR_38400
```

默认的波特率是 38400bps，修改为 115200bps，即把 HAL_UART_BR_38400 修改为 HAL_UART_BR_115200。

➢ 第 7 行是串口的流控配置，用鼠标右击查看其定义，可以在 mt_uart. h 文件中看到如下代码。

```
#define MT_UART_DEFAULT_OVERFLOW     TRUE
```

默认采用流控，本实训任务不采用流控，所以将代码中的 TRUE 修改为 FALSE。

➢ 第 13～26 行，是条件编译代码，根据预先定义的 ZTOOL 或者 ZAPP 选择不同的函数。其中 ZTOOL 和 ZAPP 后面的 P1 和 P2 表示串口 0 和串口 1。在“Option”→“C/C++ Compiler”的“Preprocessor”选项卡中，可以看到默认添加了“ZTOOL_P1”预编译，即表示采用 ZTOOL 和串口 0，如图 4-29 所示。把其他不需要的 MT 和 LCD 预编译项注释掉，即在预编译项前面加一个“x”，如 xMT_TASK、xMT_SYS_FUNC、xMT_ZDO_FUNC、xLCD_SUPPORTED=DEBUG 等。

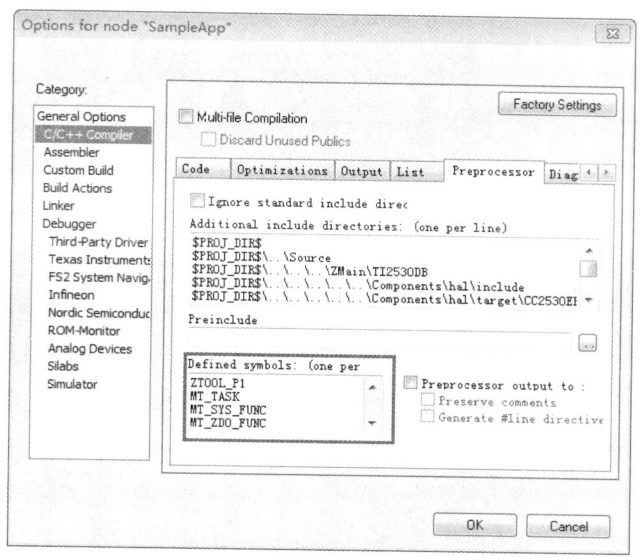

图 4-29 预编译设置

（3）接收无线数据。在 uint16 SampleApp_ProcessEvent(uint8 task_id, uint16 events)函数中，当接收到无线数据时，AF_INCOMING_MSG_CMD 事件有效，则无线数据处理函数 SampleApp_MessageMSGCB()被调用，将该函数代码修改如下。

```
/*******************************************************************************/
1.  void SampleApp_MessageMSGCB( afIncomingMSGPacket_t *pkt )
2.  {uint16 flashTime;
3.  switch ( pkt->clusterId )
4.  {case SAMPLEAPP_PERIODIC_CLUSTERID:
5.  HalUARTWrite(0, "光照电压:",9);        //发送字符
6.  HalUARTWrite(0,&pkt->cmd.Data[0],pkt->cmd.DataLength); //发送电压值
7.  HalUARTWrite(0,"V\n",11);  //发送电压单位和换行符
8.  break;
9.  case SAMPLEAPP_FLASH_CLUSTERID:
10. flashTime = BUILD_UINT16(pkt->cmd.Data[1], pkt->cmd.Data[2] );
11. HalLedBlink( HAL_LED_4, 4, 50, (flashTime / 4) );break;
12. } }
/*******************************************************************************/
```

说明：

当接收到无线数据时，第 4 行 case 语句有效，通过第 5～7 行代码把光照电压相关信息显示在 PC 上，因为终端节点每隔 5s 周期性地向协调器发送数据，所以协调器也每隔 5s 周期性地接收数据，并立刻上传光照电压相关信息。

第3步，编译终端节点、协调器程序，并烧录测试效果。

（1）在“Workspace”栏内选择“CoordinatorEB”，编译程序无误后下载到协调器中。通过串口线把协调器与PC相连，打开PC上串口调试软件，把波特率设为38400bps。

（2）在“Workspace”栏内选择“EndDeviceEB”，然后编译程序，再把程序下载到终端节点中。

（3）先给协调器上电，等网络连接指示灯点亮之后，再给终端节点上电，过一会儿，终端节点上的网络连接指示灯常亮，表示网络组建成功。在PC上就有如图4-30所示的效果。

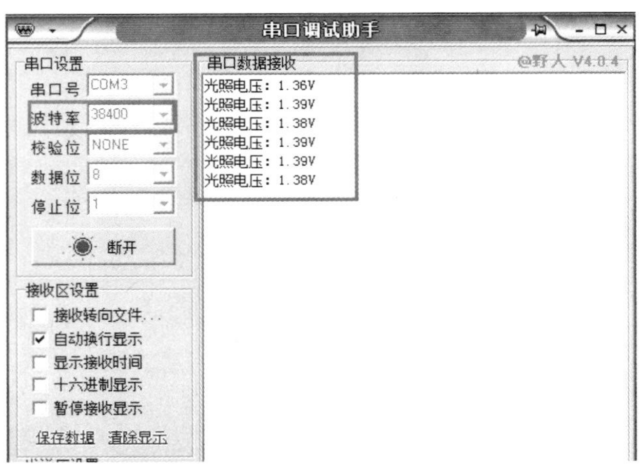

图4-30 在PC上显示A/D采集光照电压效果

任务4.6 ZigBee无线传感器网络监控系统设计

【任务描述】

采用ZigBee、传感器、控制器等模块，构成ZigBee无线传感器网络，如图4-31所示。1个ZigBee模块作为协调器，3个ZigBee模块与传感器组合成温湿度传感器、可燃气体传感器、人体感应传感器节点，2个ZigBee模块与控制器模块组合成窗帘控制器、灯开关控制器节点。协调器通过串口线与PC相连，实时采集各传感器的数据，并能根据指令控制窗帘、灯开关等动作，具体功能要求如下。

- 有传感器节点和控制器节点加入网络后，将其设备ID、网络地址等信息发送给协调器，协调器按照一定格式存储。
- 设计数据通信协议，要求ZigBee模块与协调器之间、协调器与PC之间必须通过一定帧格式的协议进行数据传输。另外，协调器与PC的串口通信必须进行异或校验，以确保通信数据安全。
- 温湿度传感器和可燃气体传感器每隔一定时间（8s）把温度、湿度、气体电压等值发送给协调器，协调器在收到数据后，立刻上传给PC的串口调试软件。
- 人体感应传感器实时检测是否有人出没（1s检测一次），当检测到有人时，立刻把信息发送给协调器，协调器收到数据后，立刻上传给PC的串口调试软件。
- 在PC的串口调试软件端，输入相关控制命令，使窗帘控制器节点驱动电机正转、反转、停止转动，使灯开关控制器节点驱动继电器闭合、断开。

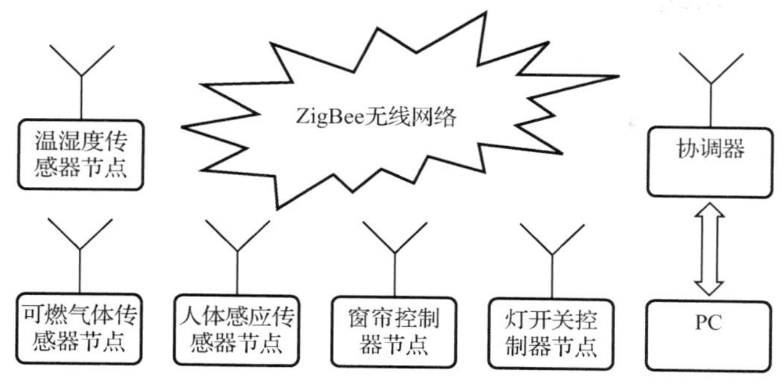

图 4-31　ZigBee 无线传感器网络

【任务环境】

硬件：NEWLab 平台 1 套、温湿度传感器 1 个、可燃气体传感器 1 个、人体感应传感器 1 个、灯开关控制器 1 个、窗帘控制器 1 个（步进电机+驱动器）、ZigBee 节点板 6 块、PC 1 台。

软件：Windows 7/10，IAR 集成开发环境，Z-Stack 协议栈，串口调试软件。

【任务实训步骤】

第 1 步，设计数据通信协议。

（1）当有传感器节点和控制器节点加入网络后，将其设备 ID、网络地址等信息发送给协调器，数据格式如表 4-2 所示。

表 4-2　数据格式

报文组成单元	开始码	设备类型	设备 ID	网络地址	校验码	结束码
字节数	1 个字节	1 个字节	1 个字节	2 个字节	1 个字节	1 个字节
描述	0x3A				XOR	0x55

说明：

① 设备类型：路由器为 0x01，终端节点为 0x02。

② 设备 ID：本任务采用了 5 个节点，各节点的设备 ID 范围如下。

温湿度传感器的设备 ID 范围为：0x01～0x0F。

可燃气体传感器的设备 ID 范围为：0x10～0x1F。

人体感应传感器的设备 ID 范围为：0x20～0x2F。

灯开关控制器的设备 ID 范围为：0x30～0x3F。

窗帘控制器的设备 ID 范围为：0x40～0x4F。

（2）PC 控制单个终端（灯开关控制器或窗帘控制器）节点的命令格式如表 4-3 所示。

表 4-3　PC 控制单个终端节点的命令格式

报文组成单元	开始码	功能码	数据	校验码	结束码
字节数	1 个字节	1 个字节	1 个字节	1 个字节	1 个字节
描述	0x4A			XOR	0x55

说明：

① 功能码：灯开关控制器为 0x0B，窗帘控制器为 0x0A。

② 数据：灯开关控制器，0x01 为开灯，0x00 为关灯；窗帘控制器，0x01 为正转，0x02 为反转，0x00 为停止转动。

③ 终端节点响应与 PC 控制单个终端节点的命令格式一样，即原样返回。

例如：

PC 发送：4A 40 0A 01 01 55，终端节点返回：4A 40 0A 01 01 55

现象：窗帘控制器的步进电机正转。

PC 发送：4A 30 0B 01 70 55，终端节点返回：4A 30 0B 01 70 55

现象：灯开关控制器的继电器闭合。

第 2 步，用协调器存储各节点的设备类型、设备 ID 等信息。

当有节点加入网络后，将其设备 ID、网络地址等信息发送给协调器；协调器按照一定格式进行存储。下面以 SeraiaApp.eww 工程文件为模板，进行程序设计，该工程文件的存储路径为“\zstack\Utilities \SerialApp\CC2530DB”。

（1）实现协调器与 PC 串口的通信。

① 在 SerialApp.c 文件中取消串口流控配置，即“uartConfig.flowControl = FALSE;”。根据需要配置串口通信波特率，本任务采用默认设置，即 38400bps。

② SerialApp. eww 工程文件中采用了串口回调函数，当串口接收到数据时，就会调用 static void SerialApp_CallBack(uint8 port, uint8 event)函数，进入该函数后，会调用 SerialApp_Send()函数（可以在该函数中编写串口回调函数的功能代码）。例如，原样返回串口接收到的数据给串口调试端，具体程序如下。

```
/*******************************************************************************/
if (!SerialApp_TxLen &&
(SerialApp_TxLen = HalUARTRead(SERIAL_APP_PORT,
SerialApp_TxBuf, SERIAL_APP_TX_MAX)))
{   HalUARTWrite(0, SerialApp_TxBuf,SerialApp_TxLen);   //返回串口 0 接收到的数据
SerialApp_TxLen= 0;   //切记：要将该变量清零，否则不能连续收、发数据
}
/*******************************************************************************/
```

（2）当有节点加入网络后，将其设备 ID、网络地址等信息发送给协调器。在 uint16 SerialApp_ProcessEvent(uint8 task_id, uint16 events)函数中，若节点的网络状态改变，则 ZDO_STATE_CHANGE 事件有效，调用 AfSendAddrInfo() 函数。

```
/*******************************************************************************/
void AfSendAddrInfo(void)
{ uint16 shortAddr;
uint8 strBuf[5]={0};
uint8 checksum=0;
RFTX rftx;
SerialApp_TxAddr.addrMode = (afAddrMode_t)Addr16Bit;
SerialApp_TxAddr.endPoint = SERIALAPP_ENDPOINT;
SerialApp_TxAddr.addr.shortAddr = 0x00;
rftx.BUF.head = 0x3A;
rftx.BUF.tail = 0x55;
rftx.BUF.afdeviceID = DeviceID;
if(SerialApp_NwkState == DEV_ROUTER)
{rftx.BUF.type = 0x01;}
```

```
14. else if(SerialApp_NwkState == DEV_END_DEVICE)
15. {rftx.BUF.type = 0x02;}
16. rftx.BUF.myNWK = NLME_GetShortAddr();
17. rftx.BUF.checkcode = XorCheckSum(rftx.databuf, 5); //仅取 rftx.databuf 数组中的 5 个字节
18. if ( AF_DataRequest( &SerialApp_TxAddr, (endPointDesc_t *)&SerialApp_epDesc,
19. SERIALAPP_CLUSTERID1, 7,(uint8 *)&rftx, &SerialApp_MsgID,
20. 0, AF_DEFAULT_RADIUS ) == afStatus_SUCCESS )
21. {  }
22. else
23. {     // Error occurred in request to send. }
24. }
/*****************************************************************************************/
```

说明：

① 第 5 行 RFTX 结构体的类型定义如下。

```
/*****************************************************************************************/
typedef union h
{ uint8 databuf[7];
 struct RFRXBUF
  { uint8 head;                    //0x3A
    uint8 type;                    //1 表示路由器，2 表示终端节点
    uint8 afdeviceID;
    uint16 myNWK;
    uint8 checkcode;
    uint8 tail;                    //0x55
   }BUF;
}RFTX;
/*****************************************************************************************/
```

复用共用体和结构体，数据长度为 7 个字节，既可单独访问 BUF 中的成员，又可以采用 RFTX 访问 BUF 中的整体数据。

② 第 18～21 行，将长度为 7 个字节的数据（包括开始码、设备类型、设备 ID、网络地址、校验码和结束码）发送给协调器。发送的簇（命令）为 SERIALAPP_CLUSTERID1。

③ 协调器接收节点网络地址等信息，并按照一定数据格式存储。当协调器接收到节点的无线数据时，在 SerialApp_ProcessEvent() 事件处理函数中，AF_INCOMING_MSG_CMD 事件有效，因此会调用 SerialApp_ProcessMSGCmd(MSGpkt)函数，根据簇（命令）为 SERIALAPP_CLUSTERID1，可知以下代码被执行。

```
/*****************************************************************************************/
switch ( pkt->clusterId )
{ case SERIALAPP_CLUSTERID1:          //协调器接收节点信息
#if defined(ZDO_COORDINATOR)
osal_memcpy(&rftx.databuf,pkt->cmd.Data,pkt->cmd.DataLength); //复制数据
HalUARTWrite(0,rftx.databuf,7);       //串口显示节点信息
osal_memcpy(&DeviceInfo[DeviceNum],&rftx,7);       //存储节点信息
DeviceNum++;
#endif
break;
……}
/*****************************************************************************************/
```

第 6～7 行，存储节点信息，在 SerialApp.c 文件开头定义了全局变量（RFTX DeviceInfo[10]、uint8 DeviceNum=0）。第 1 个节点加入网络后，其设备信息存储在结构体变量 DeviceInfo[0]中，第 2 个节点的设备信息存储在 DeviceInfo[1]中，其他节点的设备信息依次存入 DeviceInfo 数组中，至此就实现了节点设备信息的存储。协调器通过设备 ID 找到节点的网络地址（因为设备 ID 是编程设置的，而网络地址是由协调器动态配置的），从而可以向指定节点发送数据。

第 3 步，温湿度、可燃气体、人体感应等传感器采集数据，传送给协调器，并且由协调器上传给 PC 的串口调试软件。

（1）启动周期事件。温湿度传感器、可燃气体传感器和人体感应传感器（节点）加入网络、发送节点信息给协调器之后，启动周期事件 SerialApp_SEND_PERIODIC_ MSG_EVT。温湿度传感器、可燃气体传感器的周期为 8s，人体感应传感器的周期为 1s。SerialApp_ProcessEvent()函数中部分代码如下。

```
/***************************************************************************/
case ZDO_STATE_CHANGE:
SerialApp_NwkState = (devStates_t)(MSGpkt->hdr.status);
if ( (SerialApp_NwkState == DEV_ZB_COORD)
|| (SerialApp_NwkState == DEV_ROUTER)
|| (SerialApp_NwkState == DEV_END_DEVICE) )
{ …
#ifdef   GAS_SENSOR          //将可燃气体传感器加入网络后，启动周期事件，周期为 8s
osal_start_timerEx( SerialApp_TaskID, SerialApp_SEND_PERIODIC_MSG_EVT, 8000 );
#endif
#ifdef BODY_SENSOR          //将人体感应传感器加入网络后，启动周期事件，周期为 1s
osal_start_timerEx(SerialApp_TaskID,SerialApp_SEND_PERIODIC_MSG_EVT, 1000);
#endif
#ifdef TEM_SENSOR           //将温湿度传感器加入网络后，启动周期事件，周期为 8s
osal_start_timerEx(SerialApp_TaskID,SerialApp_SEND_PERIODIC_MSG_EVT, 8000);
#endif
}
break;
…
if ( events & SerialApp_SEND_PERIODIC_MSG_EVT )
{SerialApp_Send_P2P_Message(); //节点发送采集的数据给协调器
#ifdef   BODY_SENSOR
osal_start_timerEx( SerialApp_TaskID, SerialApp_SEND_PERIODIC_MSG_EVT,
  (1000 + (osal_rand() & 0x00FF)) );     //继续定时 1s 产生周期事件
#endif
#ifdef GAS_SENSOR
osal_start_timerEx( SerialApp_TaskID, SerialApp_SEND_PERIODIC_MSG_EVT,
8000 + (osal_rand() & 0x00FF)));     //继续定时 8s 产生周期事件
#endif
#ifdef TEM_SENSOR
osal_start_timerEx( SerialApp_TaskID,
SerialApp_SEND_PERIODIC_MSG_EVT,
8000 + (osal_rand() & 0x00FF)) );     //继续定时 8s 产生周期事件
#endif
return (events ^ SerialApp_SEND_PERIODIC_MSG_EVT);
```

```
}
……}
/************************************************************************************/
```

说明：节点周期性发送采集的数据给协调器的思路为“有节点加入网络→定时启动周期事件→响应周期事件→节点发送采集的数据给协调器→定时启动周期事件→响应周期事件……”。

（2）节点发送采集的数据给协调器，部分代码如下。

```
/************************************************************************************/
void SerialApp_Send_P2P_Message( void )
{ byte state;
  uint16 gas_v;
  uint8 gas_data[2];
  uint16 sensor_val ,sensor_tem;
  uint8 tem_data[4];
  SerialApp_TxPoint.addrMode = (afAddrMode_t)Addr16Bit;          //点播
  SerialApp_TxPoint.endPoint = SERIALAPP_ENDPOINT;
  SerialApp_TxPoint.addr.shortAddr = 0x0000;                     //发送给协调器
#ifdef BODY_SENSOR                                               //人体感应传感器
  if(BODY_PIN == 0)                                              //有人进入
  { MicroWait (10000);                                           // 等待 10ms
  if(BODY_PIN == 0)                                              //再次判断有人进入
  {state = 0x31;
   HalLedSet ( HAL_LED_2, HAL_LED_MODE_ON );
  }
  else                                                           //再次判断无人进入
  { state = 0x30;
   HalLedSet ( HAL_LED_2, HAL_LED_MODE_OFF );                    //发送 1 个字节的数据
  }
  if (afStatus_SUCCESS == AF_DataRequest(&SerialApp_TxPoint,
                    (endPointDesc_t*)&SerialApp_epDesc, SERIALAPP_CLUSTERID3,
                    1, &state, &SerialApp_MsgID, 0, AF_DEFAULT_RADIUS))
  {  }                        //发送的簇（命令）为：SERIALAPP_CLUSTERID3
  else
  {  }
 }
 else                                              //无人进入
 { state = 0x30;
  HalLedSet ( HAL_LED_2, HAL_LED_MODE_OFF );
 }
 #endif
 #ifdef GAS_SENSOR                                 //可燃气体传感器
  gas_v=get_adc();                                 //取模拟电压值
  gas_data[1] = (uint8 )(gas_v & 0x00FF);
  gas_data[0] = (uint8 )((gas_v & 0xFF00)>> 8);
  If (afStatus_SUCCESS == AF_DataRequest(&SerialApp_TxPoint,          //发送 2 个字节的数据
  (endPointDesc_t  *)&SerialApp_epDesc,  SERIALAPP_CLUSTERID4,2,  gas_data,  &SerialApp_
MsgID, 0, AF_DEFAULT_RADIUS))                      //发送的簇（命令）为：SERIALAPP_CLUSTERID4
```

```
    {   }
#endif
#ifdef TEM_SENSOR                                               //温湿度传感器
    call_sht11(&sensor_tem,&sensor_val);            //读取温度值（2个字节）、湿度值（2个字节）
    tem_data[1] = (uint8 )(sensor_tem & 0x00FF);                //取温度值的低字节
    tem_data[0] = (uint8 )((sensor_tem & 0xFF00)>> 8);          //取温度值的高字节
    tem_data[3] = (uint8 )(sensor_val & 0x00FF);                //取湿度值的低字节
    tem_data[2] = (uint8 )((sensor_val & 0xFF00)>> 8);          //取湿度值的高字节
    if (afStatus_SUCCESS == AF_DataRequest(&SerialApp_TxPoint,          //发送4个字节的数据
      (endPointDesc_t *)&SerialApp_epDesc, SERIALAPP_CLUSTERID5,4, tem_data, &SerialApp_MsgID, 0, AF_DEFAULT_RADIUS))         //发送的簇（命令）为：SERIALAPP_CLUSTERID5
    {  }
#endif
}
/*********************************************************************************/
```

（3）协调器接收节点采集的数据，并上传给 PC 的串口调试软件。协调器收到无线数据时，事件 AF_INCOMING_MSG_CMD 有效，调用事件处理函数 SerialApp_ProcessMSGCmd (MSGpkt)。根据节点发送簇（命令）运行代码如下。

```
/*********************************************************************************/
case SERIALAPP_CLUSTERID3:                                      //人体感应传感器
    if(pkt->cmd.Data[0] == 0x31)
    {       HalUARTWrite(0,"有人进入\n", 9);                    //串口显示有人
    }
    else if(pkt->cmd.Data[0] == 0x30)
    {   //    HalUARTWrite(0,"security\n", 9);                  //串口显示无人
    }
    break;
case SERIALAPP_CLUSTERID4:                                      //可燃气体传感器
    sensor_val = (pkt->cmd.Data[0]<<8) | pkt->cmd.Data[1];      //读取气体电压值
    data_val[0] = 0x30 + sensor_val/100;                        //气体电压值的十位
    data_val[1] = '.';                                          //气体电压值的小数点
    data_val[2] = 0x30 + sensor_val%100/10;                     //气体电压值的个位
    data_val[3] = 0x30 + sensor_val%10;                         //气体电压值的小数位
    data_val[4] = 'v';                                          //气体电压的单位
    HalUARTWrite(0,"气体电压：",10);
    HalUARTWrite(0,data_val,5);
    HalUARTWrite(0,"\n",1);
    break;
case SERIALAPP_CLUSTERID5:                                      //温湿度传感器
    sensor_val = (pkt->cmd.Data[0]<<8) | pkt->cmd.Data[1];      //读取温度值
    data_val[0] = 0x30 + sensor_val/100;                        //温度值的十位
    data_val[1] = 0x30 + sensor_val%100/10;                     //温度值的个位
    data_val[2] = '.';                                          //温度值的小数点
    data_val[3] = 0x30 + sensor_val%10;                         //温度值的小数位
    HalUARTWrite(0,"温度：",6);                                 //显示“温度：”字符
    HalUARTWrite(0,data_val,4);                                 //显示温度值
    HalUARTWrite(0,"℃",2);                                      //显示温度的单位
```

```
    sensor_val = (pkt->cmd.Data[2]<<8) | pkt->cmd.Data[3];      //读取湿度值
    data_val[0] = 0x30 + sensor_val/100;                        //湿度值的十位
    data_val[1] = 0x30 + sensor_val%100/10;                     //湿度值的个位
    data_val[2] = '.';                                          //湿度值的小数点
    data_val[3] = 0x30 + sensor_val%10;                         //湿度值的小数位
    data_val[4] = '%';                                          //显示湿度的单位
    HalUARTWrite(0,"    湿度：",8);                             //显示“湿度：”字符
    HalUARTWrite(0,data_val,5);                                 //显示湿度值
    HalUARTWrite(0,"\n",1);
  ……
/***********************************************************************************/
```

第 4 步，协调器控制窗帘控制器和灯开关控制器。

（1）协调器发送控制命令。

在 PC 的串口调试软件端发送命令，协调器接收到串口数据后，调用串口回调函数，在 SerialApp_Send (void)函数中编写如下代码。

```
/***********************************************************************************/
static void SerialApp_Send(void)
{ RFCONDATA rfcondata;
   uint8 i=0;
   uint16 TXPPddr;
   uint8 TXFlag=0;
   if (!SerialApp_TxLen &&
      (SerialApp_TxLen = HalUARTRead(SERIAL_APP_PORT, SerialApp_TxBuf,
                                 SERIAL_APP_TX_MAX)))
   { // Pre-pend sequence number to the Tx message.
     // SerialApp_TxBuf[0] = ++SerialApp_TxSeq;
  if(SerialApp_TxLen)
  { SerialApp_TxLen = 0;
  if(SerialApp_TxBuf[0] == 0x4A)                         //控制电机、灯开关
  {if(XorCheckSum(SerialApp_TxBuf, 4) == SerialApp_TxBuf[4] &&SerialApp_TxBuf[5] == 0x55)
                                                         //校验码和结束码是否正确
 {osal_memcpy(rfcondata.databuf,SerialApp_TxBuf,6);      //读取串口数据到结构体变量中
 //0x0A 控制电机，0x0B 控制灯
 if(rfcondata.BUF.FCCode == 0x0A || rfcondata.BUF.FCCode == 0x0B )
  { for(i=0;i<DeviceNum;i++)
   { if(rfcondata.BUF.afdeviceID == DeviceInfo[i].BUF.afdeviceID)
      {TXFlag = 0x01; TXPPddr = DeviceInfo[i].BUF.myNWK;
      }
   }
   if(TXFlag == 0x01)
   { TXFlag = 0x00;
    SerialApp_TxPoint.addrMode = (afAddrMode_t)Addr16Bit;
    SerialApp_TxPoint.endPoint = SERIALAPP_ENDPOINT;
    SerialApp_TxPoint.addr.shortAddr = TXPPddr;          //点播
    if (afStatus_SUCCESS == AF_DataRequest(&SerialApp_TxPoint,
           (endPointDesc_t *)&SerialApp_epDesc, SERIALAPP_CLUSTERID2, 6,
              (uint8 *)&rfcondata, &SerialApp_MsgID, 0, AF_DEFAULT_RADIUS))
```

```
31.      { HalUARTWrite(0, rfcondata.databuf,6);           //无线发送成功后原样返回给上位机
32.       //osal_set_event(SerialApp_TaskID, SERIALAPP_SEND_EVT);
33.      }
34.      else                                              //暂时未发现错误
35.      { rfcondata.BUF.ConData = 0x00;                    //无线发送失败后，数据置 0
36.       rfcondata.BUF.checkcode = 0x00;                   //无线发送失败后，校验码置 0
37.       HalUARTWrite(0, rfcondata.databuf,6);
38.      }
39.  } } } } } } }
/*******************************************************************************/
```

说明：第 2 行 RFCONDATA 结构体类型的定义如下。

```
/*******************************************************************************/
typedef union k
{   uint8 databuf[6];
  struct RFRXCONBUF
  { uint8 head;               //0x4A 开始码
    uint8 afdeviceID;         //设备 ID
    uint8 FCCode;             //功能码
    uint8 ConData;            //数据
    uint8 checkcode;          //校验码
    uint8 tail;               //0x55 结束码
  }BUF;
}RFCONDATA;
/*******************************************************************************/
```

复用共用体和结构体，数据长度为 6 个字节，既可单独访问 BUF 中的成员，又可以采用 RFCONDATA 访问 BUF 中的整体数据。

（2）节点接收协调器发送的控制命令，并做出相关动作。

节点接收到命令后，事件 AFINCOMING_MSG_CMD 有效，调用事件处理函数 SerialApp_ProcessMSGCmd (MSGpkt)。根据节点发送簇（命令）和节点功能运行如下代码。

```
/*******************************************************************************/
case SERIALAPP_CLUSTERID2:                    //接收控制指令
osal_memcpy(&rfcondata.databuf,pkt->cmd.Data,pkt->cmd.DataLength);//读无线数据
switch(rfcondata.BUF.FCCode)
{case 0x0A:                                   //控制电机
#ifdef MOTOR_CONTROLLER
  MotorStop();                                //停止转动
  if(rfcondata.BUF.ConData == 0x01)           //电机正转
  { HalLedSet ( HAL_LED_2, HAL_LED_MODE_ON );
    for(i=0;i<2000;i++)
    MotorCW();                                //顺时针转动
  }
  else if(rfcondata.BUF.ConData == 0x02)      //电机反转
  { HalLedSet ( HAL_LED_1, HAL_LED_MODE_ON );
    for(i=0;i<2000;i++)
    MotorCCW();                               //逆时针转动
  }
  else if(rfcondata.BUF.ConData == 0x00)      //电机停止转动
  { HalLedSet ( HAL_LED_2, HAL_LED_MODE_OFF );
```

```
    HalLedSet ( HAL_LED_1, HAL_LED_MODE_OFF );
    MotorStop();                              //停止转动
  }
#endif
          break;
          case 0x0B:                          //控制灯开关
#ifdef LIGHT_SWITCH
    if(rfcondata.BUF.ConData == 0x01)         //开灯
    {HalLedSet ( HAL_LED_2, HAL_LED_MODE_ON );
     LIGHT_PIN = 0;
    }
    else if(rfcondata.BUF.ConData == 0x00)    //关灯
    { HalLedSet ( HAL_LED_2, HAL_LED_MODE_OFF );
     LIGHT_PIN = 1;
    }
#endif
    break;
/*********************************************************************************************/
```

说明：MotorStop()、MotorCW()、MotorCCW()等为步进电机控制子程序。

第 5 步，测试系统功能。

（1）搭建系统硬件。

采用 NEWLab 平台、6 个 ZigBee 模块，以及温湿度传感器、人体感应传感器、可燃气体传感器、步进电机+驱动器、继电器等组成一套 ZigBee 无线传感器网络监控系统，如图 4-32 所示。驱动器采用 M5 模块（ULN2003 为驱动芯片），并且焊接 4 个电阻（R_{13} 和 R_{14} 阻值为 0Ω，可用导线代替，R_{15} 和 R_{16} 阻值为 10Ω），拆掉 R_9 和 R_{10} 之间的电阻。步进电机采用 5 线 4 相 5V 电机，5 根线分别是 5V 电源线和 4 根绕组线，把步进电机的 5 根线分别接到驱动板 M5 和 J12 接口上。

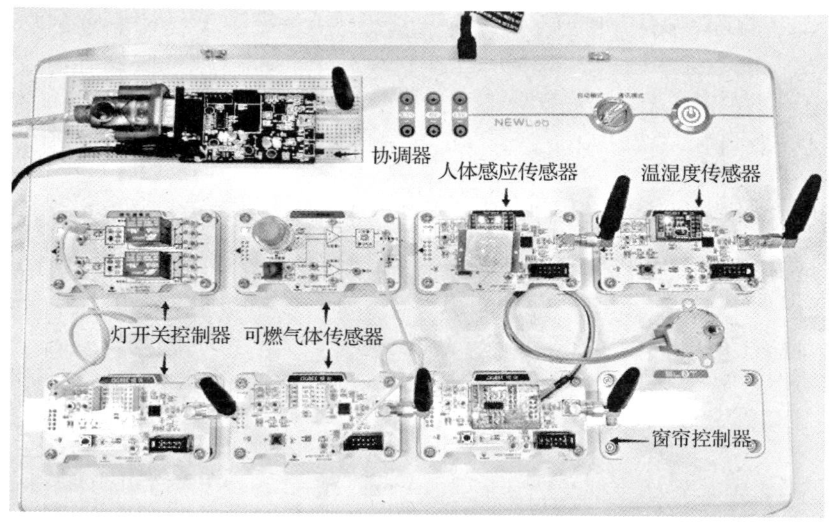

图 4-32　ZigBee 无线传感器网络监控系统

（2）编译、下载程序。

① 给协调器编译、下载程序。

在“Workspace”栏内选择“CoordinatorEB”，在 SerialApp.c 文件中注释掉所有节点名称

对应的宏，并把设备 ID 设置为 0x00，具体如下。

定义设备功能：温湿度传感器、可燃气体传感器、人体感应传感器、灯开关控制器、窗帘控制器。

下载协调器时，5 个宏要全部注释掉，协调器的设备 ID 为 0x00。

下载节点时，以下 5 个宏，仅允许对应的节点的宏有效，其他 4 个宏必须注释掉。

```
*********************************************************************************/
//#define    TEM_SENSOR              //温湿度传感器         DeviceID 0x01～0x0F
//#define    GAS_SENSOR              //可燃气体传感器       DeviceID 0x10～0x1F
//#define    BODY_SENSOR             //人体感应传感器       DeviceID 0x20～0x2F
//#define    LIGHT_SWITCH            //灯开关控制器         DeviceID 0x30～0x3F
//#define    MOTOR_CONTROLLER        //窗帘控制器           DeviceID 0x40～0x4F
static uint16 DeviceID = 0x00 ;      //终端设备 ID，重要
/*********************************************************************************/
```

② 给节点编译、下载程序。

在“Workspace”栏内选择“RouterEB”或“EndDeviceEB”，在 SerialApp.c 文件中注释掉其他节点名称对应的宏，并把设备 ID 设置在对应的范围内。例如：温湿度传感器、可燃气体传感器、人体感应传感器、灯开关控制器、窗帘控制器的设备 ID 分别为 0x01、0x10、0x20、0x30、0x40。

③ 将测试节点加入网络后，给协调器发送设备信息。

给协调器上电，再给各节点上电，在 PC 的串口调试软件中可以看到节点设备的相关信息，如图 4-33 所示。

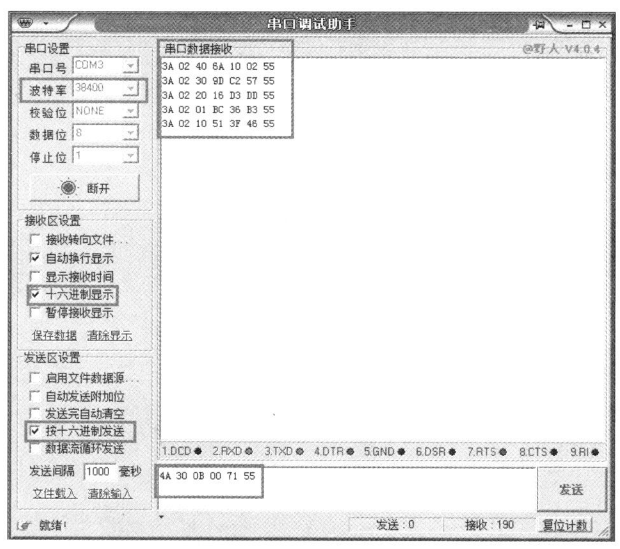

图 4-33　节点设备的相关信息

④ 在 PC 端监测各传感器采集的数据，如图 4-34 所示。

⑤ 在 PC 的串口调试软件端，输入相关控制命令，控制窗帘控制器驱动电机正转、反转、停止转动，控制灯开关控制器驱动继电器闭合、断开。

例如：

PC 发送：4A 40 0A 02 02 55，终端返回：4A 40 0A 02 02 55

现象：窗帘控制器的步进电机反转。

PC 发送：4A 30 0B 01 70 55，终端返回：4A 30 0B 01 70 55

现象：灯开关控制器的继电器闭合。

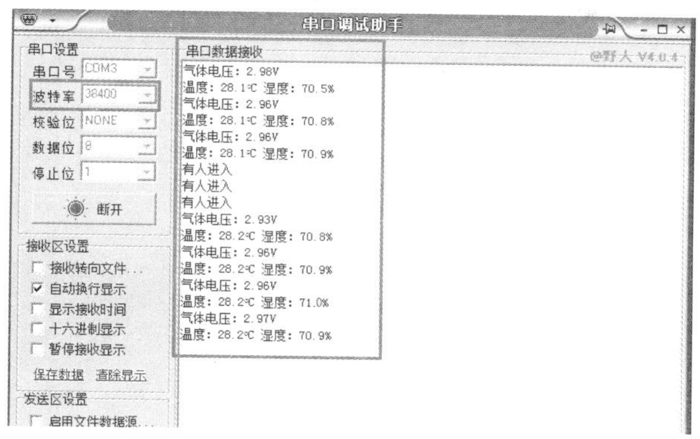

图 4-34 在 PC 端监测各传感器采集的数据

【知识点小结】

1．Z-Stack 协议栈将底层、网络层等复杂部分屏蔽掉，让程序员通过 API 函数就可以轻松地开发一套 ZigBee 系统。

2．单播表示网络中两个节点之间进行数据发送与接收的过程，类似某次会议中任意两位参会者之间的交流。采用这种方式必须已知发送节点的网络地址。组播类似会议中有人主题发言后，各小组进行讨论，只有本小组的成员才能听到相关的讨论内容，不属于本小组的成员听不到相关讨论内容。广播表示一个节点发送的数据包，网络中所有节点都可以收到。类似于会议中，有人主题发言，每位参会者都可以听到。

3．ZigBee 协议栈定义了星形、树形、Mesh（网状）三种网络拓扑结构，可以根据实际项目需要来选择合适的 ZigBee 网络拓扑结构，三种 ZigBee 网络拓扑结构各有优势。

【拓展与思考】

1．参照任务 4.3，采用绑定方式，实现收集传感器数据的应用。其中 SimpleSensorEB 设备（终端节点）负责采集温度值和电压值，并将采集到的数据传递给采集节点 SimpleCollectorEB。采集节点为协调器，负责收集信息，并将收集到的信息通过串口发送给 PC。

2．添加传感器和控制器，重新实施该任务，并绘制网络拓扑结构图。

3．采用外部中断按键控制方式设计人体感应传感器节点的程序。

4．将同一节点重复加入网络时，协调器能避免重复存储该节点的设备信息。即如果节点多次重新上电，协调器能识别该节点，但仅对该节点设备信息存储一次。

【强国实训拓展】

仓储管理作为粮食流通的基础性工作，其意义在于守住、管好“天下粮仓”。结合本项目所学技能，试设计基于 Z-stack 协议栈组网通信的智能仓库安防系统方案，用温湿度传感器、火焰传感器组成无线传感器网络实现数据采集和数据汇聚。

项目五　蓝牙无线通信技术应用设计

【知识目标】

1．掌握 BLE 协议栈的结构、基本概念；

2．掌握主机与从机数据传输的流程；

3．掌握特征值、句柄、UUID、GATT 服务等的概念和作用。

【技能目标】

1．能熟练安装与使用 BTool 工具；

2．能熟练完成 BLE 协议栈的安装；

3．能熟练在 Profiles 中添加、修改特征值；

4．能熟练使用串口回调函数实现蓝牙模块与 PC 的串口通信。

【任务分解】

任务 5.1：基于 BLE 协议栈的串口通信

任务 5.2：基于 BLE 协议栈的无线点灯

任务 5.1　基于 BLE 协议栈的串口通信

【任务描述】

设计蓝牙模块与 PC 串口通信系统，要求给蓝牙模块上电时，向串口发送“Hello NEWLab!”，并在 PC 的串口调试软件上显示；另外，在串口调试软件上发送信息给蓝牙模块时，蓝牙模块收到信息后，立刻将接收到的数据返回给串口调试软件，并显示出来。

【任务环境】

硬件：NEWLab 平台 1 套、蓝牙模块 1 个、PC 1 台。

软件：Windows 7/10，IAR 集成开发环境，BLE 协议栈，串口调试软件。

【必备知识点】

1．蓝牙技术概念；

2．BLE 协议栈的安装与使用。

5.1.1　蓝牙技术概念

1．蓝牙简介

蓝牙，是一种支持设备短距离（一般 10m 内）通信的无线电技术，能在移动电话、PDA、无线耳机、笔记本电脑等众多设备之间进行无线信息交换。利用蓝牙技术，能够有效地简化移动终端设备之间的通信，也能够成功地简化设备与因特网之间的通信，从而使数据传输变得更加迅速、高效，为无线通信拓宽道路。蓝牙技术采用分散式网络结构及快跳频和短包技术，支持点对点及点对多点通信，工作在全球通用的 2.4GHz ISM（即工业、科学、医学）频段。其数据传输速率为 1Mbps，采用时分双工传输方案实现全双工传输。

蓝牙是一种用于无线数据与语音通信的开放性全球规范，它以低成本的近距离无线连接为基础，为固定与移动设备通信环境建立一个特别连接，其程序写在一个 9mm×9mm 的微芯片中。例如，把蓝牙技术引入到移动电话和笔记本电脑中，就可以去掉移动电话与笔记本电脑之间的电缆连接而通过无线使其建立通信。打印机、PDA、传真机、键盘、游戏操纵杆及所有其他的数字设备都可以成为蓝牙系统的一部分。另外，蓝牙技术还为已存在的数字网络和外设提供通用接口以组建一个远离固定网络的个人特别连接设备群。

ISM 频段是对所有无线电系统开放的频段，因此使用其中的某个频段可能会遇到不可预测的干扰源。例如某些家电、无绳电话、车库门遥控器、微波炉等，都可能带来干扰。为此，蓝牙特别设计了快速确认和跳频方案以确保链路稳定。跳频技术把频段分成若干个跳频信道，在一次连接中，无线电收发器按一定的码序列（即一定的规律，技术上叫作“伪随机码”，就是“假的随机码”）不断地从一个信道“跳”到另一个信道，只有收发双方是按这个规律进行通信的，而其他的干扰源不可能按同样的规律进行干扰；跳频的瞬时带宽是很窄的，但可通过扩展频谱技术使这个窄带宽成百倍地扩展为宽频段，使干扰可能带来的影响变得很小。

与其他工作在相同频段的系统相比，蓝牙跳频更快，数据包更短，这使蓝牙比其他系统更稳定。FEC（Forward Error Correction，前向纠错）的使用抑制了长距离链路的随机噪声，应用了二进制调频（FM）技术的跳频收发器被用来抑制干扰和防止衰落。

蓝牙基带协议是电路交换与分组交换的结合，在被保留的时隙中可以传输同步数据包，每个数据包以不同的频率发送。一个数据包名义上占用一个时隙，但实际上可以扩展到占用 5 个时隙。蓝牙可以支持异步数据信道、多达 3 个的同时进行的同步话音信道，还可以用一个信道同时传送异步数据和同步话音。每个话音信道支持传输速率为 64kb/s 的同步话音链路。异步信道可以支持一端最大传输速率为 721kb/s 而另一端传输速率为 57.6kb/s 的不对称连接，也可以支持传输速率为 43.2kb/s 的对称连接。

蓝牙 4.0 版本综合了传统蓝牙、高速蓝牙和低功耗蓝牙三种蓝牙技术，集成了蓝牙技术在无线连接上的固有优势，同时具备了高速蓝牙和低功耗蓝牙的特点。低功耗蓝牙（Bluetooth Low Energy），简称 BLE，是蓝牙 4.0 版本的核心规范。BLE 是由蓝牙技术联盟设计的无线通信技术，主要用于医疗、健身、安全和家庭娱乐领域。与传统蓝牙相比，低功耗蓝牙旨在大幅降低功耗和成本，同时达到相同的通信效果。

2. BLE 协议栈简介

BLE 协议栈是由蓝牙技术联盟在蓝牙 4.0 版本的基础上推出的低功耗蓝牙通信标准，双方需要共同按照这一标准进行正常的数据发送和接收。BLE 协议栈包括一个小型操作系统（抽象层 OSAL）——由其负责系统的调度。操作系统的大部分代码被封装在代码库中，对用户不可见，用户只能使用 API 来调用相关库函数。

BLE 协议栈中定义了 GAP（Generic Access Profile）和 GATT（Generic Attribute）两个基本配置层，其中 GAP 层负责管理设备访问模式和进程，包括设备发现、建立连接、终止连接、初始化安全特性、设备配置等；GATT 层用于已连接的设备之间的数据通信。

TI 公司推出的 CC254x 系列单芯片（SoC）具有 21 个 I/O、UART、SPI、USB2.0、PWM、ADC 等外设，具有超宽的工作电压（2～3V、6V）、极低的能耗和极小的唤醒延时（4μs）。该芯片内部集成增强型 8051 内核，同时，TI 公司为 BLE 协议栈搭建了一个简单的操作系统，使得该芯片可以与 BLE 协议栈完美结合，帮助用户设计出高弹性、低成本、低功耗的解决方案。

BLE 协议栈的主要优点是功耗低，使用 BLE 协议栈与周围设备进行通信时，其峰值功耗为传统蓝牙的一半，但传输距离可提升到 100m，且其低延时的优点可使其在最短 3ms 内完成连接并开始进行数据传输。缺点是传输数据量较小，最大为 512 个字节，超过 20 个字节需要分包处理。

5.1.2 BLE 协议栈的安装与使用

1. BLE 协议栈的安装

BLE 协议栈具有很多版本，不同厂家提供的 BLE 协议栈有所不同，本书选用 TI 公司推出的 BLE-CC254x-1.3.2 版本，双击 BLE-CC254x-1.3.2.exe 文件即可进行安装，默认安装在 C 盘，路径为“C:\Texas Instruments\BLE-CC254x-1.3.2”。

安装完 BLE 协议栈之后，在安装目录下会出现 Acessories、Components、Documents、Projects 及 BTool 文件夹。下面介绍各文件夹的作用。

（1）Acessories 文件夹。其中包括 Drivers、HexFiles 等文件夹，Drivers 文件夹内有 HostTestRelease 程序的 CC2540 USB Dongle 的 USB 转串口驱动程序；HexFiles 文件夹内有 TI 公司的开发板固件（.hex 文件），其中 CC2540_USBdongle_HostTestRelease_All.hex 是 USB Dongle 出厂时默认烧录的固件，用作协议分析仪。

（2）Components 文件夹。其中存放了蓝牙 4.0 版本的协议栈组件，包括底层的 BLE、TI 公司开发板硬件驱动层 HAL、操作系统 OSAL 等。

（3）Documents 文件夹。其中存放了 TI 公司提供的相关协议栈、demo 文档及开发文档。这些文档相当重要，重要的文档有 TI_BLE_Sample_Applications_Guide. pdf（协议栈应用指南），介绍协议栈 demo 操作；TI_BLE_Sofware_Developer's_Guide. pdf（协议栈开发指南），介绍 BLE 协议栈高级开发；BLE_API Guide_main. htm（BLE 协议栈 API 文档），在调用 API 函数时，该文档非常有用。

（4）Projects 文件夹。其中存放了 TI 公司提供的不同功能的 BLE 工程，例如，BloodPressure、GlucoseCollector、GlucoseSensor、HeartRate、HIDEmuKbd 等传感器的实际应用，并且有相应标准的通用协议（Profile）；还有 4 种角色工程，即 SimpleBLEBroadcaster（观察者）、SimpleBLEObserver（广播者）、SimpleBLECentral（主机）和 SimpleBLEPeripheral（从机）。一般观察者和广播者一起使用，这种方式不需要连接；主机和从机一起使用，它们连接之后，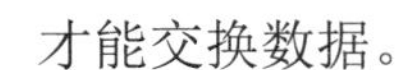才能交换数据。

（5）BTool 文件夹。BLE 设备 PC 端的使用工具。

2. BLE 协议栈的编译与下载

本节只讨论 SimpleBLEPeripheral（从机）和 SimpleBLECentral（主机）两个工程，打开这些工程需要 IAR 8.10 以上版本。在“\ble\SimpleBLEPeripheral\CC2541DB”目录下找到 SimpleBLEPeripheral.eww 工程文件，双击该文件，即可打开工程，如图 5-1 所示。窗口左侧有很多文件夹，如 APP、HAL、OSAL、PROFILES 等，这些文件夹对应 BLE 协议栈中不同的层。在开发过程中，一般情况下，整个协议栈内需要修改的代码主要在 APP 和 PROFILES 两个文件夹中，且大部分的代码

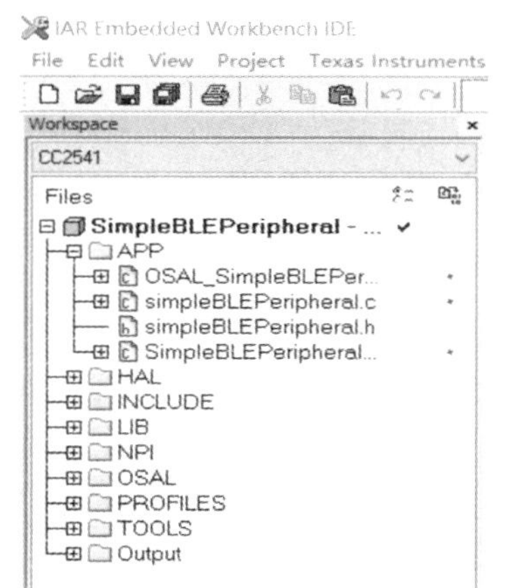

图 5-1 BLE 协议栈工程文件夹结构

已由 TI 公司提供，类似于 ZigBee 协议栈的开发。

下载程序可以采用 CC Debugger 等开发工具，并进行仿真调试或烧录程序，优先选用 CC Debugger 作为开发工具。

5.1.3　任务实训步骤

第 1 步，搭建串口通信电路。

将蓝牙模块固定在 NEWLab 平台上，通过串口线把 NEWLab 平台与 PC 连接起来，并将 NEWLab 平台上的通信方式旋钮转到“通信模式”，最后给 CC2541 上电。

第 2 步，打开 SimpleBLEPeripheral 工程。

打开“\ble\SimpleBLEPeripheral\CC2541DB”目录下的 SimpleBLEPeripheral.eww 工程文件，在“Workspace”栏内选择“CC2541”。

第 3 步，串口初始化。

打开工程中“NPI”文件夹下的 npi.c 文件，使用串口初始化函数 void NPI_InitTransport (npiCBack_t npiCBack)对串口号、波特率、流控、校验位等进行配置。

```
/*****************************************************************************************/
1.  void NPI_InitTransport( npiCBack_t npiCBack )
2.  { halUARTCfg_t uartConfig;
3.     uartConfig.configured                = TRUE;
4.     uartConfig.baudRate                  = NPI_UART_BR;
5.     uartConfig.flowControl               = NPI_UART_FC;
6.     uartConfig.flowControlThreshold      = NPI_UART_FC_THRESHOLD;
7.     uartConfig.rx.maxBufSize             = NPI_UART_RX_BUF_SIZE;
8.     uartConfig.tx.maxBufSize             = NPI_UART_TX_BUF_SIZE;
9.     uartConfig.idleTimeout               = NPI_UART_IDLE_TIMEOUT;
10.    uartConfig.intEnable                 = NPI_UART_INT_ENABLE;
11.    uartConfig.callBackFunc              = (halUARTCBack_t)npiCBack;
12.    (void)HalUARTOpen( NPI_UART_PORT, &uartConfig );
13.    return;
14. }
/*****************************************************************************************/
```

说明：

① 第 4 行，用 uartConfig.baudRate 将波特率配置为 NPI_UART_BR，进入 NPI_ UART_BR 可以看到具体的波特率，此处配置为 115200bps，想要修改为其他波特率，可以通过查看定义的方式进行设置。

② 第 5 行，uartConfig.flowControl 是用来配置流控的，这里选择关闭。注意：2 根线的串口通信（TTL 电平模式）连接务必关流控，否则无法收、发信息。

③ 第 11 行，“uartConfig.callBackFunc=(halUARTCBack_t)npiCBack;”是注册串口的回调函数。要对串口接收事件进行处理，就必须添加串口的回调函数。

配置好串口初始化函数后，还要对预编译选项进行修改。打开“Option”→“C/C++ Compiler”→“Preprocessor”，修改预编译选项，添加“HAL_UART=TRUE”，并将“POWER_SAVING”注释掉（即改为“xPOWER_SAVING”），否则不能使用串口，修改后的选项内容如图 5-2 所示。

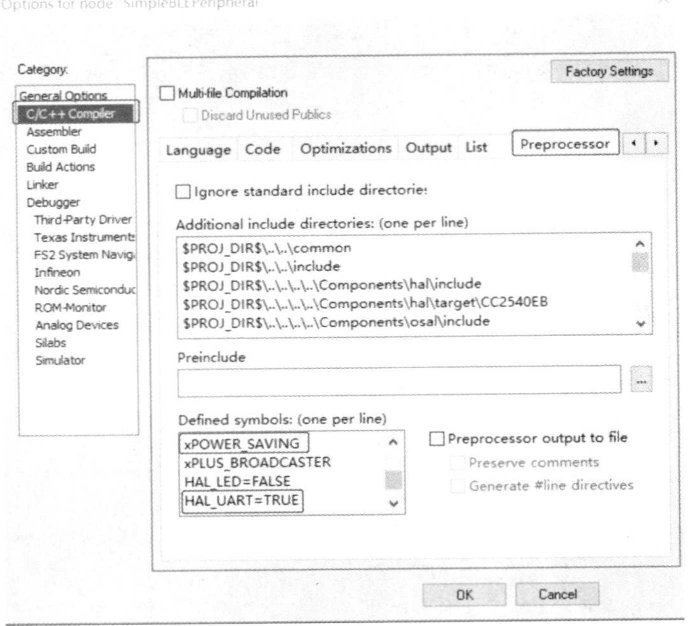

图 5-2　预编译修改内容

第 4 步，串口发送数据。

打开“simpleBLEPeripheral.c”文件中的初始化函数 void SimpleBLEPeripheral_Init(uint8 task_id)，在此函数中添加“NPI_InitTransport(NULL);”语句，在后面再加上一条上电提示“Hello NEWLab!”的语句，并在文件顶部添加头文件语句：“#include "npi.h"”。

连接下载器和串口线，下载程序，就可以看到串口调试软件收到“Hello NEWLab!”的信息，如图 5-3 所示，通过 NPI_WriteTransport(uint8 *,uint16)函数实现串口发送功能。

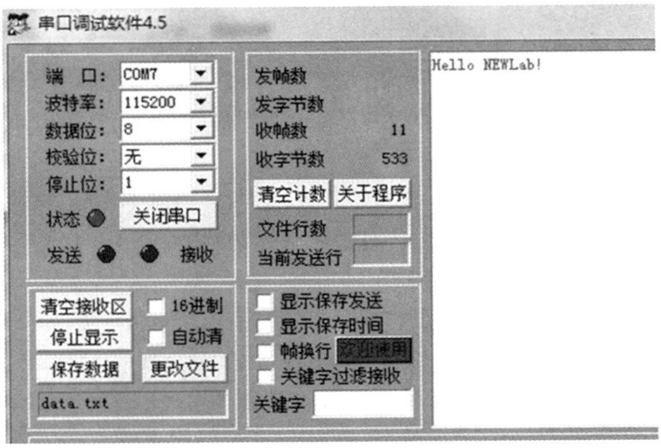

图 5-3　接收到 CC2541 模块发来的信息

第 5 步，串口接收数据。

在 simpleBLEPeripheral.c 文件中声明串口回调函数 static void NpiSerialCallback (uint8 port, uint8 events)，并在 void SimpleBLEPeripheral_Init(uint8 task_id)函数中传入串口回调函数，将“NPI_InitTransport (NULL)”修改为“NPI_InitTransport (NpiSerialCallback)”，如图 5-4 所示。

```
CC2540
Files
⊟ SimpleBLEPeripheral - CC...
  ⊟ APP
    ⊞ OSAL_SimpleBLEPeriph...
    ⊞ simpleBLEPeripheral.c
      simpleBLEPeripheral.h
    ⊞ SimpleBLEPeripheral_Ma...
  ⊞ HAL
  ⊞ INCLUDE
  ⊞ LIB
  ⊞ NPI
  ⊞ OSAL
  ⊞ PROFILES
  ⊞ TOOLS
  ⊞ Output
```

```
282 */
283 void SimpleBLEPeripheral_Init( uint8 task_id )
284 {
285   simpleBLEPeripheral_TaskID = task_id;
286
287
288   NPI_InitTransport(NpiSerialCallback);
289   NPI_WriteTransport("Hello NEWLab!\n",14);
290
291   // Setup the GAP
292   VOID GAP_SetParamValue( TGAP_CONN_PAUSE_PERIPHERAL,
293
294   // Setup the GAP Peripheral Role Profile
295   {
296     #if defined( CC2540_MINIDK )
297       // For the CC2540DK-MINI keyfob, device doesn't
298       uint8 initial_advertising_enable = FALSE;
299     #else
300       // For other hardware platforms, device starts
```

图 5-4　修改 simpleBLEPeripheral.c 文件

当串口中有特定的事件或条件出现时，操作系统就会使用函数指针调用串口回调函数对事件进行处理。具体处理操作在串口回调函数中实现，代码如下。

```
/*****************************************************************************/
static void NpiSerialCallback(uint8 port,uint8 events)
{ (void)port;
uint8 numBytes=0;
uint8 buf[128];
if(events & HAL_UART_RX_TIMEOUT)              //串口中有数据
{   numBytes=NPI_RxBufLen();                  //读出串口缓冲区中有多少字节
if(numBytes)
{   NPI_ReadTransport(buf,numBytes);          //从串口缓冲区中读出 numBytes 字节数据
NPI_WriteTransport(buf,numBytes);             //把串口接收到的数据再打印出来
} } }
/*****************************************************************************/
```

第 6 步，串口显示 SimpleBLEPeripheral 工程初始化信息。

TI 公司官方的例程是利用 LCD 来输出信息的，本书所对应的设备没有 LCD 模块，但可以利用 UART 来输出信息，具体步骤如下。

（1）打开工程目录中的“HAL\Target\CC2540EB\Drivers\hal_lcd.c”文件，在 HalLcdWriteString() 函数中添加以下代码。

```
/*****************************************************************************/
#ifdef LCD_TO_UART
NPI_WriteTransport ( (uint8*)str,osal_strlen(str));   //串口显示
NPI_WriteTransport ("\n",1);                          //换行
#endif
/*****************************************************************************/
```

（2）在预编译中添加“LCD_TO_UART”，“HAL_LCD=TRUE”需要打开，并且在 hal_lcd.c 文件中添加 “#include "npi.h"” 语句，编译无误后，下载程序，给模块上电后，打开串口调试软件，可以看到运行效果如图 5-5 所示。

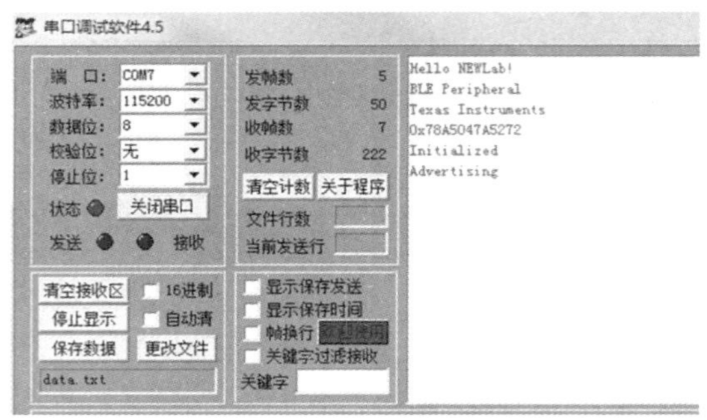

图 5-5　串口通信运行效果图

任务 5.2　基于 BLE 协议栈的无线点灯

【任务描述】

使用 BTool 工具（BTool 工具是 PC 端的一个应用程序，可以作为 BLE 主机）控制接口命令，使 PC 与蓝牙模块（从机）进行连接、数据传输，从而通过 BTool 工具控制蓝牙模块上的 LED 灯亮和灭。

【任务环境】

硬件：NEWLab 平台 1 套、蓝牙模块 1 个、PC 1 台。

软件：Windows 7/10，IAR 集成开发环境，BLE 协议栈，BTool 工具。

【必备知识点】

1．主、从机数据建立连接流程；

2．BLE 应用数据传输过程。

5.2.1　主、从机数据建立连接流程

以 TI 公司提供的 SimpleBLEPeripheral 和 SimpleBLECentral 工程为例，从机与主机之间建立连接的流程如图 5-6 所示。

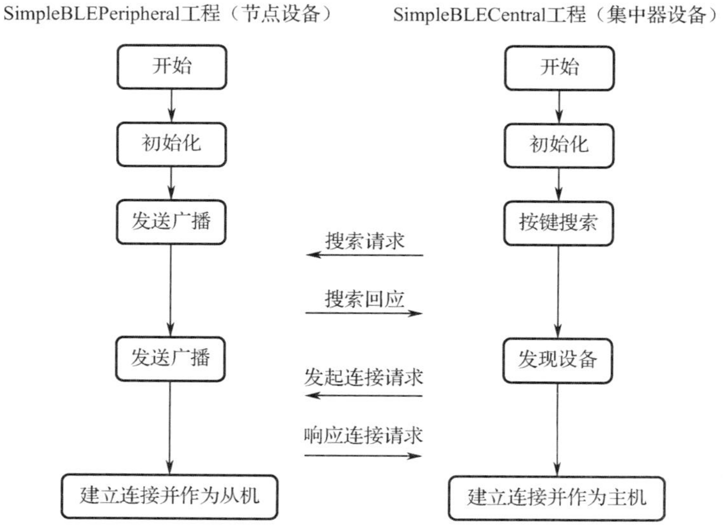

SimpleBLEPeripheral工程（节点设备）

开始 → 初始化 → 发送广播 → 发送广播 → 建立连接并作为从机

SimpleBLECentral工程（集中器设备）

开始 → 初始化 → 按键搜索 → 发现设备 → 建立连接并作为主机

搜索请求（←）

搜索回应（→）

发起连接请求（←）

响应连接请求（→）

图 5-6　从机与主机之间建立连接的流程

1．从机连接过程分析

（1）节点设备的可发现状态

以 SimpleBLEPeripheral 工程作为节点设备，当初始化完成之后，以广播的方式向外界发送数据，此时节点设备处于可发现状态。可发现状态有两种模式：受限的发现模式和不受限的发现模式，前者是指节点设备在发送广播时，如果没有收到集中器设备发来的建立连接请求，则只保持 30s 的可发现状态，然后转为不可发现的待机状态；而后者是节点设备在没有收到集中器设备的连接请求时，一直发送广播，永久处于可发现状态。

在 SimpleBLEPeripheral.c 文件中，数组 advertData 定义节点设备发送的广播数据。

```
/***********************************************************************************/
1.  static uint8 advertData[ ] =
2.  { 0x02,                                   //发现模式的数据长度
3.  GAP_ADTYPE_FLAGS,                         //广播类型标志为 0x01
4.  DEFAULT_DISCOVERABLE_MODE | GAP_ADTYPE_FLAGS_BREDR_NOT_SUPPORTED,
5.  0x03,                                     //设备的 GAP 服务，UUID 的数据长度为 3 个字节
6.  GAP_ADTYPE_16BIT_MORE,                    //定义 UUID 为 16bit，即 2 个字节数据长度
7.  LO_UINT16( SIMPLEPROFILE_SERV_UUID ),     //UUID 低 8 位数据
8.  HI_UINT16( SIMPLEPROFILE_SERV_UUID ),     //UUID 高 8 位数据
9.  };
/***********************************************************************************/
```

说明：

① 第 4 行，定义节点设备的发现模式，若预编译选项中包含了“CC2540_MINIDK”，则是受限的发现模式；否则为不受限的发现模式。

② 第 5～8 行，只有 GAP 服务的 UUID 相匹配，两个设备才能建立连接。蓝牙通信中有两个非常重要的服务：一个是 GAP 服务，负责建立连接；另一个是 GATT 服务，负责建立连接后的数据通信。

（2）节点设备搜索回应的数据

在 SimpleBLEPeripheral.c 文件中，当节点设备接收到集中器设备的搜索请求信号时，定义了回应如下数据内容。

```
/***********************************************************************************/
1.  static uint8 scanRspData[ ] =
2.  { 0x14,              //节点设备名称的数据长度，20 个字节（第 4～7 行，共 20 个字节）
3.  GAP_ADTYPE_LOCAL_NAME_COMPLETE,      //指明接下来的数据为本节点设备的名称
4.  0x53,                // “S”
5.  0x69,                // “i”
6.  ……
7.  0x05,                //连接间隔数据长度，占 5 个字节
8.  //指明接下来的数据为连接间隔的最小值和最大值
9.  GAP_ADTYPE_SLAVE_CONN_INTERVAL_RANGE,
10. LO_UINT16( DEFAULT_DESIRED_MIN_CONN_INTERVAL ),        //最小值为 100ms
11. HI_UINT16( DEFAULT_DESIRED_MIN_CONN_INTERVAL ),
12. LO_UINT16( DEFAULT_DESIRED_MAX_CONN_INTERVAL ),        //最大值为 1s
13. HI_UINT16( DEFAULT_DESIRED_MAX_CONN_INTERVAL ),
14. 0x02,                                                  //发射功率的数据长度，占 2 个字节
15. //指明接下来的数据为发射功率，发射功率的可调范围为-127～127dBm
```

```
GAP_ADTYPE_POWER_LEVEL,
0                                                    //将发射功率设置为 0dBm
};
/*******************************************************************************/
```

当集中器设备接收到节点设备搜索回应的数据后，向节点设备发起连接请求，节点设备响应请求并作为从机进入连接状态。

从机建立连接过程中涉及的关键函数如下。

- SimpleBLEPeripheral_Init()任务初始化函数。
- SimpleBLEPeripheral_ProcessEvent()从机事件处理函数：该函数处理的事件包括系统事件、节点设备启动事件、周期事件及其他事件。

2. 主机连接过程分析

将 SimpleBLECentral 工程作为主机，默认使用 Joystick 按键来启动主、从机连接。主机连接过程大概可以分为初始化，按键搜索、查看、选择、连接从机等环节。

（1）初始化

打开 SimpleBLECentral.eww 工程文件，其路径为“\Projects\ble\SimpleBLECentral\CC2541”。

SimpleBLECentral_Init(uint8 task_id)函数关键代码分析如下。

```
/*******************************************************************************/
1.  void SimpleBLECentral_Init( uint8 task_id )
2.  {   simpleBLETaskId = task_id;
3.  { uint8 scanRes = DEFAULT_MAX_SCAN_RES;
4.  GAPCentralRole_SetParameter(GAPCENTRALROLE_MAX_SCAN_RES,sizeof( uint8 ), &scanRes );
5.  } //设置主机最大扫描从机的个数为 8，即主机可以与 8 个任务中的一个从机建立连接
6.  //************* 省略：GAP 服务设置、绑定管理设置代码，详见源程序********
7.  VOID GATT_InitClient();                              //初始化客户端
8.  GATT_RegisterForInd( simpleBLETaskId );              //注册 GATT 的 notify 和 indicate 的接收端
9.  GGS_AddService( GATT_ALL_SERVICES );
10. GATTServApp_AddService( GATT_ALL_SERVICES );
11. RegisterForKeys( simpleBLETaskId );                          //注册按键服务
12. osal_set_event( simpleBLETaskId, START_DEVICE_EVT );         //主机启动事件
13. }
/*******************************************************************************/
```

说明：

该初始化函数的主要功能如下。

- 设置主机最大扫描从机的个数（默认为 8）。
- GAP 服务设置，绑定管理设置，GATT 属性初始化，注册按键服务。
- 初始化客户端（第 7 行）。需要注意的是，SimpleBLECentral 工程对应客户端（Client）、主机，而 SimpleBLEPeripheral 工程对应服务器（Service）、从机。客户端会调用 GATT WriteCharValue 或者 GATT ReadCharValue 来和服务器通信；但是服务器只能通过 notify 的方式（即调用 GATTNotification）发起和客户端的通信。
- 设置一个事件（第 12 行），主机启动事件，进入系统事件处理函数。

（2）按键搜索、查看、选择、连接从机

SimpleBLECentral 工程默认采用按键进行从机搜索、连接，当有按键动作时，会触发

KEY_CHANGE 事件，进入 simpleBLECentral_HandleKeys()函数。按键的功能如表 5-1 所示。

表 5-1　按键的功能

按　键	功　能
UP	1．开始或停止发现设备；2．连接后可读写特征值
LEFT	显示扫描到的从机，在 LCD 中滚动显示
RIGHT	更新连接
CENTER	建立或断开当前连接
DOWN	启动或关闭周期发送 RSSI 信号值

5.2.2　BLE 应用数据传输过程

主机与从机建立连接之后，会进行服务发现、特征发现、数据读写等数据传输，应用数据传输流程如图 5-7 所示。当主机需要读取从机提供的应用数据时，首先主机进行 GATT 数据服务发现，给出想要发现的主服务 UUID（统一识别码），只有主服务 UUID 匹配，才能获得 GATT 数据服务。主机与从机数据传输过程如下。

- 首先主机发起搜索请求，搜索正在广播的从机，若 GAP 服务的 UUID 相匹配，则主机与从机可以建立连接。
- 主机发起连接请求，从机响应后，主机与从机建立连接。
- 主机发起主服务 UUID 进行 GATT 服务发现。
- 发现 GATT 服务后，主机发送要进行数据读写操作的特征值的 UUID，获取特征值的句柄，即采用发送 UUID 方式获得句柄。
- 通过句柄，对特征值进行读写操作。

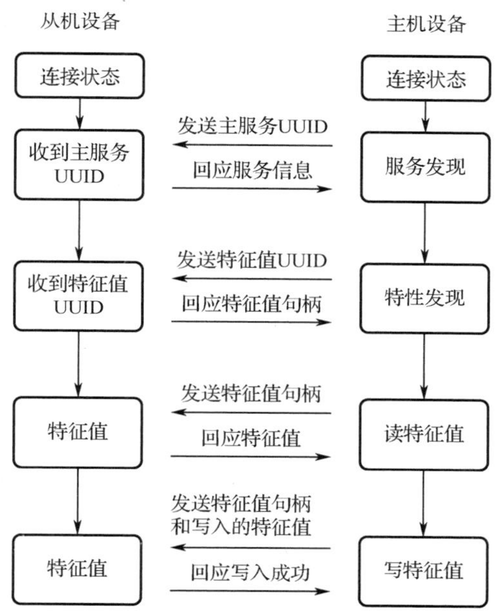

图 5-7　应用数据传输流程

1．Profile 规范

Profile 规范是一种标准通信协议，定义了设备如何实现一种连接或者应用。Profile 规范存在于从机中，蓝牙组织规定了一系列的标准 Profile 规范，如 HID OVER GATT、防丢器、心率计等。同时，产品开发者也可以根据需求自己新建 Profile，即非标准的 Profile 规范。

（1）GATT 服务（GATT 服务器）

BLE 协议栈的 GATT 层用于应用程序在两个连接设备之间的数据通信。当设备建立连接后，主机将作为 GATT 客户端，从 GATT 服务器读/写数据；从机将作为 GATT 服务器，给客户端（主机）提供需要读/写的数据。

在 BLE 从机中，每个 Profile 中会包含多个 GATT 服务器，每个 GATT 服务器代表从机的一种能力。每个 GATT 服务器里又包括了多个特征值，每个具体的特征值，才是 BLE 通信的主体。例如：某电子产品当前的电量是 70%，所以会将电量的特征值存在从机的 Profile 里，这样主机就可以通过这个特征值来读取当前电量。

（2）特征值

BLE 主、从机的通信均是通过特征值来实现的，可以将其理解为一个标签，通过这个标签可以获取或者写入想要的内容。

（3）统一识别码（UUID）

GATT 服务器和特征值都需要一个唯一的 UUID 来标识。GATT 主服务的 UUID 为 0xFFF0，特征值 1、特征值 2…的 UUID 依次为 0xFFF1、0xFFF2…

（4）句柄

GATT 服务将整个服务加到属性表中，并为每个属性分配唯一的句柄。

2. 数据发送

在 BLE 协议栈中，数据发送包括主机向从机发送数据和从机向主机发送数据，前者是 GATT 的客户端主动向服务器发送数据，后者是 GATT 的服务器主动向客户端发送数据，其实是从机通知主机来读数据。

（1）主机向从机发送数据

在主、从机已建立连接的状态下，主机通过特征值的句柄对特征值进行写操作，思路如下。

① 主机对句柄、发送数据长度等变量进行填充，再调用 GATT_WriteCharValue()函数实现向从机发送数据。

```
/*******************************************************************************/
typedef struct
{   uint16 handle;
uint8 len;
uint8 value[ATT_MTU_SIZE-3];                //ATT_MTU_SIZE 长度为 23，规定长度为 20
uint8 sig;
uint8 cmd;
} attWriteReq_t;
attWriteReq_t req;                          //定义结构体变量 req
req.handle = simpleBLECharHdl;              //填充句柄
req.len = 1;                                //填充发送数据长度
req.value[0] = simpleBLECharVal;            //填充发送数据
req.sig = 0;                                //填充信号状态
req.cmd = 0;                                //填充命令标志
status = GATT_WriteCharValue( simpleBLEConnHandle, &req, simpleBLETaskId );
/*******************************************************************************/
```

② 从机收到写特征值的请求及句柄后，把数据写入句柄对应的特征值中，处理流程为：simpleProfile.WiteAttrCB→simpleProfileChangeCB。主机接收到从机返回的数据后，调用事件处理函数，处理流程为：SimpleBIECentral_ProcessEvent→simpleBLECentral_ProcessOSALMsg→simpleBLECentralProcessGATTMsg。

（2）从机向主机发送数据

首先主机应开启特征值的通知功能，从机再调用 GATT_Notification()函数，或者修改带通知功能的特征值，通知主机来读数据，实现从机向主机发送数据，而不是像主机那样调用 GATT_WriteCharValue()函数实现数据传输。

3. 数据接收

在 BLE 协议栈中，数据接收包括主机接收从机发送的数据和从机接收主机发来的数据。

（1）主机接收从机发送的数据

在主、从机已建立连接的状态，主机通过特征值的句柄对特征值进行读操作，思路如下。

① 调用 GATT_ReadCharValue()函数读取从机的数据。

```
/*******************************************************************************/
attReadReq_t req;
req.handle = simpleBLECharHdl;          //填充句柄
status = GATT_ReadCharValue( simpleBLEConnHandle, &req, simpleBLETaskId );
/*******************************************************************************/
```

② 从机收到读特征值的请求及句柄后，将特征值数据返回给主机。从机要在函数 simpleProfile_ReadAttrCB()中处理。主机接收到从机返回的数据后，调用事件处理函数，流程为：SimpleBLECentral_ProcessEvent→simpleBLECentral_ProcessOSALMsg→simpleBLECentral ProcessGATTMsg。

（2）从机接收主机发送的数据

当从机接收到主机发来的数据后，从机会产生一个 GATT_Profile_Callback 回调，在 simpleProfileChangeCB()回调函数中接收主机发送的数据。这个回调在从机初始化时向 Profile 注册。

```
/*******************************************************************************/
static simpleProfileCBs_t simpleBLEPeripheral_SimpleProfileCBs =
{   simpleProfileChangeCB ()   };
//注册特征值改变时的回调函数
void SimpleProfile_RegisterAppCBs( &simpleBLEPeripheral_SimpleProfileCBs );
static void simpleProfileChangeCB( uint8 paramID )
{ uint8 newValue;
switch( paramID )
{ case SIMPLEPROFILE_CHAR1:              //特征值 1 编号
SimpleProfile_GetParameter( SIMPLEPROFILE_CHAR1, &newValue );  //获得特征值
……
/*******************************************************************************/
```

5.2.3 任务实训步骤

第 1 步，启动 BTool 工具。

如果没有 USB Dongle 板，可以采用一个蓝牙模块来代替，本节采用代替方式。

（1）向蓝牙模块中写入固件“HostTestRelease 工程”，制作 USB Dongle 板。

打开 HostTestRelease.eww 工程文件，路径为“\Projects\ble\HostTestApp\CC2541”，在“Workspace”栏内选择“CC2541EM”。由于蓝牙模块的串口未采用流控，因此要禁止串口流控，方法如下。

① 打开 hal_uart.c 文件，找到 uint8 HalUARTOpen(uint8 port, halUARTCfg_t *config)函数，可以看到“if (port == HAL_UART_PORT_0) HalUARTOpenDMA(config);”代码，用鼠标右击选择“go to definition of HalUARTOpenDMA(config)”命令。

② 在 static void HalUARTOpenDMA(halUARTCfg_t *config)函数中增加关闭流控代码，具体如下。

```
/*****************************************************************************/
static void HalUARTOpenDMA(halUARTCfg_t *config)
{   dmaCfg.uartCB = config->callBackFunc;
    config->flowControl = 0;                    //关闭流控
  …… }
/*****************************************************************************/
```

（2）编译程序，如无错误则将程序下载到蓝牙模块中。

（3）打开 BTool 工具（安装了 BLE 协议栈，就可以在“所有程序”→“Texas Instruments”中找到该工具），可看到 BTool 工具启动界面，需要用户设置串口参数（波特率为 115200bps，1 位停止位，8 位数据位，其他都选空），单击“OK”按钮连接 BTool 工具，连接成功界面如图 5-8 所示。

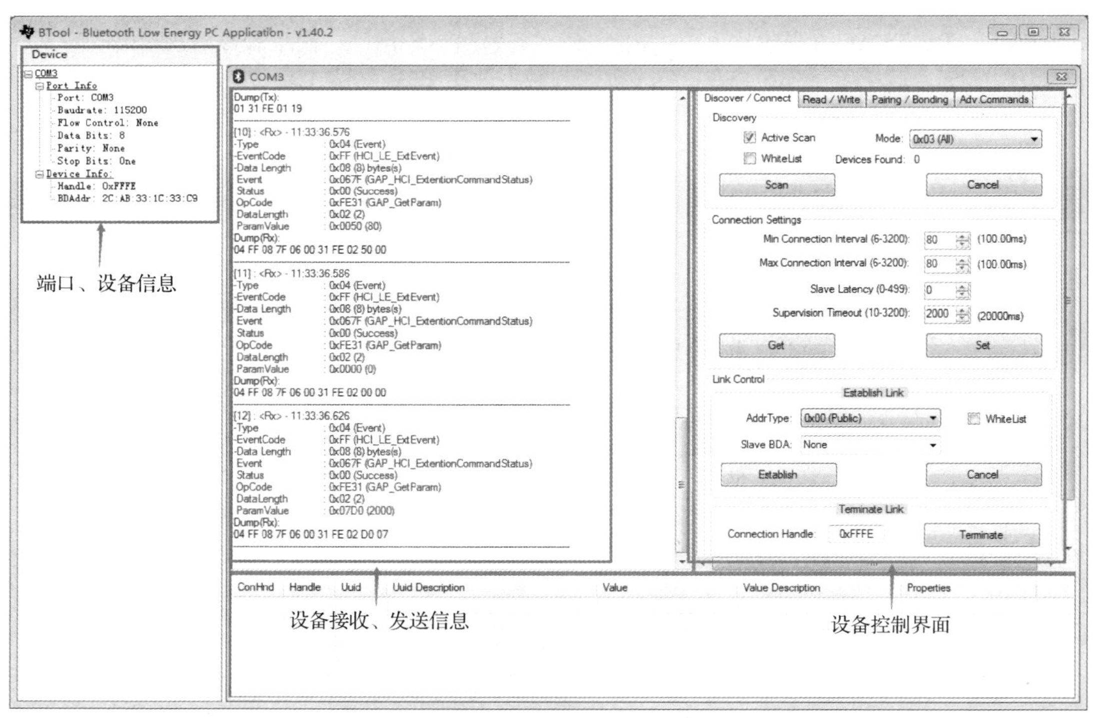

图 5-8　连接成功界面

第 2 步，制作蓝牙从机。

打开 SimpleBLEPeripheral.eww 工程文件，路径为“\ble\SimpleBLEPeripheral\ CC2541DB”，下载到另一个蓝牙模块之中。注意：参照任务 5.1 进行修改，实现蓝牙模块与 PC 的串口通信

功能，以便将从机的信息在串口调试软件上显示出来。

第 3 步，使用 BTool 工具。

（1）扫描节点设备。

首先使 USB Dongle 板（主机）和蓝牙模块（从机）复位，然后在 BTool 工具的设备控制界面区域，选择“Discover/Connect”选项卡，再单击“Scan”按钮，对正在发送广播的节点设备进行扫描。默认扫描 10s，扫描完成后，会在右侧的窗口中显示扫描到的设备个数和设备地址，如图 5-9 所示。若不想等 10s，可以单击“Cancel”按钮停止扫描，则在右侧的窗口中显示当前已经扫描到的设备个数和设备地址。

（2）连接参数设置。

在建立设备连接之前，要设置的参数包括：最小和最大的连接间隔、从机延时、管理超时。可以使用默认参数，也可以针对不同的应用来调整这些参数。设置好参数后，单击“Set”按钮才能生效，注意修改参数必须在建立连接之前操作。

（3）建立连接。

在“Slave BDA”下拉列表框中选择将与从机建立连接的节点设备地址，单击“Establish”按钮建立连接。此时节点设备的信息会出现在窗口左侧，同时在从机的串口调试软件上显示“Connected”（已连接）提示字符，如图 5-10 所示。

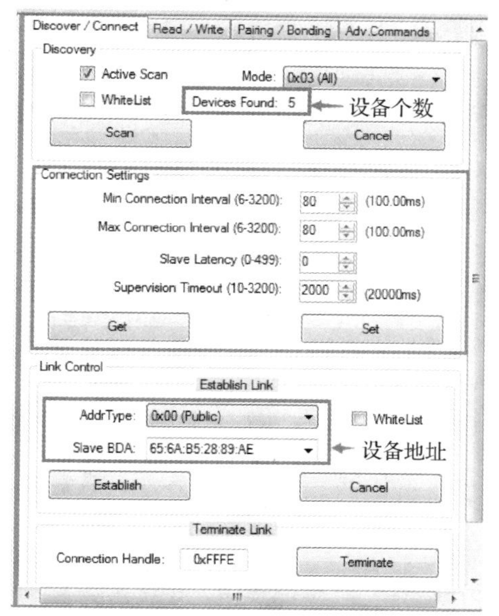

图 5-9　扫描到的设备个数和设备地址

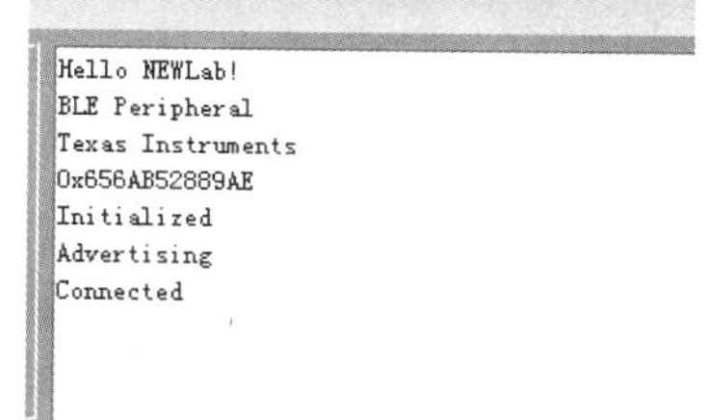

图 5-10　从机的串口显示信息

（4）对 SimpleGATTProfile 的特征值进行操作。

SimpleGATTProfile 中包含 5 个特征值，每个特征值的属性都不相同，如表 5-2 所示。

表 5-2　SimpleGATTProfile 特征值属性

特征值编号	数据长度/字节	属　性	句　柄	UUID
CHAR1	1	可读可写	0x0025	0xFFF1
CHAR2	1	只读	0x0028	0xFFF2
CHAR3	1	只写	0x002B	0xFFF3

续表

特征值编号	数据长度/字节	属　性	句　柄	UUID
CHAR4	1	不能直接读写，通过通知发送	0x002E	0xFFF4
CHAR5	5	只读（加密时）	0x0032	0xFFF5

① 使用UUID读取特征值。

对SimpleGATTProfile的第一个特征值CHAR1进行读取操作，UUID为0xFFF1。切换至“Read/Write”选项卡，并在“Sub-Procedure”下拉列表框中选择“Read Using Characteristic UUID”，在“Characteristic UUID”文本框中输入“F1:FF”，单击“Read”按钮，若读取成功，则可以看到CHAR1的特征值为“0x0001”，如图5-11所示。同时，在信息记录窗口中可以看到CHAR1对应的“Handle”值为“0x0025”。

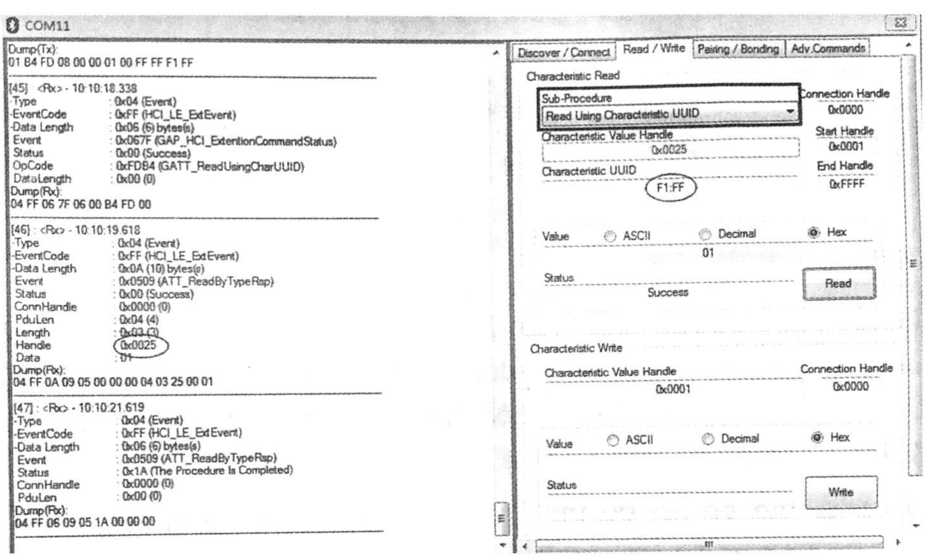

图5-11　使用UUID读取特征值

② 写入特征值。

现在向这个特征值写入一个新的值。在“Characteristic Value Handle”文本框中输入CHAR1的句柄（即0x0025），然后输入要写入的数（如“20”），可以选择“Decimal”（十进制数）或者“Hex”（十六进制数），再单击“Write”按钮，则在从机的串口调试软件上显示被写入的特征值。

③ 使用句柄读取特征值。

现在通过UUID读取特征值，还可以通过句柄读取特征值，具体方法是：切换至“Read/Write”选项卡，在“Sub-Procedure”下拉列表框中选择“Read Characteristic Value/Descriptor”，在“Characteristic Value Handle”文本框中输入“0x0025”，单击“Read”按钮。读取成功后，可以看到“Hex”特征值为“14”。

④ 使用UUID发现特征值。

利用该功能不仅可以获取特征值的句柄，还可以得到该特征值的属性。具体方法是：切换至“Read/Write”选项卡，在“Sub-Procedure”下拉列表框中选择“Discover Characteristic by UUID”，在“Characteristic UUID”文本框中输入“F2:FF”，单击“Read”按钮。读取成功后，返回的数据为“02 28 00 F2 FF”。其中，“02”表示该特征值可读，“00 28”表示句柄，“FF F2”

表示特征值的 UUID。

注意："00 28" 显示的数据低位在前，高位在后，不能把句柄理解为"28 00"，也不能把特征值的 UUID 理解为"F2 FF"。

⑤ 读取多个特征值。

前述内容仅对单个特征值进行读取，其实也可以同时对多个特征值进行读取。具体方法是：切换至"Read/Write"选项卡，在"Sub-Procedure"下拉列表框中选择"Read Multiple Characteristic Values"，在"Characteristic Value Handle"文本框中输入"0x0025;0x0028"，单击"Read"按钮。读取成功后，如图 5-12 所示，可以读取到 CHAR1 和 CHAR2 的两个"Hex"特征值（即"14"和"02"）。

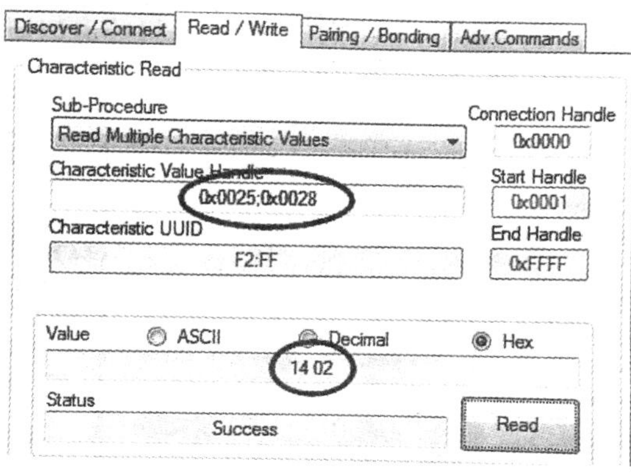

图 5-12 读取多个特征值

通过对上述内容的学习，读者应已基本掌握了 BTool 工具的使用方法，对于其他功能，读者可以自行测试。

第 4 步，修改从机程序，实现无线点灯。

采用 SimpleGATTProfile 中的 CHAR1 值来作为 LED 灯亮灭的标志。具体实施步骤如下。

（1）修改服务器（从机）程序。

打开 SimpleBLEPeripheral.eww 工程文件，在 SimpleBLEPeripheral.c 文件中找到 static void simpleProfileChangeCB(uint8 paramID)特征值改变回调函数，增加粗体部分代码如下。

```
/*********************************************************************************/
static void simpleProfileChangeCB( uint8 paramID )
{ uint8 newValue;
switch( paramID )
{ case SIMPLEPROFILE_CHAR1:
SimpleProfile_GetParameter(SIMPLEPROFILE_CHAR1,&newValue);    //读取 CHAR1 值
#if (defined HAL_LCD) && (HAL_LCD == TRUE)
HalLcdWriteStringValue( "Char 1:", (uint16)(newValue), 10,   HAL_LCD_LINE_3 );
#endif // (defined HAL_LCD) && (HAL_LCD == TRUE)
if(newValue)
{HalLedSet(HAL_LED_1,HAL_LED_MODE_ON); }        //特征值为真，点亮 LED1 灯
else
{HalLedSet(HAL_LED_1,HAL_LED_MODE_OFF); }       //特征值为假，则关闭 LED1 灯
break;
/*********************************************************************************/
```

（2）编译程序，下载到蓝牙模块中，主、从机建立连接。

首先要在预编译中设置“HAL_LED=TRUE”（默认设置为“HAL_LED=FALSE”），然后编译、下载程序。

（3）控制 LED1 灯亮或灭。

向 CHAR1 写入特征值。在“Characteristic Value Handle”文本框内输入 CHAR1 的句柄“0x0025”，然后输入“1”或者“0”，再单击“Write”按钮，则在从机的串口调试软件上显示被写入的特征值。写入“1”时，LED1 灯亮；写入“0”时，LED1 灯灭。

【知识点小结】

1．低功耗蓝牙（Bluetooth Low Energy，BLE），是蓝牙 4.0 版本的核心规范。BLE 是由蓝牙技术联盟设计的无线通信技术，主要用于医疗、健身、安全和家庭娱乐领域。与传统蓝牙相比，低功耗蓝牙旨在大幅降低功耗和成本，同时达到相同的通信效果。

2．BLE 协议栈包括一个小型操作系统（抽象层 OSAL）——由其负责系统的调度。操作系统的大部分代码被封装在代码库中，对用户不可见，用户只能使用 API 来调用相关库函数。

【拓展与思考】

1．增加节点设备数量，使 USB Dongle 板（主机）与多个节点设备建立连接，并通过 BTool 工具进行特征值的读写。

2．采用蓝牙模块作为主、从机，通过主机的按键来控制从机上的 LED1 灯亮和灭。

【强国实训拓展】

结合本项目所学技能，试设计基于 BLE 协议栈组网的智能家居系统方案，实现室内温湿度监测并启动智能新风系统。

项目六　WiFi 无线通信技术应用设计

【知识目标】

1. 了解 WiFi 无线控制方式；
2. 了解 IP 地址的基本知识；
3. 理解 WiFi 无线控制命令数据格式。

【技能目标】

1. 会搭建 ARM 核心板+WiFi 模块最小系统开发环境；
2. 会使用 SOCKET 工具，熟练掌握 TCP-UDP 服务管理软件的使用方法。

【任务分解】

任务 6.1：搭建 WiFi 最小系统开发环境

任务 6.2：WiFi 无线控制风扇系统

任务 6.1　搭建 WiFi 最小系统开发环境

【任务描述】

采用 WiFi 模块和 ARM 核心板两个模块，在 NEWLab 平台上搭建一个 WiFi 无线通信系统，实现远程访问 NEWLab（ARM 核心板）上运行的服务器，获取 ARM 核心板的板载信息。

【任务环境】

硬件：NEWLab 平台 1 套、WiFi 模块 1 个、ARM 核心板 1 个、PC 1 台，SDIO 总线排线 1 根，串口线 1 根。

软件：Windows 7/10，IAR 集成开发环境，串口调试软件 SecureCRT，TCP-UDP 服务管理软件。

【必备知识点】

1. WiFi 技术概述；
2. IP 地址介绍；
3. WiFi 无线控制方式。

6.1.1　WiFi 技术概述

1. WiFi 的由来

WiFi，在中文里称作“移动热点”，以 WiFi 联盟制造商的商标作为产品的品牌认证，是一种基于 IEEE 802.11 标准的无线局域网技术。

随着无线网络技术的不断发展，无线网络模块的应用领域越来越广泛。但是 WiFi 模块毕竟是一种高频性质的产品，它不是普通的消费类电子产品，在进行设计生产的时候会出现一些莫名其妙的问题，让一些没有高频设计经验的工程师费尽心思，有相关经验的从业人员，往往也需要借助昂贵的设备来分析。

WiFi 最主要的优势在于不需要布线，可以不受布线条件的限制，因此非常适合移动办公，由于其发射信号功率低于 100mW，低于手机发射功率，也是相对安全健康的。

2．WiFi 技术的特点

（1）WiFi 技术的优点

① 其无线电波覆盖范围广，覆盖半径可达 100 米，适宜单位楼层及办公室内部应用。而蓝牙技术只能覆盖 15 米以内范围。

② 不仅速度快，而且可靠性高。IEEE 802.11b 的无线网络规范即 IEEE 802.11 网络规范的变种，最高带宽是 11Mbps，在有干扰或者信号比较弱的情况下，带宽可以调整到 1Mbps、5.5Mbps 及 2Mbps，有效保障网络的可靠性和稳定性。

③ 不需要布线。WiFi 的优势主要在于不需要布线，可不受布线条件的限制，所以十分适宜移动办公，具备广阔市场前景。

④ 健康安全。IEEE 802.11 设定的发射功率不可以超过 100mW，实际发射功率大多为 60～70mW。手机的发射功率大多为 200mW 到 1W，手持式对讲机发射功率高达 5W，而无线网络使用的方式并不像手机一样直接接触人体，比较安全。

（2）WiFi 技术的缺点

现在所运用的 IP 无线网络，存在着部分不足之处，例如：切换时间长、带宽不够高等，使它不能很好地支持移动 VoIP 等要求高的应用。

（3）WiFi 技术的安全性

在 WiFi 提供大量应用的前提下，网络安全是个值得关注的问题。一方面，WiFi 技术给予了很多接入 Internet 的方式，使我们拥有了互联网的无限资源；另一方面，WiFi 同样带来了很多安全问题，各种网络黑客、病毒、攻击等随时都有威胁在线交易的可能。

① WiFi 的安全隐患。

WiFi 的安全隐患来源于两个方面：一方面是来源于网络的“攻击”。另一方面是来源于网络的“陷阱”。WiFi 的安全隐患主要是恶意“钓鱼”、访问攻击、DoS 和 DDoS 攻击。

② WiFi 安全机制。

WiFi 具有很多安全问题，但并没有影响人们对 WiFi 的喜爱，因为可以通过一系列的安全机制解决上网安全问题，主要通过网络加密和访问控制来实现。

6.1.2 IP 地址介绍

IP 是英文 Internet Protocol 的缩写，意思是“网络之间互联的协议”，是为计算机网络相互连接进行通信而设计的协议。在因特网中，它是能使连接到网上的所有计算机网络实现相互通信的一套协议，规定了计算机在因特网上进行通信时应当遵守的规则。任何厂家生产的计算机系统，只要遵守 IP 协议就可以与因特网互联互通。正是因为有了 IP 协议，因特网才得以迅速发展成为世界上最大的、开放的计算机通信网络。因此，IP 协议也可以叫作“因特网协议”。

IP 地址是一种在因特网上给主机编址的方式，也称为网络协议地址，是一个 32 位的二进制数，通常被分割为 4 个“8 位二进制数”（也就是 4 个字节）。IP 地址通常用“点分十进制”表示成（a.b.c.d）的形式，其中，a、b、c、d 都是 0～255 的十进制整数。常见的 IP 地址，分为 IPv4 与 IPv6 两大类。

IP 地址编址方案：将 IP 地址空间划分为 A、B、C、D、E 五类，其中 A、B、C 类是基

本类，D、E 类作为多播和保留使用。

IPv4 有 4 段数字，每段数字最大不超过 255。由于互联网的蓬勃发展，对 IP 地址的需求量愈来愈大，使得 IP 地址的发放愈趋严格，在 2011 年 2 月 3 日 IPv4 地址已分配完毕。

IPv6 采用 128 位地址长度。在 IPv6 的设计过程中除了一劳永逸地解决了地址短缺问题，还考虑了在 IPv4 中不好解决的其他问题。

6.1.3　WiFi 无线控制方式

WiFi 模块采用 AR6302 作为主控芯片，通过 SDIO 接口与 ARM 核心板进行通信。ARM 核心板采用 S3C2451 作为主控芯片，已烧录 Linux 固件。WiFi 模块相当于 ARM 核心板的无线网卡，可以用 ARM 核心板连接 Internet 网络，从而远程控制 ARM 核心板读取传感器数据，或者控制设备的启动、停止。

1. WiFi 无线控制方式

WiFi 无线控制数据流传输拓扑图如图 6-1 所示，在 ARM 核心板上运行一个服务器程序，该程序能够解析 PC 或手机客户端发来的各种命令数据，控制 ARM 核心板读取传感器数据（如读取温度值），或者控制设备动作（如控制风扇开、关）等。

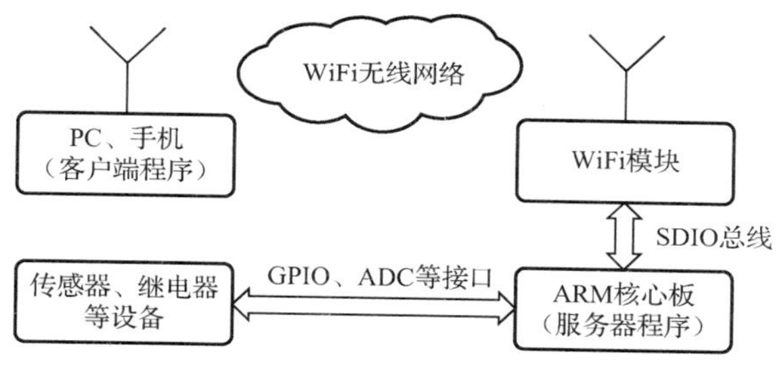

图 6-1　WiFi 无线控制数据流传输拓扑图

2. WiFi 无线控制命令数据格式

WiFi 无线控制命令结构表、WiFi 无线控制命令表、WiFi 控制命令的数据域协议和 WiFi 控制命令的响应协议如表 6-1～表 6-4 所示。

表 6-1　WiFi 无线控制命令结构表

命令协议字段	字段长度	值（十六进制数）
同步位	1 个字节	固定为 a0
命令类别	1 个字节	参考表 6-2
保留位	2 个字节	固定为 0000
命令数据长度	4 个字节	命令的数据域（为 00000000 时表示没有数据域），参考表 6-3

表 6-2　WiFi 无线控制命令表

命　令　名	值（十六进制数）
GPIO 控制命令	01
获取温度命令	02
获取红外传感数据命令	03
获取 ARM 核心板板载信息	04

表 6-3　WiFi 控制命令的数据域协议

GPIO 控制命令数据域字段名	字段长度	值（十六进制数）
GPIO 名	1 个字节	“A”到“M”的 ASCII 码，如 GPE 时为 45（因为“E”的 ASCII 码为 0x45）
GPIO 号	1 个字节	GPIO0 到 GPIO31，如 GPE4 时为 04（表示 GPIOE 端口的 4 号引脚）
GPIO 方向	1 个字节	00 表示输出，01 表示输入
GPIO 输入/输出值	4 个字节	表示输出时只能为 00、01

表 6-4　WiFi 控制命令的响应协议

命令协议字段	字段长度	值（十六进制数）
同步位	1 个字节	固定为 aa
命令类别	1 个字节	参考表 6-2，表示当前响应的命令
保留字节	2 个字节	固定为 0000
命令执行结果	4 个字节	命令执行成功（无数据返回），为 00000000 命令执行成功（有数据返回），返回数据 命令执行失败，返回 ffffffff

6.1.4　任务实训步骤

第 1 步，搭建 WiFi 无线通信系统。

（1）把 WiFi 模块和 ARM 核心板固定在 NEWLab 平台上。

（2）把 WiFi 模块 JP401 的 INT10 和 INT11 都接到 3.3V 插孔中（注意：3.3V 在此是作为高电平信号的，不是电源），其中 INT10 连接到 WiFi 模块的主控芯片 AR6302 的复位引脚上（低电平复位）；INT11 连接到 WiFi 模块 3.3V 供电控制端。当 INT11 为高电平时，WiFi 模块获得 3.3V 和 1.8V 两组电源，其中 1.8V 是通过 TLV70018 芯片稳压得到的，1.8V 电压测试点 TP624，3.3V 电压测试点 TP622。

（3）用排线把 WiFi 模块的 J406 与 ARM 核心板的 J6 连接起来。它们之间是通过 SDIO 总线相连的，共有 6 根线，其中 1 根时序线、4 根数据位、1 根 CMD 命令线。

（4）通过串口线把 PC 与 NEWLab 平台连接起来，并将 NEWLab 平台上的通信方式旋钮转到“通信模式”。

WiFi 无线通信系统接线图如图 6-2 所示。

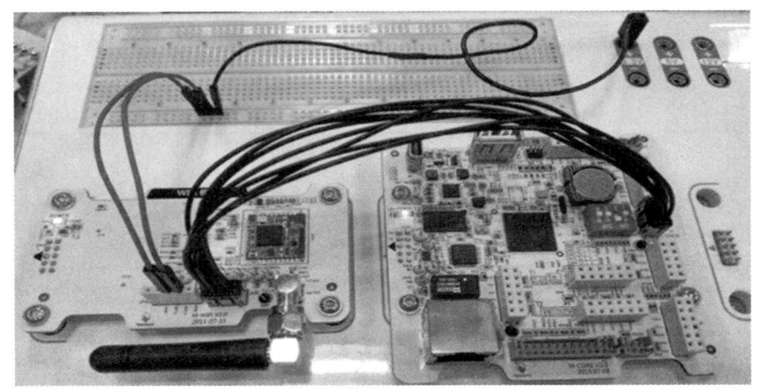

图 6-2　WiFi 无线通信系统接线图

第 2 步，启动 ARM 核心板的服务器程序。

（1）打开 PC 上的串口调试软件（如 SecureCRT），并将波特率设置为 115200bps。给 ARM 核心板上电，则在串口调试软件上显示相关信息，表示系统已登录到 ARM Linux 的 SHELL（用户名为 root，不需要密码），如图 6-3 所示。

（2）输入命令“newlab_tcp_server wifi TP-LINK_ 2A7CC0 12345678”，启动服务器程序。其中“wifi”表示服务器程序采用无线网卡进行通信；“TP-LINK_2A7CC0”为无线路由器 SSID 名称（热点名称）；“12345678”为无线路由器的密码；如果无线路由器密码为空，则输入“newlab_tcp_server wifi TP-LINK_2A7CC0”。运行命令后，如果看到类似“start newlab tcp server, ip:192.168.14.126, port:6000”文字，表示服务器程序启动成功（信息里包含了 IP 和端口），如图 6-4 所示。

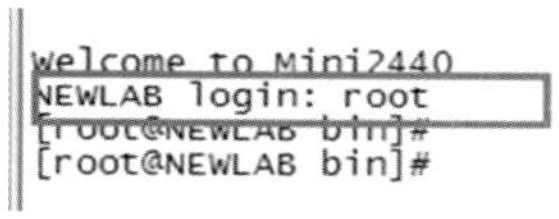

```
Welcome to Mini2440
NEWLAB login: root
[root@NEWLAB bin]#
[root@NEWLAB bin]#
```

图 6-3　ARM Linux 的相关信息

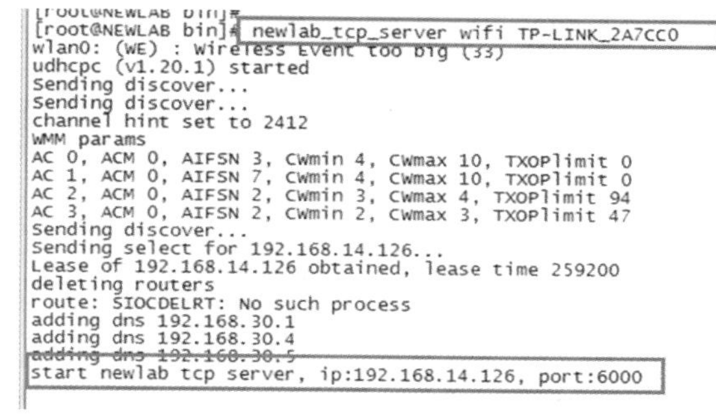

图 6-4　服务器程序启动成功界面

第 3 步，通过命令无线获取 ARM 核心板的板载信息。

（1）在 PC 上运行 SOCKET 工具（该 PC 可以是运行串口调试软件的同一台 PC），SOCKET 工具很多，这里采用 TCP-UDP 服务管理软件。设置 IP、端口、TCP 协议后，单击“连接”按钮。连接成功后，“连接”按钮变成灰色，如图 6-5 所示。

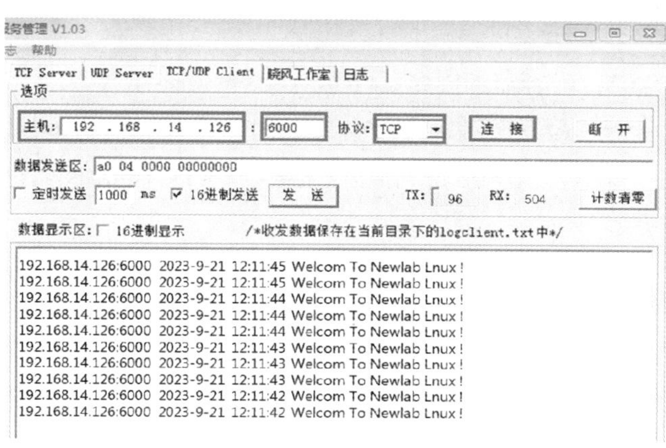

图 6-5　TCP-UDP 服务管理软件

（2）在“数据发送区”发送 ARM 核心板的板载信息获取命令。

- a0：同步位。
- 04：板载信息获取。
- 0000：保留位。
- 00000000：数据长度，没有数据部分。

（3）命令执行成功后，返回数据为 NEWLab ARM Linux 系统的时间和内核版本信息，如图 6-6 所示，发送命令为十六进制格式，返回数据为字符串格式（注意：返回数据为字符串，数据显示不是十六进制格式，其他命令返回数据为十六进制格式）。

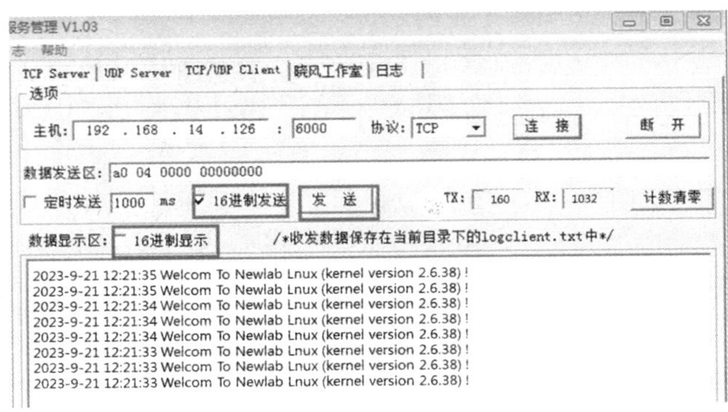

图 6-6　获取 ARM 板载信息

任务 6.2　WiFi 无线控制风扇系统

【任务描述】

采用继电器、风扇、WiFi 模块和 ARM 核心板 4 个模块，在 NEWLab 平台上搭建一个 WiFi 无线控制风扇系统，实现远程控制风扇启动和停止。

【任务环境】

硬件：NEWLab 平台 1 套、WiFi 模块 1 个、ARM 核心板 1 个、继电器 1 个、风扇 1 个、PC 1 台，SDIO 总线排线 1 根，串口线 1 根，信号线若干。

软件：Windows 7/10，IAR 集成开发环境，串口调试软件 SecureCRT，TCP-UDP 服务管理软件。

【任务实训步骤】

第 1 步，搭建 WiFi 无线控制风扇系统。

（1）把继电器、风扇、WiFi 模块和 ARM 核心板 4 个模块固定在 NEWLab 平台上。

（2）把 WiFi 模块 JP401 的 INT10 和 INT11 都接到 3.3V 插孔中（注意：3.3V 在此是作为高电平信号的，不是电源）。

（3）用排线把 WiFi 模块的 J406 与 ARM 核心板的 J6 连接起来。它们之间是通过 SDIO 总线相连的，共有 6 根线，其中 1 根时序线、4 根数据位、1 根 CMD 命令线。

（4）把继电器的 J2 连接到 ARM 核心板 JP6 的 GPE4 上，继电器的 NO1 连接到 NEWLab 平台 12V 电源的负极上；风扇的正极连接到 NEWLab 平台 12V 电源的正极上，风扇的负极连接到继电器的 COM1 上。

（5）通过串口线把 PC 与 NEWLab 平台连接起来，并将 NEWLab 平台上的通信方式旋钮转到“通信模式”。WiFi 无线控制风扇系统连线图如图 6-7 所示。

第 2 步，启动 ARM 核心板的服务器程序。

（1）打开 PC 上的串口调试软件（如 SecureCRT），并将波特率设置为 115200bps。给 ARM 核心板上电，则在串口调试软件上显示相关信息，表示系统已登录到 ARM Linux 的 SHELL（用户名为 root，不需要密码）。

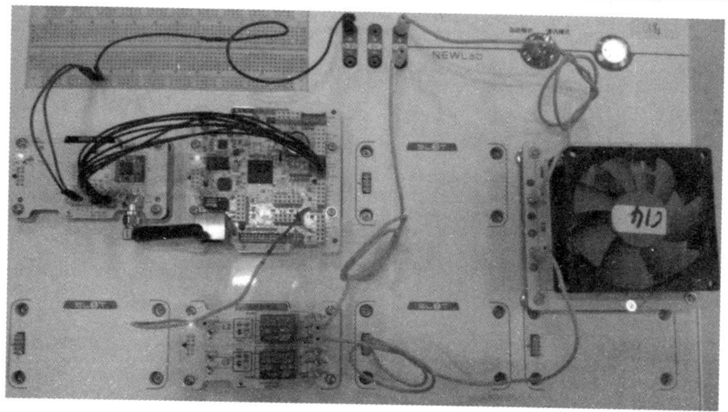

图 6-7　WiFi 无线控制风扇系统连线图

（2）输入命令“newlab_tcp_server wifi TP-LINK_2A7CC0 12345678”启动服务器程序。其中“wifi”表示服务器程序采用无线网卡进行通信；“TP-LINK_2A7CC0”为无线路由器 SSID 名称（热点名称）；“12345678”为无线路由器的密码；如果无线路由器密码为空，则输入“newlab_tcp_server wifi TP-LINK_2A7CC0”。运行命令后，如果看到类似“start newlab tcp server, ip:192.168.14.126, port:6000”文字，表示服务器程序启动成功（信息里包含了 IP 和端口）。

第 3 步，通过命令无线控制风扇启动和停止。

（1）在 PC 上运行 SOCKET 工具，设置 IP、端口、TCP 协议后，单击“连接”按钮。连接成功后，“连接”按钮变成灰色。

（2）风扇启动。发送如下风扇启动命令。

a0（同步位）01（GPIO 控制）0000（保留位）00000008（GPIO 命令长度）45（GPE）04（GPE4）00（OUTPUT）00（保留字节）00000001（数据）

命令执行成功后，返回如下数据。

AA（同步位）01（GPIO 控制）0000（保留位）00000000（命令执行结果），如图 6-8 所示。

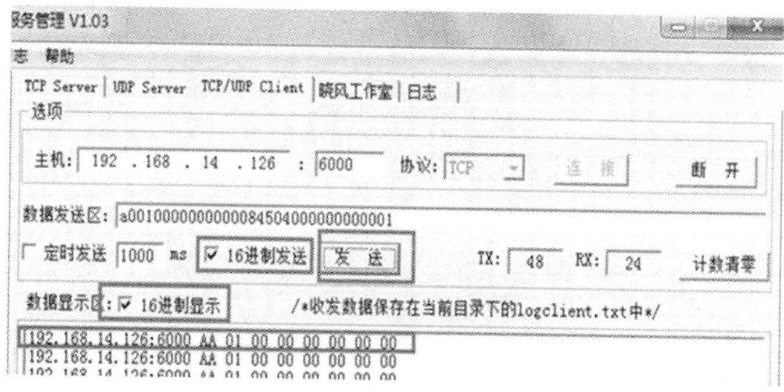

图 6-8　用 WiFi 控制风扇启动信息

（3）风扇停止。发送如下风扇停止命令。

a0（同步位）01（GPIO 控制）0000（保留位）00000008（GPIO 命令长度）45（GPE）04（GPE4）00（OUTPUT）00（保留字节）00000000（数据）

命令执行成功后，返回如下数据。

AA（同步位）01（GPIO 控制）0000（保留位）00000000（命令执行结果），如图 6-9 所示。

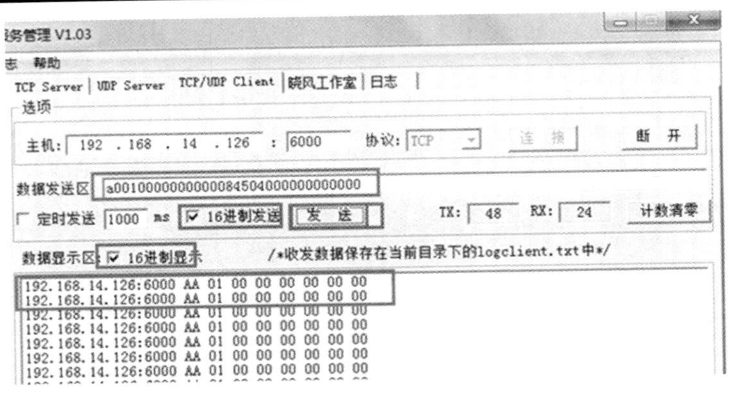

图 6-9　用 WiFi 控制风扇停止信息

【知识点小结】

1. WiFi 模块采用 AR6302 作为主控芯片，通过 SDIO 接口与 ARM 核心板进行通信。ARM 核心板采用 S3C2451 作为主控芯片，已烧录 Linux 固件。WiFi 模块相当于 ARM 核心板的无线网卡，可以用 ARM 核心板连接 Internet 网络，从而远程控制 ARM 核心板读取传感器数据，或者控制设备的启动、停止。

2. IP 是网络之间互联的协议，是为计算机网络相互连接进行通信而设计的协议。在因特网中，它是能使连接到网上的所有计算机网络实现相互通信的一套协议，规定了计算机在因特网上进行通信时应当遵守的规则。IP 地址是一种在因特网上给主机编址的方式，也称为网络协议地址。

【拓展与思考】

1. 采用继电器、电灯、WiFi 模块和 ARM 核心板 4 个模块，在 NEWLab 平台上搭建一个 WiFi 无线控制电灯开关系统，实现远程控制电灯亮和灭。

2. 采用红外传感器、WiFi 模块和 ARM 核心板 3 个模块，在 NEWLab 平台上搭建一个 WiFi 无线获取红外传感器状态的系统，实现远程获取红外传感器的状态，即如果红外接收管接收到红外光，输出状态 0，否则输出状态 1。

【强国实训拓展】

结合本项目所学技能，助力现代化生产环境的完善，试设计基于 WiFi 组网技术的生产线环境监测系统，在 NEWLab 平台上搭建一个 WiFi 无线获取红外传感器状态、温湿度传感器过程数据的系统，实现远程获取环境监测数据的功能。

项目七　GPRS 无线通信技术应用设计

【知识目标】

1．掌握基本 AT 指令；

2．掌握拨打与接听电话指令；

3．掌握读取与发送短信指令。

【技能目标】

1．会搭建 GPRS 模块开发环境；

2．熟练使用基本的 AT 指令；

3．熟练使用指令实现拨打、接听电话，读取短信。

【任务分解】

任务 7.1：基于 GPRS 的接打电话

任务 7.1　基于 GPRS 的接打电话

【任务描述】

利用一张未停机并已开通 GPRS 功能的中国移动或中国联通 SIM 卡，基于 NEWLab 平台搭建 GPRS 模块开发环境，能通过串口调试软件发送 AT 指令实现拨打与接听电话的功能。

【任务环境】

硬件：NEWLab 平台 1 套、GPRS 模块 1 个、SIM 卡 1 张、PC 1 台。

软件：Windows 7/10，IAR 集成开发环境，串口调试软件。

【必备知识点】

1．GPRS 技术概述；

2．AT 指令。

7.1.1　GPRS 技术概述

GPRS（General Packet Radio Service）是通用分组无线服务的简称，它是 GSM 移动电话用户可用的一种移动数据业务，属于第二代和第三代移动通信中的数据传输技术。GPRS 可说是 GSM 的延续。GPRS 和以往连续在频道传输的方式不同，其是以封包（Packet）方式来传输的，因此使用者所负担的费用是以传输资料多少计算的，并非使用整个频道，理论上较为便宜。GPRS 的传输速率可提升至 56kbps～114kbps。

移动通信技术从第一代的模拟通信系统发展到第二代的数字通信系统，以及之后的 3G、4G、5G，正在突飞猛进地发展。在第二代移动通信技术中，GSM 的应用最广泛。但是 GSM 系统只能进行电路域的数据交换，且最高传输速率为 9.6kbps，难以满足数据业务的需求。因此，欧洲电信标准委员会（ETSI）推出了 GPRS。

分组交换技术是计算机网络上一项重要的数据传输技术，为了实现从传统语音业务到新兴数据业务的支持，GPRS 在 GSM 网络的基础上叠加了支持高速分组数据的网络，向用户提供 WAP 浏览（浏览因特网页面）、E-mail 等功能，推动了移动数据业务的初次飞跃发展，实现了移动通信技术和数据通信技术（尤其是 Internet 技术）的完美结合。

GPRS 是介于 2G 和 3G 之间的技术，也被称为 2.5G，它为实现从 GSM 向 3G 的平滑过渡奠定了基础。

7.1.2 AT 指令

AT 指令是应用于终端设备与 PC 之间的连接与通信指令。对于 AT 指令的发送，除 AT 两个字符，最多可以接收 1056 个字符（包括最后的空字符）。

AT 指令集是从终端设备（Terminal Equipment，TE）或数据终端设备（Data Terminal Equipment，DTE）向终端适配器（Terminal Adapter，TA）或数据电路终端设备（Data Circuit Terminal Equipment，DCE）发送的。

每个 AT 命令行中只能包含一条 AT 指令；对于由终端设备主动向 PC 端报告的 URC 指示或者 response 响应，也要求一行中最多有一条，不允许上报的一行中有多条指示或者响应。

AT 指令的使用有严格的格式要求，即 AT 指令是以 AT 开头、回车（<CR>）结尾的特定字符串，AT 后面紧跟的字母和数字表明 AT 指令的具体功能。几乎所有的 AT 指令（除了“A/”及“+++”两个指令）都以一个特定的命令前缀开始，以一个命令结束符结束。命令前缀一般由 AT 两个字符组成，命令结束符通常为回车。模块的响应通常紧随其后，格式为：<回车><换行><响应内容><回车><换行>。

1. 基本 AT 指令

（1）AT+CPIN

该指令用于查询 SIM 卡的状态，主要是 PIN 码，如果返回“+CPIN:READY”，则表明 SIM 卡状态正常；如果返回其他值，则可能没有 SIM 卡。

（2）AT+CSQ

该指令用于查询信号质量，返回 SIM900A 模块的接收信号强度，如返回“+CSQ: 24,0”，表示信号强度是 24（最大有效值是 31）。如果信号强度过低，则要检查天线是否接好。

（3）AT+COPS

该指令用于查询当前运营商，只有连上网络后，才能返回运营商名称，否则返回空，如返回“+COPS:0,0, "CHINA MOBILE"”，则表示当前选择的运营商是中国移动。

（4）AT+CGMI

该指令用于查询模块制造商，如返回“Fibocom”，则说明该模块是由 Fibocom 公司生产的。

（5）AT+CGMM

该指令用于查询模块型号，如返回“"GSM850/900/1800/1900","G510"”，则说明该模块型号有三种模式。

（6）AT+CGSN

该指令用于查询产品序列号（即 IMEI 号），每个模块的 IMEI 号都是不一样的，具有全球唯一性，如返回“866717025975980”，则说明模块的产品序列号是“866717025975980”。

（7）AT+CNUM

该指令用于查询本机号码，必须在 SIM 卡在设备中的时候才可查询，如返回“+CNUM: "","1384593xxxx",129,7,4”，则表明本机号码为“1384593xxxx”。另外，不是所有的 SIM 卡都支持这个指令，个别 SIM 卡无法通过此指令得到其号码。

2. 拨打与接听电话指令

（1）ATE1

用于设置回显，即模块将收到的指令完整地返回给发送设备，方便调试。

（2）ATD

用于拨打任意电话号码，格式为："ATD+号码+;"，末尾的";"一定要加上，否则不能成功拨号，如发送"ATD10086;"，即可实现拨打 10086。

（3）ATA

用于应答电话，当收到来电的时候，给模块发送"ATA"，即可接听来电。

（4）ATH

用于挂断电话，要想结束正在进行的通话，只需给模块发送"ATH"，即可挂断电话。

（5）AT+COLP

用于设置被叫号码显示，通过发送"AT+COLP=1"，开启被叫号码显示，当成功拨通的时候（被叫接听电话），模块会返回被叫号码。

（6）AT+CLIP

用于开启来电显示，通过发送"AT+CLIP=1"，可以开启来电显示，模块接收到来电的时候，会返回来电号码。

（7）AT+VTS

产生 DTMF 音，该指令只有在通话进行中才有效，用于向对方发送 DTMF 音，比如在拨打 10086 查询信息的时候，可以通过发送"AT+VTS=1"，模拟发送按键 1。

发送给模块的指令，如果执行成功，则会返回对应信息和"OK"，如果执行失败/指令无效，则会返回"ERROR"。

注意：所有指令必须以 ASCII 码格式发送，不要在指令里面夹杂中文符号。同时，很多指令带有查询或提示功能，可以通过"指令+？"来查询当前设置或获取设置提示。

3. 读取与发送短信指令

（1）AT+CNMI

用于设置新消息提示。发送"AT+CNMI=2,1"，设置新消息提示，当收到新消息，且 SIM 卡未满的时候，SIM900A 模块会返回数据给串口，如"+CMTI:"SM",2"，表示接收到新消息，存储在 SIM 卡的位置 2。

（2）AT+CMGF

用于设置短消息模式，GPRS 模块支持 PDU 模式和文本（TEXT）模式等，发送"AT+CMGF=1"，即可设置为文本模式。

（3）AT+CSCS

用于设置 TE 字符集，默认为 GSM 7 位缺省字符集，在发送纯英文短信的时候，发送"AT+CSCS="GSM""，设置为缺省字符集即可。在发送中英文短信的时候，需要发送"AT+CSCS="UCS2""，设置为 16 位通用 8 个字节倍数编码字符集。

（4）AT+CSMP

用于设置短消息文本模式参数，在使用 UCS2 方式发送中文短信时，需要发送"AT+CSMP=17,167,2,25"，设置文本模式参数。

（5）AT+CMGR

用于读取短信，比如发送"AT+CMGR=1"，可以读取存储在 SIM 卡位置 1 的短信。

（6）AT+CMGS

用于发送短信，在“GSM”字符集下，最多可以发送 180 个字节的英文字符；在“UCS2”字符集下，最多可以发送 70 个汉字（包括字符/数字）。

（7）AT+CPMS

用于查询/设置优选消息存储器，通过发送“AT+CPMS?”，可以查询当前 SIM 卡最多支持多少条短信存储，以及当前存储了多少条短信等信息。如返回“+CPMS: "SM",1,50, "SM",1,50,"SM",1,50”，表示当前 SIM 卡最多支持存储 50 条短信，目前已经存储 1 条短信。

7.1.3 任务实训步骤

第 1 步，搭建 GPRS 模块与 PC 串口通信电路。

方法一：将 GPRS 模块中 JP603 接口的 RDX1 与 JP604 接口的 EP602 相连，将 JP603 接口的 TDX1 与 JP605 接口的 EP601 相连。

方法二：通过 DIY 板将 GPRS 模块的串口连接到 NEWLab 平台上，并将 GPRS 模块中的 JP603 接口的 RDX1 和 TDX1 分别连接到 DIY 板的 TXD 和 RXD 接口上。

第 2 步，选择 GPRS 模块外接 5V 电源，输出电流要求大于 2A。

用 GPRS 模块传输数据时，最大电流可以达到 90mA。G510 模块瞬间电流峰值可达 2A（4V）即输入端瞬间电流峰值可达 740mA（12V，效率为 90%）。故给模块选择电源的时候，要能满足瞬间电流峰值要求。

第 3 步，给 GPRS 模块卡槽中插入 SIM 卡。

将准备好的 SIM 卡插入到 GPRS 模块卡槽中，要求 SIM 卡未停机并开通 GPRS 功能，否则不能测试 GPRS 功能。

第 4 步，将 GPRS 模块插入到 NEWLab 平台上，搭建通信环境。

（1）将 GPRS 模块插入到 NEWLab 平台上。

（2）将 NEWLab 平台通过串口线与 PC 相连。

（3）给 GPRS 模块外接 5V 电源，输出电流要求大于 2A，使 MP2161 芯片的第 8 脚（EN）为高电平，TP221 测试点电压为 3.6V。

（4）启动 G510 芯片。当 G510 芯片的第 14 脚（POWER_ON）有信号为低电平并且持续超过 800ms 时，模块将开机。具体做法：将带插针的导线一端插入 JP602 接口的 PWRKEY 槽中，另一端触碰 TP19 测试点，并维持 1s 左右的时间。若 G510 芯片的第 13 脚（VDD）即 TP217 测试点处输出 2.8V 的电压，则说明 G510 芯片正常工作。

第 5 步，启动 GPRS 模块，拨打与接听电话。

（1）打开串口调试软件 sscom33，选择正确的 COM 号，设置波特率为 115200bps，勾选“发送新行”复选框（即 sscom 自动添加回车换行功能），在字符串输入框中输入“AT”，然后单击“发送”按钮，若此模块工作正常，则返回“OK”。

（2）依次发送“ATE1”指令（设置回显）、“AT+COLP=1”指令（显示被叫号码）、“ATD10086;”指令（呼叫 10086）或“ATD1390023****;”指令（呼叫 1390023****手机号）、“ATH”指令（挂断电话）；至此，一次拨号、发送 DTMF 音、结束通话的操作完成。由于该 GPRS 模块没有设计语音电路，无法具备拨打电话音效，但不影响拨打电话的功能。

（3）发送“AT+CLIP=1”指令（开启来电显示），然后用其他手机拨打模块上 SIM 卡的号码，此时，模块接收到来电，通过耳机输出来电铃声（是否有声音取决于 GPRS 电路中是否具有语音电路），同时，可在串口调试软件窗口中看到来电号码；继续发送“ATA”指令即

可接听来电并进行通话。当对方挂断电话时，GPRS 模块返回“NO CARRIER”，至此结束通话，也可以发送“ATH”指令主动结束通话。

【知识点小结】

1. GPRS（General Packet Radio Service）是通用分组无线服务的简称，它是 GSM 移动电话用户可用的一种移动数据业务，属于第二代和第三代移动通信中的数据传输技术。GPRS 可说是 GSM 的延续。GPRS 是介于 2G 和 3G 之间的技术，也被称为 2.5G。

2. AT 指令是应用于终端设备与 PC 之间的连接与通信指令。每个 AT 命令行中只能包含一条 AT 指令；对于 AT 指令的发送，除 AT 两个字符，最多可以接收 1056 个字符（包括最后的空字符）。

【拓展与思考】

在本项目任务的基础上，通过串口调试软件发送 AT 指令实现读取与发送短信功能。

【强国实训拓展】

结合本项目所学技能，通过串口调试软件发送 AT 指令实现读取与发送短信功能，并利用汉字与 Unicode 码转换工具发送与查看中文短信。

项目八　NB-IoT 无线通信技术应用设计

【项目概述】

本项目主要面向无线传感器网络应用开发中的低功耗、窄带组网通信领域中的 NB-IoT 技术，通过“智能路灯”案例介绍 NB-IoT 数据通信的过程。

首先需要在已写好部分代码的“智慧路灯”工程中添加相关代码并编译工程，接着将生成的.hex 文件烧写到 NB-IoT 模块中，实现将光照数据通过 NB-IoT 网络传送到物联网云平台，最后在物联网云平台上创建项目、查看上传的光照强度数据，并发出命令控制灯的亮灭。

【知识目标】

1．了解 NB-IoT 基础知识；

2．了解 NB-IoT 模块组网通信 AT 指令，掌握 NB-IoT 数据传输方法；

3．掌握用 Flash Programmer 代码下载工具的方法；

4．掌握在物联网云平台上创建 NB-IoT 项目并进行数据显示的方法。

【技能目标】

1．能编程实现 NB-IoT 网络的数据传输；

2．能在物联网云平台上创建 NB-IoT 项目。

【任务分解】

任务 8.1：认识 NB-IoT 技术

任务 8.2：基于 NB-IoT 的智能路灯系统

任务 8.3：基于 NB-IoT 的智能路灯云平台的接入

任务 8.1　认识 NB-IoT 技术

8.1.1　NB-IoT 技术概述

物联网通信技术有很多种，从传输距离上可以简单分为两类。

一类是短距离无线通信技术，如 ZigBee、WiFi、Bluetooth、Z-Wave 等，均非常成熟且有各自的应用领域。

另一类是长距离无线通信技术、宽带广域网，如电信 CDMA、移动及联通的 3G/4G/5G 无线蜂窝通信和低功耗广域网（即 LPWAN），如图 8-1 所示。

LPWAN 用于物联网低速率长距离的通信。LPWAN 技术覆盖范围广、终端节点功耗低、网络结构简单、运维成本低，虽然 LPWAN 的数据传输速率较低，但是已经可以满足如智能抄表、智能停车、共享单车等小数据量定期上报的应用场景。

目前主流的 LPWAN 技术可分为两类：一类是工作在非授权频段的技术，如 LoRa、Sigfox 等，这类技术大多是非标、自定义实现的。LoRa 技术标准由美国 Semtech 公司研发，并在全球范围内成立了广泛的 LoRa 联盟。Sigfox 技术标准由法国 Sigfox 公司研发，其使用的非授

权频段与国内授权频段冲突，目前还没获得国内频段。另一类是工作在授权频段的技术，如NB-IoT、eMTC 等。

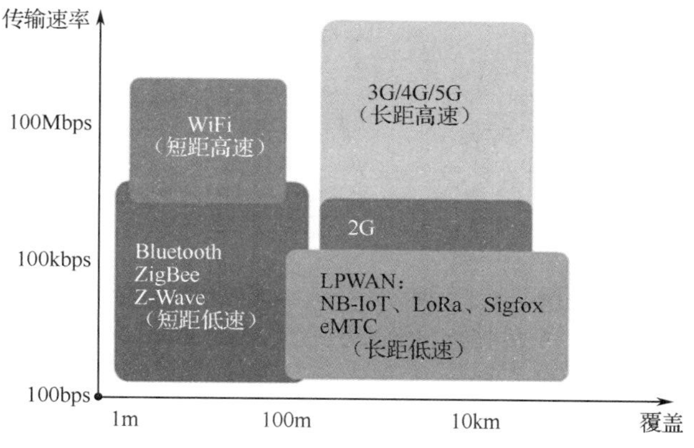

图 8-1　LPWAN 和传统无线传输技术的比较

NB-IoT（Narrow Band Internet of Things，窄带物联网）是 2015 年 9 月由 3GPP（3rd Generation Partnership Project，第三代合作伙伴计划）标准化组织正式提出的一种新的工作在授权频段的 LPWAN 技术。NB-IoT 是一种全新的蜂窝物联网技术，部署于蜂窝网络只消耗大约 10kHz 的带宽，可直接部署于 GSM 网络、UMITS 网络或 LTEB 网络，以降低部署成本、实现平滑升级，并且以降低传输速率和提高传输延迟为代价，实现了覆盖增强、低功耗和低成本。其是 3GPP 组织定义的可在全球范围内广泛部署的一种低功耗广域网，基于授权频段的运营，可以支持大量的低吞吐率，具有超低成本设备连接等独特优势。NB-IoT 仅支持 FDD 半双工模式，上行和下行的频率是分开的，物联网终端设备不会同时接收和发送数据。

eMTC 是 2016 年 3 月由 3GPP 组织推出的工作在授权频段的一种 LPWAN 技术，eMTC 是基于 LTE 演进的物联网接入技术，支持 TDD 半双工和 FDD 半双工模式，可以基于现有 LTE 网络直接升级部署，低成本、快速部署的优势可以助力运营商快速抢占物联网市场。

eMTC 除具备 LPWAN 基本功能外，还具有四大差异化能力。一是传输速率快，eMTC 支持上下行最大 1Mbps 的峰值传输速率，远远超过 GPRS、ZigBee 等主流技术；eMTC 更快的传输速率可以支撑更丰富的物联网应用，如低速视频、语音等。 二是移动性，eMTC 支持连接态的移动性，物联网用户可以无缝切换，保障用户体验。三是可定位，基于 TDD 的 eMTC 支持用基站侧的 PRS 测量，在不需要新增 GPS 芯片的情况下就可进行定位，低成本的定位技术更有利于 eMTC 在物流跟踪、货物跟踪等场景中的普及。四是支持语音，eMTC 从 LTE 协议演进而来，支持 VoLTE 语音，未来可被广泛应用到可穿戴设备中。

所以，在具体的应用方向上，如果对语音、移动性、传输速率等有较高要求，可以选择 eMTC 技术。相反，如果对这些方面要求不高，而对成本、覆盖范围等有更高的要求，则可选择 NB-IoT。

工作在授权频段的 NB-IoT 是在现有蜂窝通信的基础上为低功耗物联网接入所做的改进，由移动通信运营商及其背后的设备商所推动；而工作在非授权频段的 LoRa 则可以看作对 ZigBee 技术的通信覆盖距离进行的扩展以适应广域连接的要求。NB-IoT、eMTC 与 LoRa 技术参数对比如表 8-1 所示。

表 8-1　NB-IoT、eMTC 与 LoRa 技术参数对比

技术标准	推出组织	频　段	频　宽	传输距离	速　率	连接数量	终端电池运行时间	组　网
NB-IoT	3GPP	1GHz 以下授权运营商频段	200kHz	市区：1～8km 郊区：25km	上行：14.7～48kbps 下行：150kbps	5 万个	10 年	LTE 软件升级
eMTC	3GPP	运营商频段	1.4MHz	<20km	<1Mbps	10 万个	10 年	LTE 软件升级
LoRa	LoRa 联盟	1GHz 以下非授权 ISM 频段	125k/500kHz	市区：2～5km 郊区：15km	0.018～37.5kbps	2 千～5 万个	10 年	新建网络

其中，NB-IoT 共有 14 个频段，如表 8-2 所示。

表 8-2　NB-IoT 的 14 个频段

频 段 号	上行频率范围/MHz	下行频率范围/MHz
Band01	1920～1980	2110～2170
Band02	1850～1910	1930～1990
Band03	1710～1785	1805～1880
Band05	824～849	869～894
Band08	880～915	925～960
Band12	699～716	729～746
Band13	777～787	746～756
Band17	704～716	734～746
Band18	815～830	860～875
Band19	830～845	875～890
Band20	832～862	791～821
Band26	814～849	859～894
Band28	703～748	758～803
Band66	1710～1780	2110～2200

8.1.2　NB-IoT 标准发展历程

NB-IoT 标准最早于 2013 年作为一种新式通信标准被提出，称为“NB-M2M”。2014 年 5 月，华为公司与沃达丰公司共同向 3GPP 标准化组织提出该项技术的通信方案。

2015 年 5 月华为与高通宣布将 NB-M2M 与 NB-OFDMA（Orthogonal Frequency Division Multiple Access，正交频分多址）结合形成 NB-CIoT 技术方案，该方案的关键在于：通信上涨选用 FDMA 多址方法，而下滑选用 OFDM 多址方法。2015 年 8 月，爱立信联合英特尔、ZTE 中兴、诺基亚提出与 4G LTE 技术兼容的 NB-LTE 方案。

2015 年 9 月，在 3GPP 标准化组织第 69 次会议上，经过复杂的测试评估，NB-CIoT 与 NB-LTE 技术被融合形成新的技术规范。3GPP 对统一后的规范工作进行了立项，该规范作为统一的标准，称为“NB-IoT”。其演进过程如图 8-2 所示。

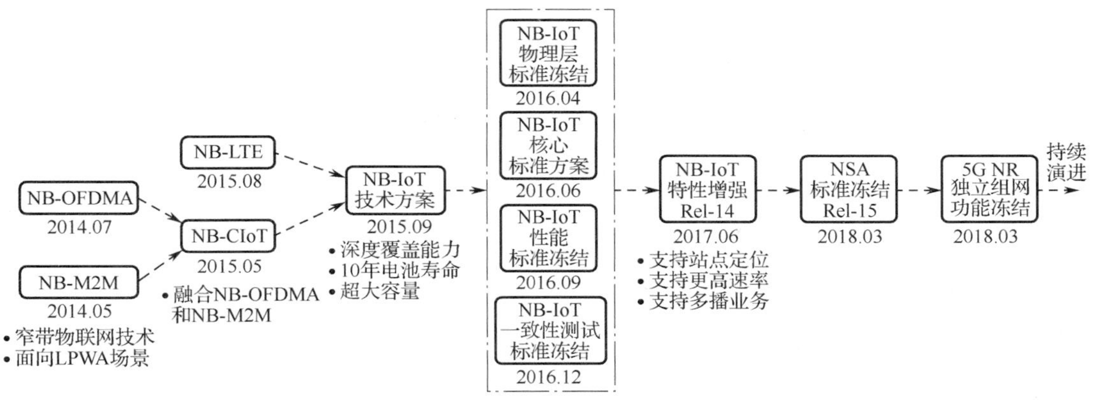

图 8-2　NB-IoT 标准演进过程

2016 年 4 月，NB-IoT 物理层标准冻结，2 个月后，NB-IoT 核心标准方案正式成为标准化的物联网协议。2016 年 9 月，NB-IoT 性能标准冻结。2016 年 12 月，NB-IoT 一致性测试标准冻结。

为了满足更多的应用场景和市场需求，3GPP 标准化组织对 NB-IoT 增加了一系列特性增强技术并于 2017 年 6 月完成了核心规范。特性增强技术增加了定位和多播功能，提供更快的数据传输速率，在非锚点载波上进行寻呼和随机接入，增强连接态的移动性，支持更低 UE（用户设备）功率等级，具体如下。

定位功能：定位是物联网诸多业务的基础需求，基于位置信息可以衍生出很多增值服务。NB-IoT 增强引入了 OTDOA（到达时间差定位）和 E-CID（增强小区识别）技术。终端可以向网络上报其支持的定位技术，网络侧根据终端的能力和当下的无线环境选择合适的定位技术。

多播功能：为了更有效地支持消息群发、软件升级等功能，NB-IoT 特性增强引入了多播技术。多播技术基于 LTE 的 SC-PTM（单小区点到多点），终端通过单小区多播业务信道 SC-MTCH 接收群发的业务数据。

数据速率提升：NB-IoT 中引入了新的能力等级 UE Category NB2，支持的最大传输块上下行都提高到 2536 位，一个非锚点载波的上下行峰值传输速率可提高到 140/125kbps。

非锚点载波增强：为了获得更好的负载均衡，NB-IoT 中增加了在非锚点载波上进行寻呼和随机接入的功能。这样网络可以更好地支持大连接，减少随机接入冲突概率。

移动性增强：NB-IoT 控制面在蜂窝物联网 EPS 优化方案中引入了 RRC 连接重建和 S1 eNB Relocation Indication 流程，把没有下发的 NAS 数据还给 MME，MME 再通过新基站下发给 UE。

更低 UE 功率等级：NB-IoT 在原有 23/20dBm 功率等级的基础上，引入了 14dBm 的 UE 功率等级。这样可以满足一些不需要极端覆盖条件但是需要小容量电池的应用场景。

2018 年 6 月 14 日，3GPP 标准化组织批准了第五代移动通信技术标准（5G NR）独立组网功能冻结，5G 已经完成第一阶段全功能标准化工作，进入了产业新阶段。

8.1.3　NB-IoT 技术特点

基于蜂窝通信技术的 NB-IoT 具备以下 4 个特点。

（1）广覆盖：NB-IoT 在同样的频段下覆盖能力比现有网络增益 20dB，使信号能够穿透墙壁或地板，覆盖更深的室内场景。

NB-IoT 有效带宽为 180kHz，下行采用正交频分复用 OFDM（Orthogonal Frequency

Division Multiplexing)，上行有两种传输方式：单载波传输和多载波传输，其中单载波传输的子载波带宽有 3.75kHz 和 15kHz 两种，多载波传输的子载波间隔为 15kHz，支持 3、6、12 个子载波传输。

在覆盖增强方面，通过窄带设计提高功率谱密度，通过重复传输来提高覆盖能力。

（2）低功耗：NB-IoT 在 LTE 系统 DRX 基础上进行了优化，采用功耗节能模式和增强型非连续接收 eDRX 模式。在终端设备每日传输少量数据的情况下，使电池运行时间达到 10 年。

在模组硬件设计中，通过进一步提高芯片、射频前端器件等各个模块的集成度，减少通路插损来降低功耗；同时，通过各厂家研发高效率功放和高效率天线器件来降低器件和回路上的损耗：架构方面主要在待机电源工作机上进行优化，待机时关闭芯片中不需要工作的供电电源，关闭芯片内部不工作的子模块时钟。物联网应用开发者可以根据业务场景的需要，考虑选用低功耗处理器，控制处理器主频、运算速度和待机模式来降低终端功耗。

软件方面的优化主要通过新的节电特性的引入、传输协议优化及物联网嵌入式操作系统的引入来实现。

（3）低成本：体现在 NB-IoT 芯片的低成本和网络部署的低成本上。

在芯片设计方面，低速率、低功耗、低带宽带来低成本优势，主要包括低峰值传输速率，上下行带宽低至 180kHz，内存需求低（500KB）降低了对存储器和处理器的要求，晶振成本也降低 2/3 以上；NB-IoT 仅支持 FDD 半双工设计，节省了双工器件成本；简化射频 RF 设计为单接收天线。

网络部署成本低。NB-IoT 可直接采用 LTE 网络，利用现有技术和基站。此外，NB-IoT 与 LTE 互相兼容，可重复使用已有硬件设备，共享频谱，同时避免系统共存的问题。

（4）大连接：在理想情况下，每个扇区可连接约 5 万台设备，假设居住密度是每平方千米 1500 户，每户家庭有 40 个设备，那么在这种环境下的设备连接是可以实现的。

为了满足万物互联的需求，NB-IoT 技术标准牺牲连接速率和时延，设计更多的用户接入，保存更多的用户上下文，因此 NB-IoT 有 50～100 倍的上行容量提升。设计目标为每个小区 5 万个连接，大量终端处于休眠状态，其上下文信息由基站和核心网维持，一旦终端有数据发送，可以迅速进入连接状态。注意，可以支持每个小区 5 万个连接，并不是说支持 5 万台设备并发连接，只是可以保持 5 万个连接的上下文数据和连接信息。在 NB-IoT 系统的仿真模型中，80%的用户业务为周期上报型，20%的用户业务为网络控制型，在该场景下可以支持 5 万个连接的用户终端。事实上，能否达到该设计目标还取决于小区内实际终端业务型等因素。

任务 8.2　基于 NB-IoT 的智能路灯系统

8.2.1　利尔达 NB86-G 模块特性与引脚描述

1. 利尔达 NB86-G 模块特性

利尔达 NB86-G 模块是基于 HISILICON Hi2110 的 Boudica 芯片开发的，该模块和全球领先的 NB-IoT 无线通信模块，符合 3GPP 标准，支持 Band01、Band03、Band05、Band08、Band20、Band28 不同频段的模块，具有体积小、功耗低、传输距离远、抗干扰能力强等特点。NB86-G 模块如图 8-3 所示。

NB86-G 模块主要特性如下。

（1）模块封装：LCC 和 Stamp 通孔封装。

（2）超小尺寸：20mm×16mm×2.2mm（L×W×H），质量 1.3g。

（3）超低功耗：≤3μA。

（4）工作电压：V_{BAT} 3.1～4.2V（典型值：3.6V），V_{DD}（典型值：3.0V）。

（5）发射功率：23dBm±2dB（最大），最大链路预算较 GPRS 或 LTE 提升 20dB，最大耦合损耗 MCL 为 164dBm。

图 8-3　NB86-G 模块

（6）提供 2 路 UART 接口、1 路 SIM/USIM 卡通信接口、1 个复位引脚、1 路 ADC 接口、1 个天线接口（特性阻抗 50Ω）。

（7）支持 3GPP Rel-13/14 NB-IoT 无线电通信接口和协议。

（8）内嵌 IPv4、UDP、CoAP、LwM2M 等网络协议栈。

（9）所有元器件符合 EU RoHS 标准。

2．利尔达 NB86-G 模块引脚描述

NB86-G 模块共有 42 个 SMT 焊盘引脚，引脚图如图 8-4 所示，引脚描述如表 8-3～表 8-8 所示。

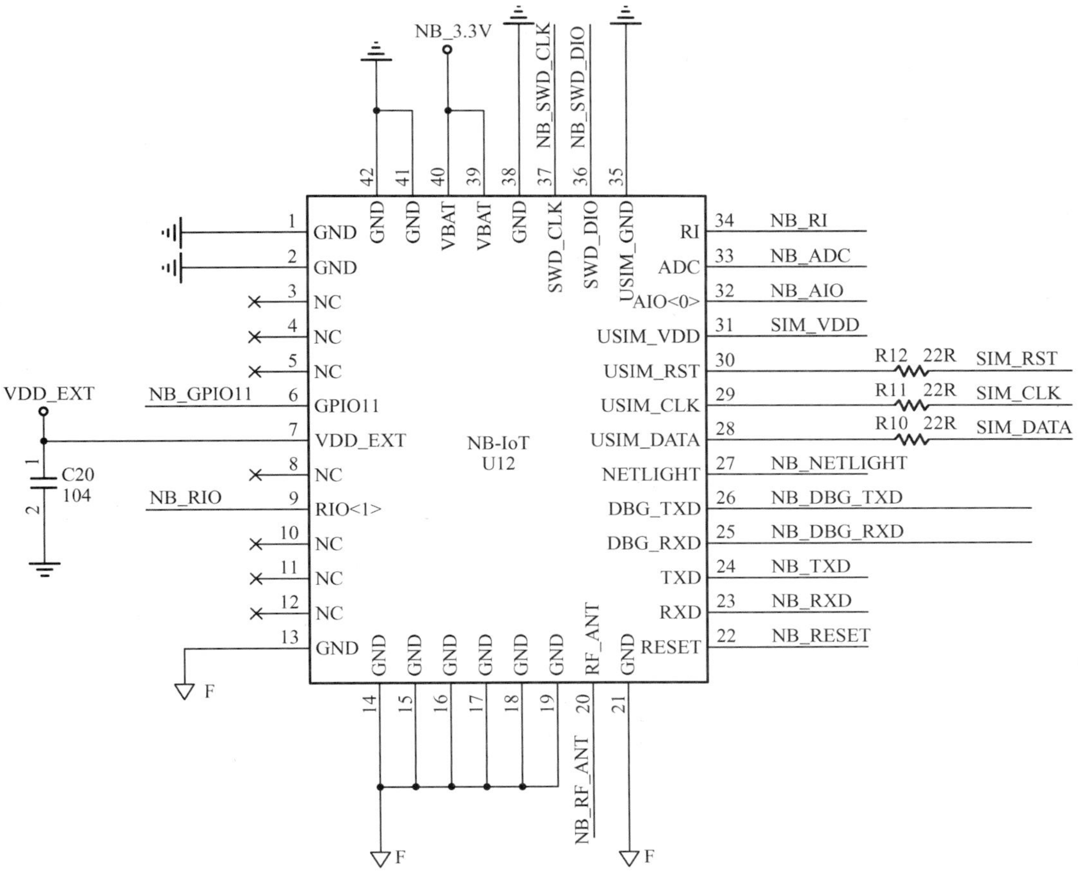

图 8-4　NB86-G 模块引脚图

表 8-3　电源与复位引脚

引 脚 号	引 脚 名	I/O	描 述	DC 特性	备 注
39、40	VBAT	PI	模块电源	V_{max}=4.2V V_{min}=3.1V V_{norm}=3.6V	电源必须能够提供 0.5A 的电流
7	VDD_EXT	PO	输出范围：1.7V～V_{BAT}	V_{norm}=3.0V I_{omax}=20mA	1．不用则悬空。 2．用于给外部供电，推荐并联一个 2.2～4.7μF 的旁路电容
1、2、13～19、21、35、38、41、42	GND	地			
22	RESET	DI	复位模块	R_{pu}=78kΩ V_{IHmax}=3.3V V_{IHmin}=2.1V V_{IHmax}=0.6V	内部上拉，低电平有效

表 8-4　串口（UART）接口引脚

引 脚 号	引 脚 名	I/O	描 述	DC 特性	备 注
28	USIM_DATA	IO	SIM 卡数据线	V_{oLmax}=0.4V V_{oHmin}=2.4V V_{ILmin}=0.3V V_{ILmax}=0.6V V_{IHmin}=2.1V V_{IHmax}=3.3V	USIM_DATA 外部的 SIM 卡要加上拉电阻到 USIM_VDD，外部 SIM 卡接口建议使用 TVS 管进行 ESD 保护，且 SIM 卡座到模块的布线距离最长不超过 20cm
29	USIM_CLK	DO	SIM 卡时钟线	V_{oLmax}=0.4V V_{oHmin}=2.4V	
30	USIM_RST	DO	SIM 卡复位线	V_{oLmax}=0.4V V_{oHmin}=2.4V	
31	USIM_VDD	DO	SIM 卡供电电源	V_{norm}=3.0V	

表 8-5　信号接口引脚

引 脚 号	引 脚 名	I/O	描 述	DC 特性	备 注
33	ADC	AI	10_bit 通用模/数转换	电压范围：0～V_{BAT}	不用则悬空

表 8-6　网络状态引脚

引 脚 号	引 脚 名	I/O	描 述	DC 特性	备 注
27	NETLIGHT	DO	网络状态指示	V_{oLmax}=0.4V V_{oHmin}=2.4V	正在开发

表 8-7　接口引脚

引 脚 号	引 脚 名	I/O	描 述	DC 特性	备 注
20	RF_ANT	IO	射频天线接口	50Ω 特性阻抗	正在开发

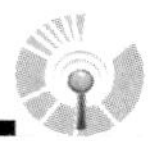

8.2.2　利尔达 NB86-G 模块工作模式与相关技术

1．NB86-G 模块工作模式

NB86-G 模块有三种工作模式，分别是连接态、空闲态、节能模式。

（1）连接态（Connected）

NB86-G 模块工作在连接态时处于活动状态，所有功能正常可用，可以发送和接收数据，该模块注册入网后即处于此模式。无数据交互超过一段时间，不活动定时器计数时间到后会进入空闲态，时间是由核心网确定的，范围为 1～3600s。

（2）空闲态（Idle）

NB86-G 模块工作在空闲态时处于浅睡眠状态，且网络处于连接状态，可接收下行数据，可接收寻呼消息。该模块在此模式下可切换至连接态或者节能模式。其中，该状态持续时间由核心网配置，由激活定时器 T3324 来控制，范围为 0～11160s。无数据交互超过一段时间会进入节能模式。

（3）节能模式（PSM）

NB86-G 模块工作在节能模式时终端处于休眠状态，只有 RTC 工作，模块处于网络非连接状态，功耗非常低，终端不再监听寻呼。终端还是注册在网络中，但信令不可达，无法收到下行数据，功率很小。该状态持续时间由核心网配置，由扩展定时器 T3412 来控制，最大为 320h，默认为 54min。当数据终端设备主动发送数据或者定时器 T3412（周期性更新）超时后，模块将被唤醒。

2．NB86-G 模块工作模式相关技术

（1）节能技术

节能模式的进入与退出过程，如图 8-5 所示，在连接态终端（UE）处理完数据之后，连接会被释放，与此同时启动 T3324 终端进入空闲态，并进入不连续接收（DRX）状态，此时，终端监听寻呼；当没有数据上报且激活定时器 T3324 超时后，终端进入节能模式，即连接态（RRC 释放）→空闲态（T3324 超时）→节能模式。

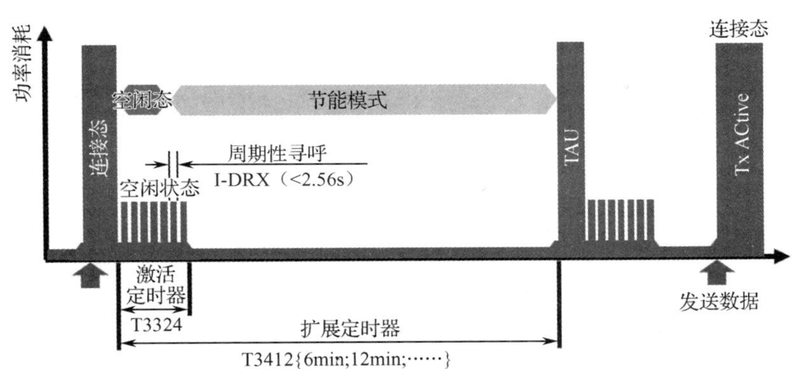

图 8-5　节能模式的进出与退出过程

只有 TAU 周期请求定时器 T3412 超时，或者 UE 有数据要上报而主动退出时，UE 才会退出节能模式→进入空闲态→进入连接态处理上下行业务，即节能模式（T3412 超时/数据要上报）→空闲态→连接态。

进入与退出的转换状态如图 8-6 所示。

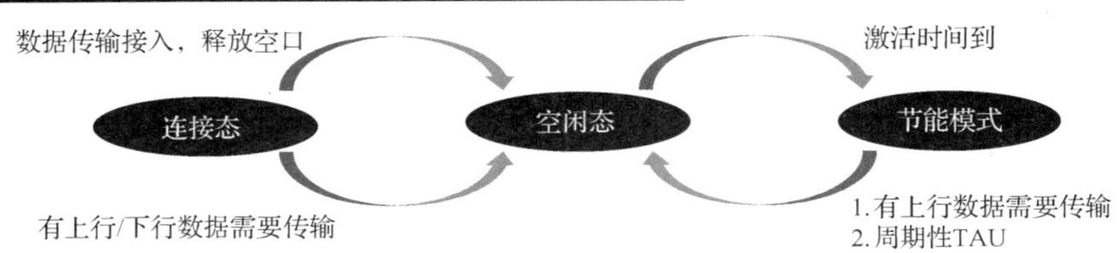

图 8-6　进入与退出的转换状态

（2）eDRX（非连续接收）技术

eDRX 是 3GPP 引入的技术，之前已经有 DRX 技术，eDRX 是对 DRX 技术的增强：其支持更长周期的寻呼，从而达到省电目的。在 eDRX 模式下，终端本身就处于空闲态，可以更快速地进入接收模式，不需要额外信令，如图 8-7 所示。图中，基于终端的业务类型及能力，MME（Mobility Management Entity）网络节点决定 DRX 及 eDRX 周期，终端在 PTW（Paging Time Window）内周期性监听寻呼信道，判断是否有下行业务。

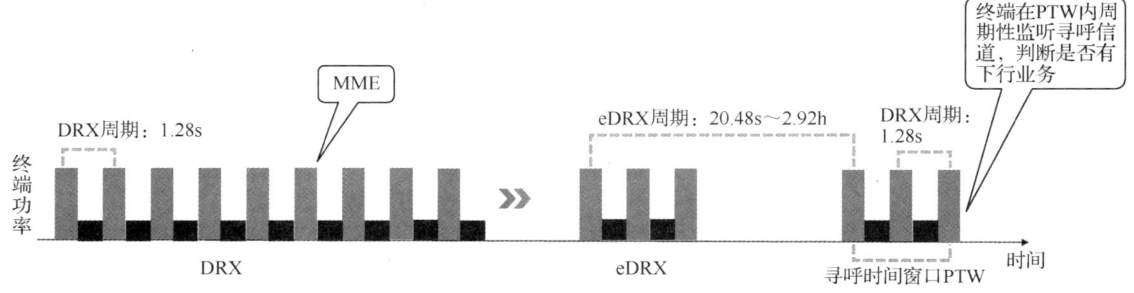

图 8-7　NB-IoT 关键技术 eDRX

DRX 模式下，在每个 DRX 周期内（1.28s、2.56s、5.12s 或者 10.24s），终端都会检测一次是否有下行业务到达，适用于对延时有高要求的业务。终端一般采取供电的方式，如路灯业务。

eDRX 模式下，每个 eDRX 周期内（20.48s～2.92h），都有一个寻呼时间窗口 PTW，终端在 PTW 内按照 DRX 周期监听寻呼信道，以便接收下行数据，其余时间终端处于休眠状态。eDRX 模式下，可以认为终端随时可达，但延时较大，延时取决于 eDRX 周期配置，可以在低功耗与延时之间取得平衡。

DRX 模式的节电效果比节能模式要差一些，但是相对于节能模式，其大幅度提升了下行通信链路的可到达性。

8.2.3　利尔达 NB86-G 常用模块 AT 指令

1. 利尔达 NB86-G 模块常用 AT 指令

新大陆公司 NB-IoT 模块使用的模组是利尔达 NB86-G 模块，电信运营商是中国电信。目前中国电信的 NB-IoT 云平台只支持 CoAP（Constrained Application Protocol）接入，所以，这里列出的相关 AT 指令只与 CoAP 相关，如表 8-8 所示。

表 8-8　相关 AT 指令

AT 指令	作　用	备　注
AT+CMEE=1	报错查询	标准 AT 指令

续表

AT 指令	作　用	备　注
AT+CFUN=0	关机，设置 IMEI 和平台 IP 端口前要先关机	标准 AT 指令
AT+CGSN=1	查询 IMEI，IMEI 即设备标识，应用注册设备时 nodeId/verifyCode 都需要设置成 IMEI	标准 AT 指令
AT+NCDP=180.101.147.115,5683	设置对接的 NB-IoT 平台 IP 端口，5683 为非加密端口，5684 为 DTLS 加密端口	在 Flash 中保存 IP 和端口；在向平台进行设备注册时，使用此参数
AT+CFUN=1	开机	标准 AT 指令
AT+NBAND=5	设置频段	在 Flash 中保存频段；在设备入网时，使用此参数
AT+CGDCONT=1,"IP","CTNB"	设置核心网 APN，APN 与设备的休眠等模式有关，需要与运营商确认	标准 AT 指令
AT+CSCON=1	基站连接通知	标准 AT 指令
AT+CGATT=1	自动搜网	标准 AT 指令
AT+CEREG=2	核心网连接通知	
AT+CGPADDR	查询终端 IP	标准 AT 指令
AT+NMGS=2,0001	发送上行数据，第 1 个参数为字节数，第 2 个参数为上报的十六进制码流	初次发送数据时，完成设备注册；后续仅发送数据
AT+NNMI=1	开启下行数据通知	标准 AT 指令
AT+NUESTATS	查询终端状态	标准 AT 指令
AT+CCLK?	查询网络时间	标准 AT 指令

2. 中国电信 NB-IoT 终端对接流程

给终端上电，执行“AT+NRB”指令复位终端。如果返回“OK”，则表示终端运行正常。

- 执行“AT+CFUN=0”指令关闭功能开关。如果执行成功，则返回“OK”。
- 执行“AT+NCDP=180.101.147.115,5683”指令设置需要对接 NB-IoT 平台的地址，端口为 5683。如果执行成功，则返回“OK”。
- 执行“AT+CFUN=1”指令开启功能开关。如果执行成功，则返回“OK”。
- 执行“AT+NBAND=5”指令设置频段。如果执行成功，则返回“OK”。
- 执行“AT+CGDCONT=1,"IP","CTNB"”指令设置核心网 APN。如果执行成功，则返回“OK”。核心网 APN 可联系运营商（与运营商网络对接）或者 OpenLab 负责人（与 OpenLab 网络对接）进行获取。
- 执行“AT+CGATT=1”指令入网。如果执行成功，则返回“OK”。
- 执行“AT+CSCON=1”指令设置基站连接通知。如果执行成功，则返回“OK”。
- 执行“AT+CEREG=2”指令设置核心网连接通知。如果执行成功，则返回“OK”。
- 执行“AT+NNMI=1”指令开启下行数据通知。如果执行成功，则返回“OK”。
- 执行“AT+CGPADDR”指令查询终端获取核心网分配的地址。如果获取到地址，则表示终端入网成功。
- 执行“AT+NMGS=数据长度,数据”指令发送上行数据。如果上行数据发送成功，则返回“OK”。

8.2.4 任务实训步骤

任务描述：根据接线图完成硬件搭建，在“智能路灯”工程中填写 NB-IoT 的相关 AT 指令代码，编译生成.hex 文件，并将该文件下载到 NB-IoT 模块中。

1. 搭建硬件环境

本任务使用的 NB-IoT 模块的正面、反面实物图分别如图 8-8、图 8-9 所示。

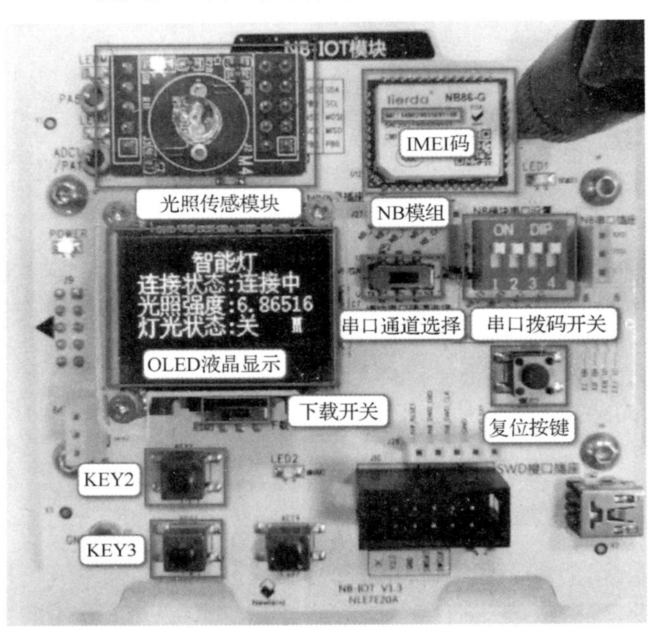

图 8-8　NB-IoT 模块正面实物图

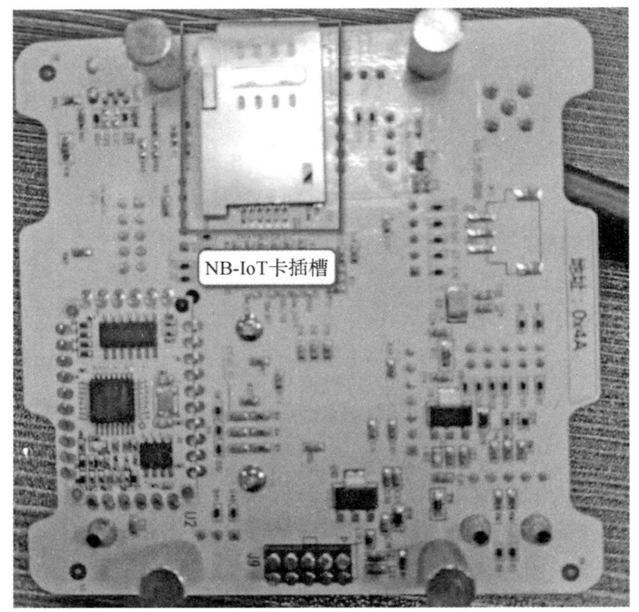

图 8-9　NB-IoT 模块反面实物图

按照图 8-10 所示的接线图进行本任务的硬件系统搭建。把 NB-IoT 模块的 PA8 线连接到继电器的 J2，继电器的 J9（NO1）接到灯的正极，继电器的 J8（COM1）接到 NewLab 平台的 12V 正极，灯的负极接到 NewLab 平台的 12V 负极。

需要注意的是：如果实验配套中灯泡规格是 5V 的，则对应的继电器的 J8（COM1）需要接到 NewLab 平台的 5V 正极，灯的负极接到 NewLab 平台的 5V 负极，其他接线不变。

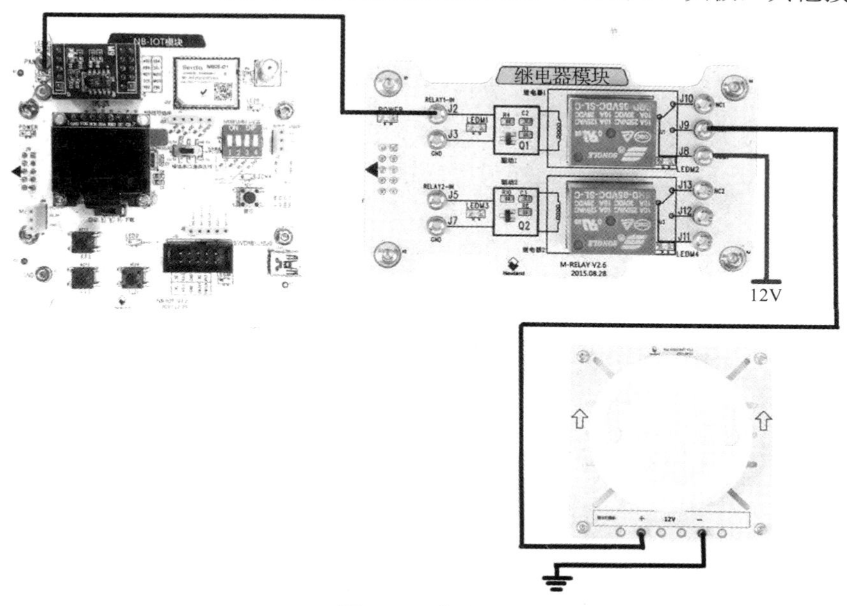

图 8-10 接线图

2. 打开工程

打开工程文件"\Project\NBIOT-lamp\MDK-ARM\NBIOT-lamp. uvprojx"。

3. 检查工程是否可用

打开工程后，先对工程进行编译。编译通过，则表示工程可用；若编译失败，可先完成开发环境搭建及测试。

如图 8-11 所示，单击"编译"按钮开始编译，若显示 0 个错误则表示编译通过。

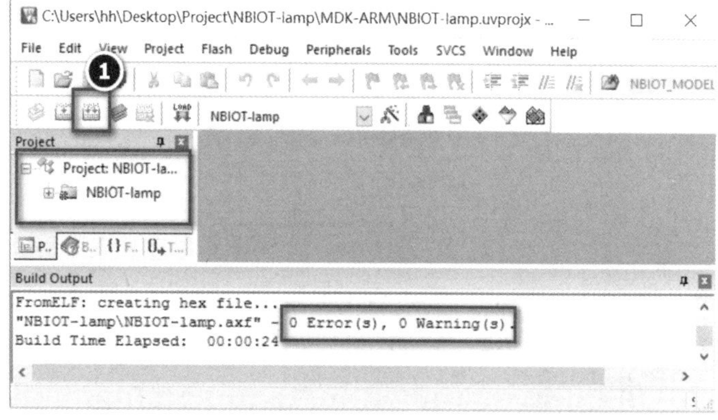

图 8-11 编译工程

4．完善连接 NB-IoT 网络的 AT 指令代码

NB-IoT 模块使用到了两个串口，NB-IoT 模块中的 NB86-G 模块通过 USART2 串口连接 MCU，MCU 通过 USART2 串口发送 AT 指令，控制 NB86-G 模块连接中国电信的 NB-IoT 网络。AT 指令的执行结果返回给 USART2 串口后再传到 USART1 串口上，所以在串口调试软件所连接的 USART1 串口上可以看到返回的 AT 指令的执行结果。注意 USART1 串口的波特率是 115200bps，USART2 串口的波特率是 9600bps。

因为 NB05-01 模块使用 AT 指令，所以在“智能路灯”工程中，读者需要在代码中添加相关的 AT 指令实现将 NB05-01 模块接入云平台并上传光照传感器数据和接收云平台下发的控制指令实现路灯的控制。

“智能路灯”工程的目录结构如图 8-12 如示。

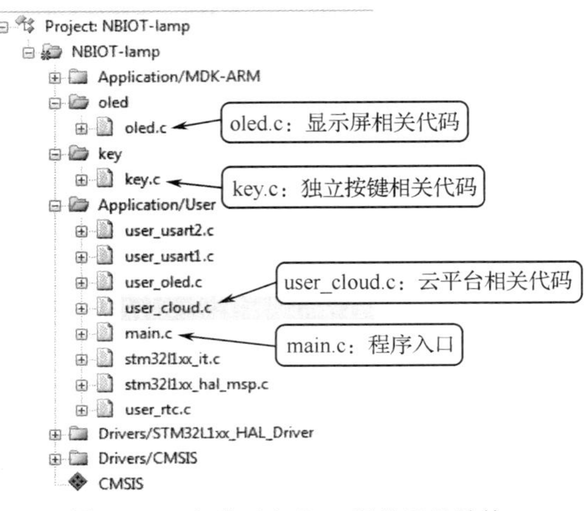

图 8-12 “智能路灯”工程的目录结构

在“智能路灯”工程的 main.c 文件中，已经实现了系统时钟初始化、GPIO 初始化、ADC 采集初始化、USART1 和 USART2 两个串口的初始化并启用了串口中断，同时移植了 OLED 显示屏和按键初始化及事件处理代码，重写了 USART1 串口的 printf 重定向代码，写好了 control_light()函数用于控制路灯，automatic mode()函数用于按照预设好的光照强度阈值自动控制路灯的开与关。

在 main.c 文件中还写好了 NB05-01 模块入网的操作流程，读者需要补充的代码是文件中加粗的函数，其中 wait_ nbIoT_start()函数用于等待 NB-IoT 启动、nbIoT_config()函数用于配置 NB-IoT 模块、link_server()函数用于连接服务器、send_data_to_cloud()函数用于上报数据到云平台，读者需要在 user_cloud.c 文件中找到对应的函数体进行代码的补充以完善功能。云平台响应上报数据的回应和云平台下发控制指令的解析过程在 rev_data_deal()函数中已经写好，因数据格式过于复杂，此处不再展开，有兴趣的读者可自行研读。

（1）解析主函数 main()

```
int main(void)
{
    ...    //此处省略部分代码
    HAL_Init();
    SystemClock_Config();
    MX_GPIO_Init();
```

```
    MX_ADC_Init();
    MX_USART1_UART_Init();
    MX_USART2_UART_Init();
    MX_RTC_Init();
    //OLED 初始化
    OLED_Init();
    //按键初始化
    keys_init();
    ...    //此处省略部分代码
    //开启 USART1 串口中断接收
    HAL_UART_Receive_IT(&huart1, &usart1RxBuf, 1);
    //开启 USART2 串口中断接收
    HAL_UART_Receive_IT(&huart2, &usart2RxBuf, 1);
    //等待 NB-IoT 模块启动
    wait_nbIoT_start();
    //NB-IoT 模块配置
    nbIoT_config();
    //连接服务器
    link_server();
    int i, ret, ill_value, lightStatus, link_flag = 0, send_count;
    uint8_t mod_flag=0, light_flag=0;
    while (1)
    {
        //1.5s 采集并发送一次数据
        if(i++ > 14)
        {
            i = 0;
            //获取光照强度
            ill_value = (int)get_illumination_value();
            //自动模式下，光照强度小于 3lx 会自动开灯
            if(mod_flag == 1)
            {
                automatic_mode(ill_value, &lightStatus);
            }
            if(link_flag < 2)
            {
                //获取时间
                get_time_from_server();
            }
            else if(link_flag == 2)
            {
                //发送数据到云平台
                send_data_to_cloud( ill_value, lightStatus);
                send_count++;
            }
        }
        //接收数据处理
        ret = rcv_data_deal();
```

```
        switch(ret)
        {
            case LINK_OK : {
                link_flag = 1;
                break;
            }
            case TIME_OK : {
                oled_display_connection_status(LINKED);
                link_flag = 2;
                break;
            }
            case RCV_OK : {
                send_count = 0;
                break;
            }
            case CONTROL_OPEN : {
                control_light(LIGHT_OPEN);
                lightStatus = 1;
                break;
            }
            case CONTROL_CLOSE : {
                control_light(LIGHT_CLOSE);
                lightStatus = 0;
                break;
            }
        }
        //重新开启 USART2 串口中断
        if(send_count >= 3)
            HAL_UART_Receive_IT(&huart2, &usart2RxBuf, 1);
        HAL_Delay(100);
        //用 KEY2 按键控制路灯
          ...  //此处省略部分代码
    }
}
```

（2）完善 wait_nbIoT_start()函数，用于等待 NB-IoT 启动程序

当 NB05-01 模块启动成功，会返回“OK”，因为 NB05-01 模块通过串口 USART2 与 MCU 相连接，wait_answer (char *str)函数用于解析串口 USART2 接收到的 AT 指令的执行结果。如果 AT 指令的执行结果是“OK”则说明 NB05-01 模块启动成功，否则调用 nb_reset()函数使 NB05-01 模块复位并一直等待到 NB05-01 模块启动成功，wait_nbIoT_start()函数才执行结束。在 user_cloud. c 文件中找到 void wait_nbIoT.start (void)函数，填写以下代码。

```
/****************************************************************************/
void wait_nbIoT_start(void)
{
    int timeOut = 0;
    printf("waite NBIoT Start\r\n");
    while(1)
    {
```

```
        HAL_Delay(1000);
        if(wait_answer("OK") == 0)
        {
            printf("NBIoT Start\r\n");
            break;
        }
        if(timeOut > 10)
        {
            timeOut = 0;
            nb_reset();
            printf("waite NBIoT Start\r\n");
        }
        timeOut++;
    }
}
/*****************************************************************/
```

（3）完善 nbIoT_config( )函数，用于配置 NB

在 user_cloud.c 文件中找到 void nbIoT_config(void)函数，遵循中国电信 NB-IoT 终端对接流程，填写以下代码。

```
/*****************************************************************/
void nbIoT_config(void)
{ //开启 NB-IoT 芯片所有功能
    send_AT_command("AT+CFUN=%d\r\n",1);
    wait_answer("OK");
    //查询信号连接状态
    send_AT_command("AT+CSCON=%d\r\n", 0);
    wait_answer("OK");
    //打开网络注册和位置信息的主动上报结果码
    //0：关闭；1：注册并上报；2：注册并上报位置信息
    send_AT_command("AT+CEREG=%d\r\n", 2);
    wait_answer("OK");
    //开启下行数据通知
    send_AT_command("AT+NNMI=%d\r\n", 1);
    wait_answer("OK");
    //打开与核心网的连接，1 代表打开，0 代表关闭
    send_AT_command("AT+CGATT=%d\r\n", 1);
    wait_answer("OK");
}
/*****************************************************************/
```

（4）完善 link_server( )函数，连接服务器

在 user_cloud.c 文件中找到 void link_server(void)函数，填写需要连接的 NB-IoT 平台的 IP 地址和 CoAP 协议端口 5683，填写以下代码。

```
/*****************************************************************/
void link_server(void)
{ //设置需要对接 NB-IoT 平台的 IP 地址，5683 为 CoAP 协议端口
    send_AT_command("AT+NCDP=%s,%d\r\n", "117.60.157.137", 5683);
    wait_answer("OK");
```

```
5.    }
/**************************************************************************/
```

（5）完善 send_data_to_cloud()函数，用于上报数据到云平台

设备定时上报云平台的数据格式如表 8-9、表 8-10 所示。

表 8-9　设备定时上报云平台的数据格式（1）

	字段名	长度/byte	取 值 范 围	说　明
帧格式	identifier	1	固定 0x4a	设备标识，可以用模块地址
	msgType	1	固定值 0	固定值 0 表示上报数据
	hasMore	1	0、1	表示设备是否还有后续消息，0 表示没有，1 表示有
	data	详见表 8-10	详见表 8-10	详见表 8-10

表 8-10　设备定时上报云平台的数据格式（2）

服　务	字 段 名	长度/byte	取 值 范 围	说　明
Temperature	serviceId	1	固定 0x00	
	Temperature	2	温度	
Illumination	serviceId	1	固定 0x01	
	Illumination	2	光照强度	
Light	serviceId	1	固定 0x02	
	state	1	1 亮，0 灭	
Fan	serviceId	1	固定 0x03	
	state	1	1 亮，0 灭	
Humidity	serviceId	1	固定 0x06	
	humidity	1	湿度	
ReportTime	serviceId	1	固定 0x04	
	eventTime	7	yyyyMMddHHmmss	时间信息可选，如果没有上传时间信息，则用 IoT 平台的时间信息
DeviceInf	serviceId	1	固定 0x05	包含参数名称及数值范围：电量 batteryLevel（0～100%）、信号强度 RSRP（-140～-44）NUESTATS 命令返回的 Signal power/10 、信号覆盖等级 ECL（0～2）、信噪比 SNR（-20～30）+NUESTATS 命令返回的 SNR 字段/10
	batteryLevel	1	0～100	电量
	RSRP	2	short（-140～-44）	信号强度
	ECL	1	（0～2）	信号覆盖等级
	SNR	1	（-20～30）	信噪比

由表 8-9、表 8-10 可以得知，要上传光照数据，数据格式应该如以下代码中的第 15～19 行所示，把数据按格式组装好后用 AT 指令“AT+NMGS”进行上报，读者需要在 user_cloud.c 文件中找到 send_data_to_cloud ()函数，填写加粗部分的代码。需要注意的是，将组装的字符

串换行时不要输入 Tab 或空格。

```
/*********************************************************************/
void send_data_to_cloud(int illumination,uint8_t light_status)
{
        uint8_t send_buf[128] = {0};
        RTC_TimeTypeDef gTime;
        RTC_DateTypeDef gDate;
        //时间校准
        HAL_RTC_GetTime(&hrtc, &gTime, RTC_FORMAT_BIN);
        HAL_RTC_GetDate(&hrtc, &gDate, RTC_FORMAT_BIN);
        sprintf((char *)send_buf, "\
        %02X%02X%02X\
        %02X%02X%02X\
        %02X%02X\
        %02X%02X%02X%02X%02X%02X%02X%02X\
        ",
        0x4a,0x00,0x00,
        0x01,(illumination & 0xff00) >> 4, (illumination & 0x00ff),
        0x02, light_status,
        0x04,20, gDate.Year, gDate.Month, gDate.Date, gTime.Hours, gTime.Minutes, gTime.Seconds);
        printf("send sensors data:AT+NMGS=%d,%s\r\n", (strlen((char *)send_buf)/2), send_buf);
        send_AT_command("AT+NMGS=%d,%s\r\n", (strlen((char *)send_buf)/2), send_buf);
}
/*********************************************************************/
```

补充完代码后，编译代码，生成.hex 文件。

5. NB-IoT 模块下载准备

（1）按照图 8-13 所示，将模块置于 NewLab 平台上。

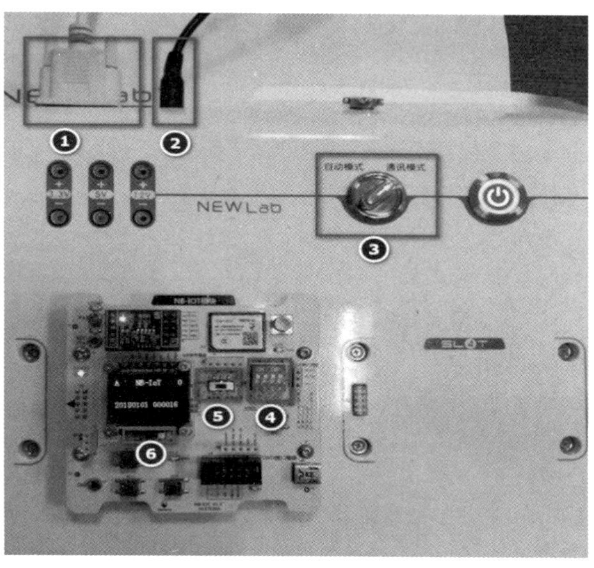

图 8-13　NB-IoT 模块下载准备

（2）在①处连接串口线。

（3）在②处连接电源线。

（4）在③处将开关旋钮旋至“通信模式”。

（5）在④处将拨码开关1、2下拨，将拨码开关3、4上拨。

（6）在⑤处将拨码开关左拨至丝印M3芯片处。

（7）在⑥处将拨码开关右拨至丝印下载处。

6. 查看串口号

在“设备管理器”中查看对应的串口号，如图8-14所示。

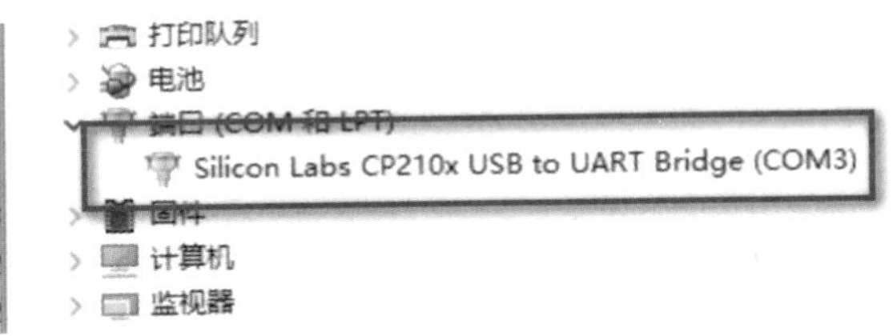

图8-14　查看对应的串口号

7. 使用STM Flash Loader Demonstrator烧写器下载

（1）确认图8-13中⑥处的拨码开关已拨到丝印下载处，且按过复位键。

（2）打开Flash Loader Demonstrator软件，在“Port Name”下拉列表框中选择对应的串口，单击“Next”按钮，如图8-15所示。

（3）读到硬件设备后，单击“Next”按钮，如图8-16所示。

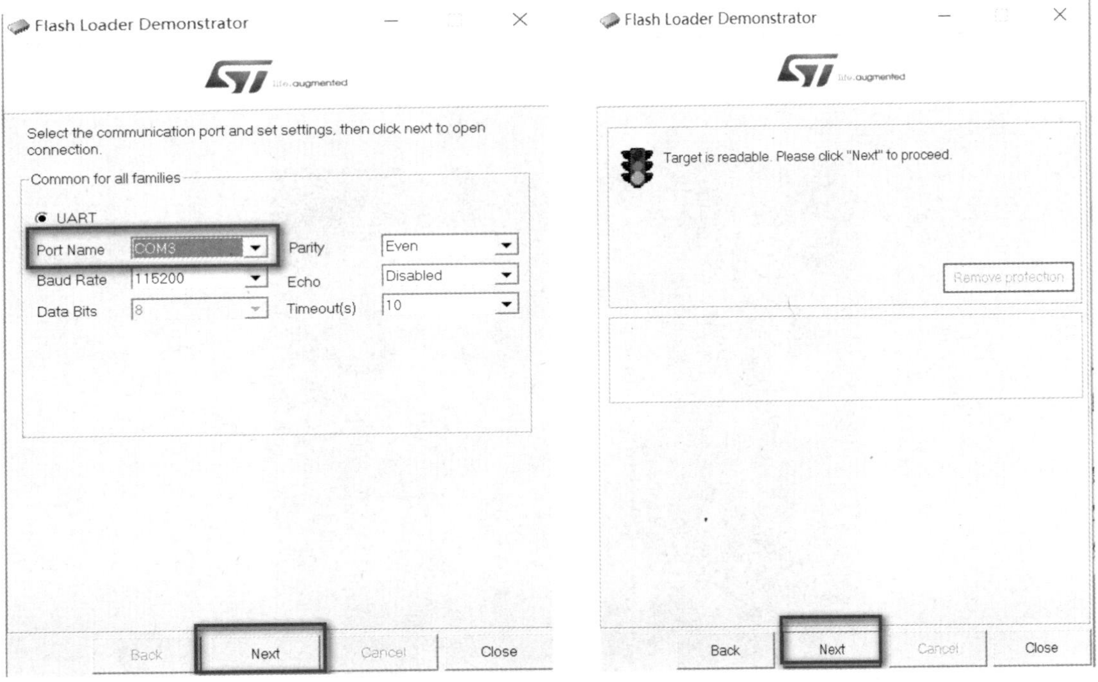

图8-15　STM Flash Loader Demonstrator串口设置（1）　图8-16　STM Flash Loader Demonstrator串口设置（2）

（4）选择MCU型号为STM32L1_Cat2-128k，单击“Next”按钮。

（5）选中“Download to device”单选按钮，选择 xxx.hex 对应的路径，单击“Next”按钮。注意，路径要根据.hex 文件实际路径选择，图 8-17 中的路径仅供参考。

（6）等待 30s 左右下载完毕，如图 8-18 所示。

（7）断电，在 NB-IoT 模块反面插入 NB-IoT 卡。

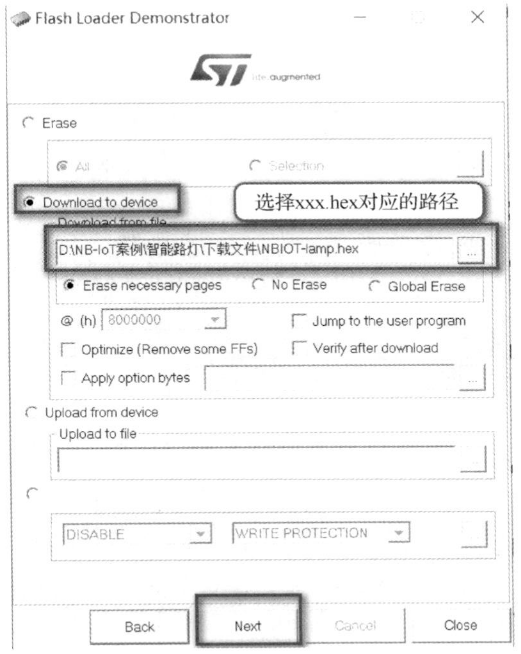

图 8-17　下载路径设置

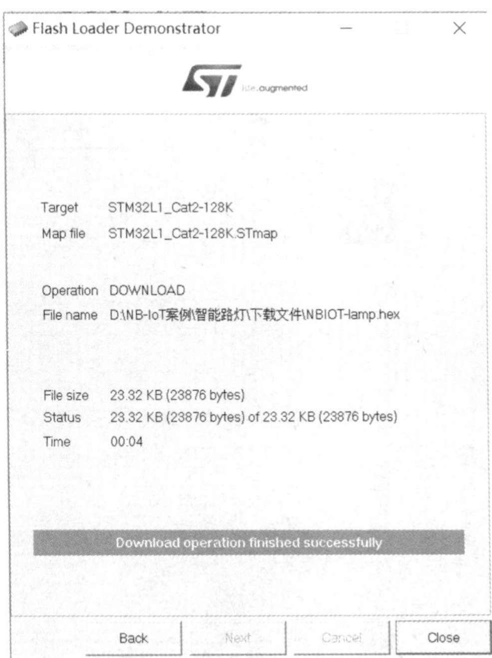

图 8-18　程序下载完毕

8．启动 NB-IoT 模块

（1）将图 8-13 所示标⑥处的拨码开关左拨至启动处。

（2）将标④处的拨码开关 1、2 向下拨。

（3）重新上电即可使用（或按下复位键），至此 NB-IoT 模块准备完毕。

任务 8.3　基于 NB-IoT 的智能路灯云平台的接入

8.3.1　NB-IoT 网络体系架构

NB-IoT 网络体系架构如图 8-19 所示。

（1）NB-IoT 终端（UE）：应用层采用 CoAP，通过空口 Uu 连接到基站。Uu 口是终端与 eNodeB 基站之间的接口，可支持 1.4MHz～20MHz 的可变带宽。

（2）eNodeB（E-UTRAN 基站）：主要承担空口接入处理、小区管理等相关功能，并通过 S1-lite 接口与 IoT 核心网进行连接，将非接入层数据转发给高层网元处理。

（3）EPC 核心网：承担与终端非接入层交互的功能，并将 IoT 业务相关数据转发到 IoT 平台进行处理。同理，这里可以使用 NB 独立组网，也可以与 LTE 共用核心网。

（4）IoT 平台：汇聚从各种接入网得到的 IoT 数据，并根据不同类型转发至相应的业务应用服务器进行处理。

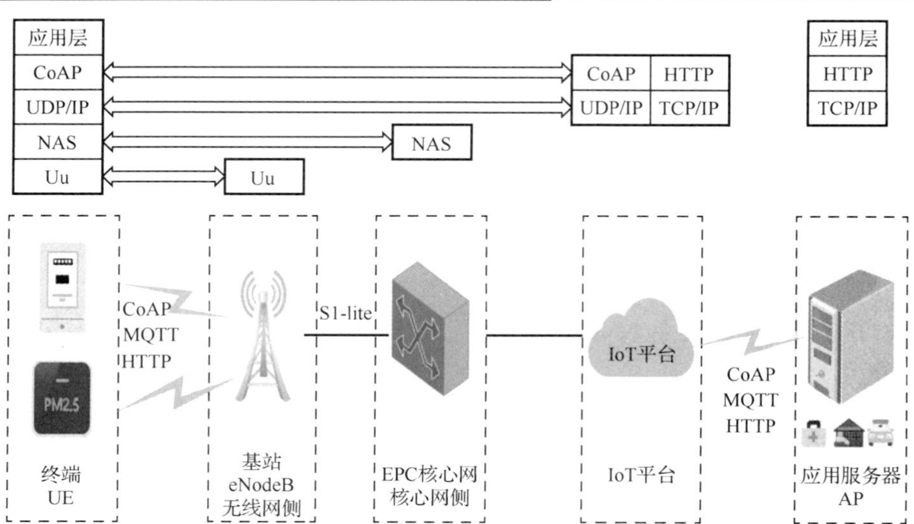

图 8-19　NB-IoT 网络体系架构

（5）应用服务器（AP）：IoT 数据的最终汇聚点，根据客户的需求进行数据处理等操作。应用服务器通过 HTTP/HTTPs 和平台通信，通过调用平台的开放 API 来控制设备，平台把设备上报的数据推送给应用服务器。

终端与物联网云平台之间一般使用 CoAP 等物联网专用的应用层协议进行通信，主要考虑终端的硬件资源配置一般很低，不适合使用 HTTP/HTTPs 等复杂协议。

物联网云平台与第三方应用服务器，由于两者的性能都很强大，要考虑代管、安全等因素，因此一般会使用 HTTP/HTTPs 应用层协议。

8.3.2　NB-IoT 部署方式

为了便于运营商根据自有网络的条件灵活使用，NB-IoT 可以在不同的无线频带上进行部署。NB-IoT 占用 180kHz 带宽，支持三种部署方式，分别是独立部署、带内部署和保护带部署，如图 8-20 所示。

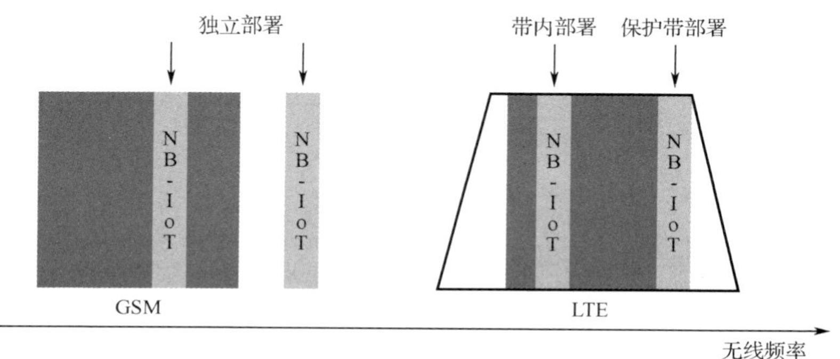

图 8-20　NB-IoT 三种部署方式

（1）独立部署方式

此方式不依赖 LTE，与 LTE 可以完全解耦，适用于重耕 GSM 频段。GSM 的信道带宽为 200kHz，这对 NB-IoT 180kHz 的带宽足够了，两边还留出 10kHz 的保护间隔。

（2）保护带部署方式

此方式适用于 LTE 频段，不占用 LTE 资源，利用 LTE 边缘保护频带中未使用的 180kHz 带宽资源。

（3）带内部署方式

此方式适用于 LTE 频段，用 LTE 载波中间的某一段频段。

除了独立部署方式，另外两种部署方式都需要考虑和原 LTE 系统的兼容性，部署的技术难度相对较高，网络容量相对较低。

8.3.3　任务实训步骤

在云平台上创建一个 NB-IoT 项目，启动 NB-IoT 模块，能够使 NB-IoT 模块接入云平台，同时能通过云平台查看上报的光照强度数据，并能在云平台上下发命令控制路灯的亮灭。

1. 注册账号

登录云平台网址，按照页面提示注册账号，如图 8-21 所示。

图 8-21　注册账号页面

2. 新增物联网项目

如图 8-22 所示，依次按照序号顺序进行项目的新建。

（1）单击“新增项目”。

（2）给项目命名为“NB-IOT 项目”。

（3）行业类别选择“智能家居”。

（4）联网方案选择“NB-IoT”。

（5）单击“下一步”按钮完成。

3. 添加 NB-IoT 设备

给设备命名为“Illumination”，通信协议选择“LWM2M”，“设备标识”填写 NB-IoT 模块上的 IMEI 码，如图 8-23 所示。单击“确定添加设备”按钮后，云平台自动获取 NB-IoT 模块上的传感器数据，如图 8-24 所示。

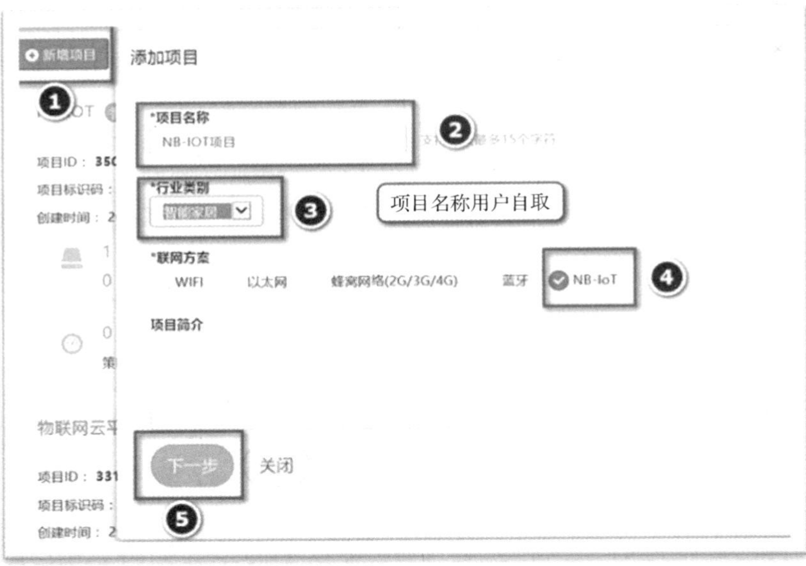

图 8-22　新增物联网项目

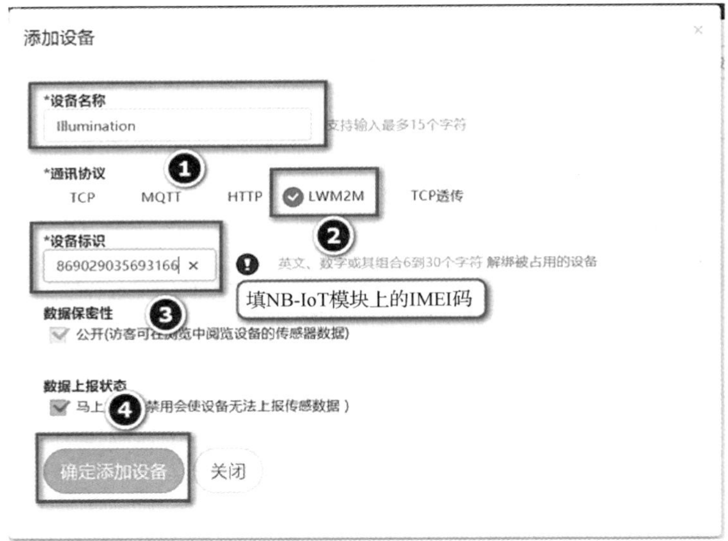

图 8-23　添加 NB-IoT 设备

传感器

名称	标识名	传输类型	数据类型	操作
Temperature	Temperature	[illegible]	[illegible]	API
Illumination	Illumination	[illegible]	[illegible]	API
Humidity	Humidity	[illegible]	[illegible]	API
Battry	Battry	[illegible]	[illegible]	API
Signal	Signal	[illegible]	[illegible]	API

摄像头

执行器

名称	标识名	传输类型	数据类型	操作
Light	Light	[illegible]	[illegible]	API
Fan	Fan	[illegible]	[illegible]	API

多余选项，可单击“删除”按钮删除

图 8-24　NB-IoT 模块上的传感器数据

删除多余选项后，仅剩光照传感器 Illumination 和控制灯 Light，Illumnination 为传感器上传的数据，Light 可控制灯的亮灭。

4．模块上电、运行

（1）给模块通电，显示“已连接”表示连接成功，如图 8-25 所示。

（2）按键 KEY2 可用来手动控制灯的亮灭。

（3）按键 KEY3 可用来切换模式。按下按键 KEY3，显示图中信息。

M 表示手动控制，可通过云平台或按键 KEY2 控制路灯的亮灭。

A 表示自动控制，根据光照传感器采集到的数据控制路灯的亮灭。

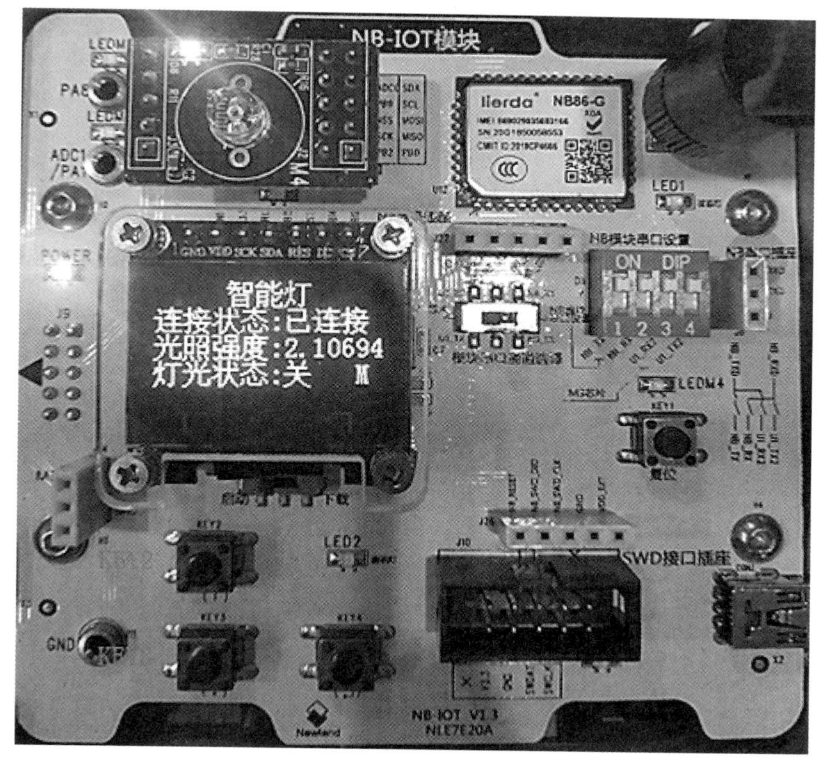

图 8-25　NB-IoT 模块上电运行效果

【知识点小结】

1．NB-IoT 技术：一种全新的低功耗广域网技术。

2．NB-IoT 关键技术 4 大特点：广覆盖、低功耗、低成本和大连接。

3．NB-IoT 部署方式：独立部署、保护带部署、带内部署。

4．NB86-G 模块的 3 种省电模式：连接态、空闲态、节能模式。

【拓展与思考】

1．请简述 LPWAN 的分类及其各自的技术特征。

2．在本项目任务基础上，试增加继电器、12V 直流灯泡等模块，使 NB-IoT 模块根据光照传感器数值大小控制外部灯泡的亮和灭。

【强国实训拓展】

结合本项目所学NB-IoT技术，在本项目任务基础上，试增加NB-IoT模块和其他传感器模块，设计一种小型林区环境智能系统，能够实现温湿度监测、火灾烟雾探测、智能喷淋等功能。